U0173222

王森烘焙教室

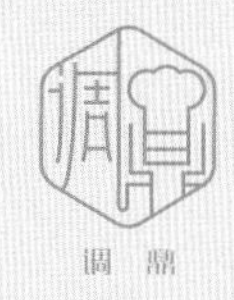

王森经典蛋糕教科书

主　编　王　森

参　编　张婷婷　栾绮伟　于　爽　向邓一　张　姣
　　　　嵇金虎　霍辉燕　周建祥　成　圳　顾碧清
　　　　韩　磊　杨　玲　尹长英　韩俊堂　朋福东
　　　　乔金波　苏园园　孙安廷　王启路　武　文
　　　　赵永飞

机械工业出版社
CHINA MACHINE PRESS

甜蜜的蛋糕深受人们喜爱，经典的黑森林、歌剧院，炸裂少女心的香槟玫瑰、桃子和覆盆子，颜值担当的热带水果百香果、蒙布朗，总有一款能打动你。本书从蛋糕制作的材料、工具、基础技法、馅料、装饰件介绍起，带你掌握蛋糕制作的入门知识，再按照难易程度，介绍了入门级、进阶级、高阶级 3 个级别 55 款蛋糕的配方、制作方法，并附有 AI 绘图来展现产品层次，附有视频供扫码观看学习。

本书可供专业烘焙师学习，也可作为蛋糕“发烧友”的兴趣用书。愿款式多样、层次丰富的蛋糕能为你的生活带来甜蜜。

图书在版编目（CIP）数据

王森经典蛋糕教科书 / 王森主编. — 北京：机械工业出版社，2020.10
（王森烘焙教室）
ISBN 978-7-111-66047-7

Ⅰ.①王… Ⅱ.①王… Ⅲ.①蛋糕－糕点加工 Ⅳ.①TS213.23

中国版本图书馆CIP数据核字（2020）第120899号

机械工业出版社（北京市百万庄大街22号 邮政编码100037）
策划编辑：卢志林 责任编辑：卢志林
责任校对：樊钟英 封面设计：任珊珊等
责任印制：孙 炜
北京利丰雅高长城印刷有限公司印刷

2020年10月第1版第1次印刷
210mm × 260mm · 16.5印张 · 2插页 · 398千字
标准书号：ISBN 978-7-111-66047-7
定价：88.00元

电话服务
客服电话：010－88361066
010－88379833
010－68326294

网络服务
机 工 官 网：www. cmpbook. com
机 工 官 博：weibo. com/cmp1952
金 书 网：www. golden-book. com
机工教育服务网：www. cmpedu. com

前　言

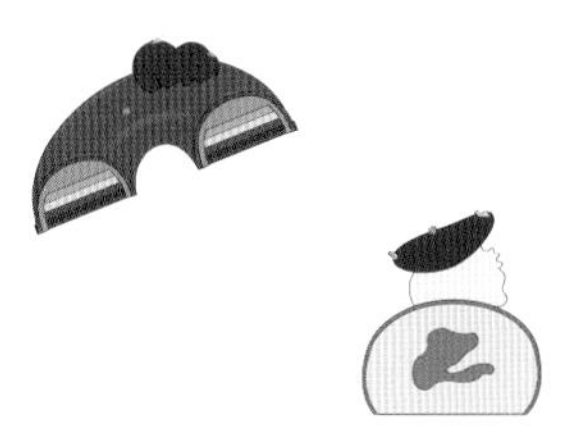

烘焙这个行业，近年来逐渐走入寻常生活中，无论面包店还是家庭烘焙，都越来越多，并且越深入到这个行业里面，发现的乐趣越多。很高兴“王森烘焙教室”系列图书与大家见面了。这套图书与我以往编写的书区别较大，创新较多，希望借助这套书让大家进一步了解烘焙。

烘焙是一个比较广泛的说法，包含的内容比较多。本系列图书一共 3 本，分成 3 个不同的方向，分别是基础烘焙、经典面包、经典蛋糕。在表达方式上使用了 AI 绘图来表现产品的层次，使产品内容更加直接地展示在大家面前。同时，也在大部分产品制作中配有免费视频，只需用手机扫一扫，就可尽收眼底。

《王森经典烘焙教科书》包含的产品种类比较多，有饼干、马卡龙、蛋糕、泡芙、小零食、挞派及面包，偏向烘烤型产品，适合烘焙初级学员和爱好者。《王森经典面包教科书》涵盖日式面包、法式面包、德式面包以及其他欧式面包，适合面包店从业人员和喜爱面包烘焙的受众。《王森经典蛋糕教科书》同样适合面包店工作人员和蛋糕尤其是慕斯蛋糕的烘焙爱好者，产品难度分为入门级蛋糕、进阶级蛋糕与高阶级蛋糕，可根据自己当前水平选择适合的类型，逐步提升烘焙能力。

每本书的前面都加上了实用性很强的基础知识，如蛋白的打发程度判断、基础馅料的调制等。每个作品都有 AI 绘图来展示产品的层次结构，每个作品都有制作难点解析来答疑解惑，更有免费的高清视频手把手地教你每个步骤的制作，希望对大家提升烘焙技术有所帮助。

兴趣是最好的老师，在翻阅之余，也期待大家对本套书籍提出意见与指导。

祝阅读愉快，生活如烘焙般甜蜜。

目 录

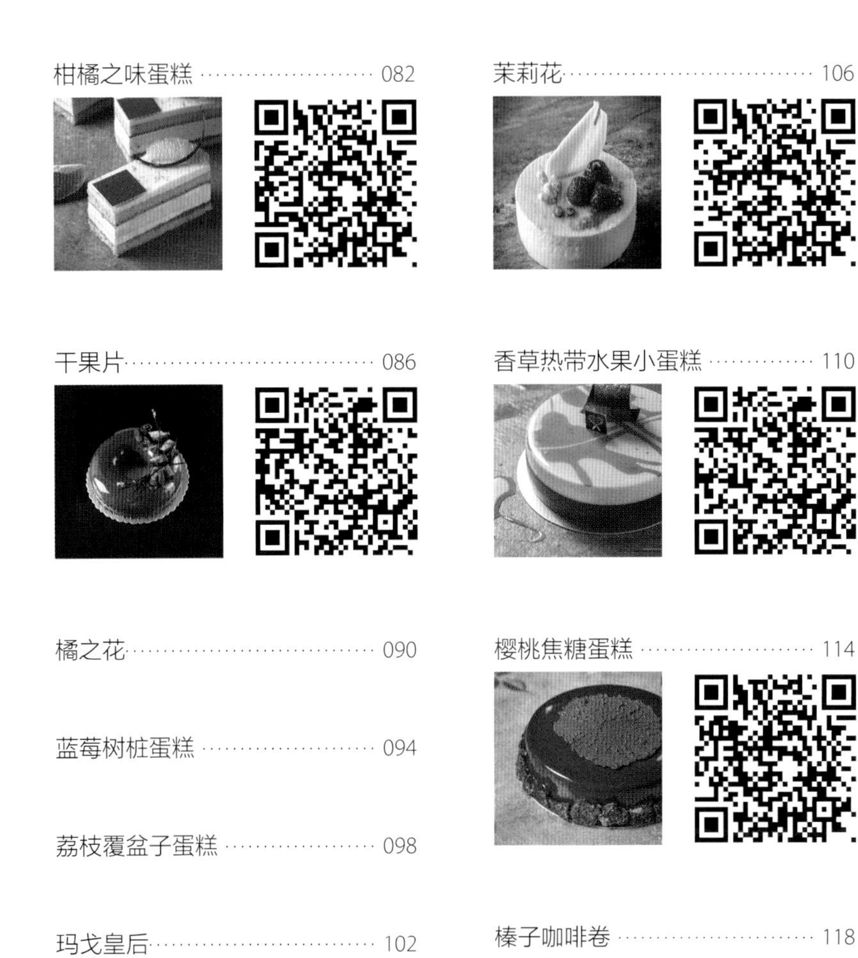

进阶级蛋糕

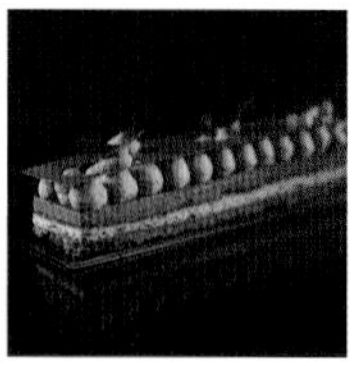

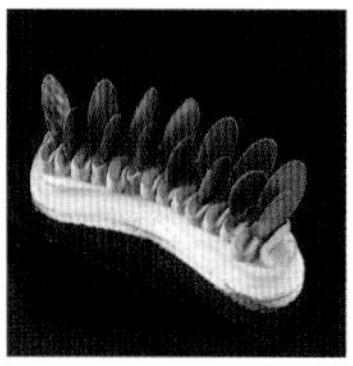

高阶级蛋糕

附录

CA

蛋糕制作理论篇

常用材料与工具

常用材料

面粉

面粉是烘焙行业中最基础的材料之一，是大部分产品的组织支撑。在蛋糕制作中常使用蛋白质含量小、偏白的面粉，一是为了减少产品的筋度问题，使成品更加蓬松软湿；二是为了不影响主体色彩的表现。因此，蛋糕制作中常使用的面粉为偏白的低筋面粉。

在世界甜品种类中，各国使用的面粉种类不同，其特点也不同。

在蛋糕制作中，国内常选用低筋面粉，法国常使用 T45、T55 等白面粉，日本使用薄力粉。

国内面粉多以蛋白质含量来标记，具体如下。

特征 / 类别	高筋面粉	中筋面粉	低筋面粉
蛋白质	多	一般	少
颗粒	粗	适中	细
麦的分类	硬质	中间硬度	软质
用途	面包	面条	蛋糕
蛋白质含量（%）	11.5~14	8~11	6.5~8.5

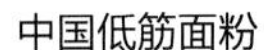

中国低筋面粉

传统 T45 面粉

传统 T55 面粉

传统 T65 面粉

日本薄力粉

法国面粉的分类标准与矿物质的含量有关。为了确定小麦粉中矿物质的多少，制粉业利用矿物质的不可燃性质，将一定量的面粉燃烧至高温，称量矿物质残余的灰烬量（灰分），计算出每 100 克面粉的灰分含量，即可确定面粉的型号。根据灰分含量的高低，法国的小麦面粉被划分为各种型号，国内常称为 T（Type）系列面粉，它们主要包括 T45（含传统粉和通用粉）、T55（含传统粉和通用粉）、T65（含传统粉和通用粉），这三种面粉也称为“白面粉”，几乎不含麸皮，灰分含量也不高。T 后面的数字越小，说明面粉的精度越高，面粉越白，灰分和矿物质含量越少；反之，

T 后面的数字越大，说明面粉的精度越低，面粉发灰或发黑，灰分和矿物质含量越高。

日本对包括面粉在内的农产品做出了规定，包括基本特性和功能特性的要求，对面粉的精度、灰分含量、蛋白质筋度的强弱等都有一定的要求。日本面粉的特点在很多面粉包装上的标识中都能看到，如粉质细腻、吸水性强，但是灰分含量较低，普遍接近 0.4% 左右，这个含量对比法国面粉来说，甚至比 T45 还要低一点。日本面包用粉的等级划分主要依据蛋白质含量，但也会标识灰分比例。

糖

糖在蛋糕制作中是必不可少的，一般从甜菜和甘蔗中抽取而来，再经过加工制成砂糖、赤砂糖、幼砂糖、葡萄糖浆、转化糖浆、绵白糖等产品，不同品牌和不同种类的糖所产生的甜度也有高低之分，不同状态的糖所产生的效果也不一样。

糖在甜点中的作用

- 增加甜香味。但产品不同，甜度也会不同。
- 保湿及防腐。糖是纯天然的防腐剂，它会吸收食物内部及外界的水分，使食物内部水分活度下降，让微生物的生长和繁殖缺少必需品，减少繁殖。
- 上色。糖经过高温之后，会引起焦化反应，产生金黄色的色泽。
- 给予食物热量。糖本身热量就高，添加到食物中，能帮助食用者增加能量。

糖的甜度

糖的甜度是一个比较值，又称比甜度。它是一个相对值，并不是一个绝对值。一般以蔗糖为比较基准物，其甜度标识为 100。

名称	单双糖	成分	甜度（相对）
乳糖	双糖（葡萄糖 + 半乳糖）	—	40
麦芽糖	双糖（葡萄糖 + 葡萄糖）	—	45
海藻糖	双糖（葡萄糖 + 葡萄糖）	—	50
葡萄糖	单糖	—	70
蔗糖	双糖（葡萄糖 + 果糖）	—	100
果糖	单糖	—	120
玉米糖浆	—	葡萄糖、麦芽糖	30~50
转化糖浆	—	葡萄糖、果糖、蔗糖	95

除了用“甜度”这个相对值来表示糖的甜味大小之外，还有一个浓度值可以给糖（单品种糖类）的甜度大小一个相对明确的数字，即波美度（°Bé）。其中 30 波美度被很多甜点师认为是最合理的糖度。砂糖（蔗糖）浓度在 57% 左右时，细菌很难生长，且能常温保存，含水量不会使蛋糕太湿润，也不易析出结晶。

糖的常用种类

砂糖

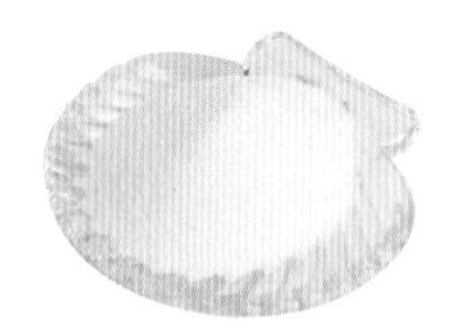
韩国幼砂糖

包括细砂糖、粗砂糖、黄砂糖、赤砂糖、烘焙产品中最常使用的是细砂糖。细砂糖中比较高级的品类是幼砂糖，特指韩国幼砂糖。

上白糖

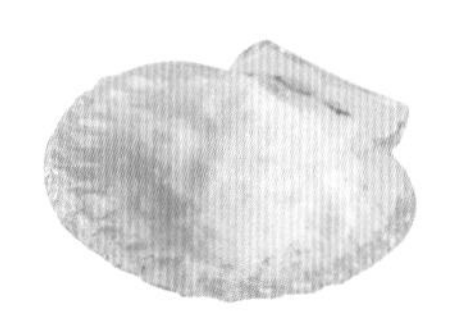
上白糖（日本）

日本特有的一种糖，颗粒较细，水分含量多，具有极好的保湿性，含有 1%~1.5% 的转化糖浆，烘焙时较易上色。

细砂糖（蔗糖）与上白糖（蔗糖 + 转化糖浆）的区别

1. 从配料上看，细砂糖是由蔗糖制作而来的，上白糖是在蔗糖的基础上混入转化糖浆制作而成的。
2. 从性状上看，因上白糖中含有一定比例的转化糖浆，所以上白糖比细砂糖湿润。
3. 从上色程度看，在同等条件下，上白糖的上色程度要比只使用细砂糖的成品颜色深一点。
4. 从保水性看，含有转化糖浆的上白糖具有更强的保水性。

海藻糖

海藻糖

是由葡萄糖形成的糖类，甜度是蔗糖的 45% 左右，甜度适中。海藻糖是非还原性糖，所以在与氨基酸、蛋白质共存时，在一定温度范围的加热条件下，短时间内也不会发生褐变反应，对食品表面烘烤上色有一定的减弱作用。

海藻糖具有很强的持水性，能很好地锁住食品中的水分，防止淀粉老化，对烘焙食品，尤其是需要冷藏的烘焙食品效果较为显著，所以多用于富含水分、保质期长的食品。

另外，海藻糖还可以抑制脂质酸败等。

香草糖

香草糖

属于自制产品。将白糖与香草（或香草籽 / 香草荚壳）混合，放在密闭的环境下，使香草的气味融合入砂糖中。在烘焙制作中可免去对香草荚的处理环节。

赤砂糖

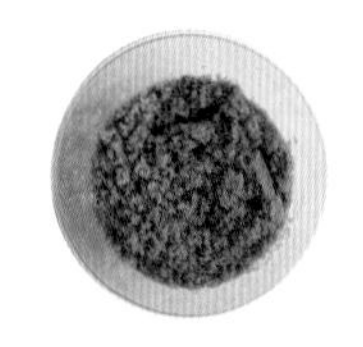
赤砂糖（金黄幼砂糖）

以甘蔗为原料，经过特殊工艺制作白砂糖时产生的一种副产品，是由未经完全脱色的白砂糖重新加工制作而成。

赤砂糖与红糖的区别

1. 两者的制作工艺不同。简单来说，甘蔗或甜菜经过榨汁后，再经过脱色等工艺形成白砂糖，而剩余的未脱色的残渣会被重新制作成赤砂糖，可以说赤砂糖是白砂糖生产的副产品。只是赤砂糖中带有较多的糖蜜，因此外观与红糖十分类似。而红糖是甘蔗或甜菜经过榨汁后经过沉淀、澄清、蒸发等工艺后直接熬制成的产品。
2. 两者在营养、卫生与口感上有不同。在甘蔗加工成白砂糖的过程中，会使用化学澄清剂，如石灰、二氧化硫、磷酸等，这些会有少量残留在糖蜜中，进而进入赤砂糖中。所以赤砂糖在营养卫生等方面要比红糖稍逊色。
3. 两者在形状质地上不同。红糖制作成形时是块状的，即便后期加工成颗粒状的红糖颗粒，其流动性也比赤砂糖弱得多。

转化糖浆

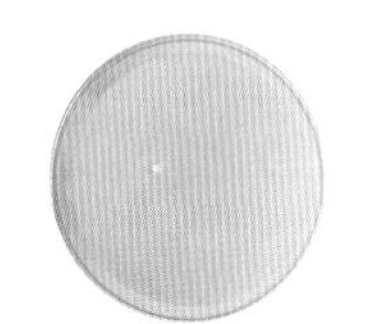

转化糖浆

蔗糖在稀酸或酶的作用下，水解形成等量的葡萄糖和果糖的混合物，再进行处理而产生的混合物称为转化糖浆或转化糖，属于浅色甜味剂。

转化糖浆含有 75% 左右的葡萄糖和果糖，以及 25% 左右的蔗糖。

转化糖浆是液体，而非固态，因其含有葡萄糖和果糖，具有很强的抗结晶性和吸湿性，所以会限制蔗糖的结晶程度。特别适用于需要高浓度的糖制品，在产品中使用转化糖浆能延长许多物品的保存期。

此外，转化糖浆还具有以下几种特点。

- 转化糖浆中含有一定比例的果糖，果糖的甜度较高，为蔗糖的 1.3~1.8 倍，所以转化糖浆的甜度也高于蔗糖，因此使用较少的转化糖浆就可以达到一般的甜度需求。
- 高浓度糖浆的渗透压较高，在一定程度上能抑制微生物的产生与活动。转化糖浆的浓度超过 70% 的话，能有效抑制酵母和霉菌的生长，因而适用于某些糖腌制品的制作。
- 转化糖浆具有一定的抗结晶性，更适合制作各种糖果。果糖的溶解度较高，故转化糖浆可以达到更高的浓度。

葡萄糖浆

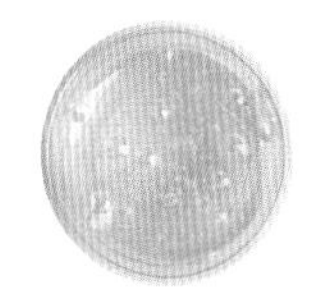

葡萄糖浆

又称液体葡萄糖、葡麦糖浆，是淀粉在酸或酶的作用下产生的一种淀粉糖浆，含有的主要成分有葡萄糖、麦芽糖、麦芽三糖、麦芽四糖等。属于还原性糖，易发生褐变反应。

葡萄糖浆能降低冰点，黏稠度适中。在常见的液体糖中，葡萄糖浆的甜度是较低的，并且它具有良好的锁水性和保湿性，可以使烘焙类食品保持水分恒定，松软可口，改善产品的口味及延长保质期，适宜的黏稠度，可提高产品的稠度，提高体验感。

麦芽糖浆、麦芽糖

是以麦芽糖为主要成分的一种产品。麦芽糖属于双糖，具有还原性。麦芽糖浆的甜度温和、适中，吸潮性较低、保湿性较高。

麦芽糖浆

市售的麦芽糖浆种类较多，颜色、质地也有很大的不同，这些区别与产品的制作原料、制作工艺等有直接的关系。

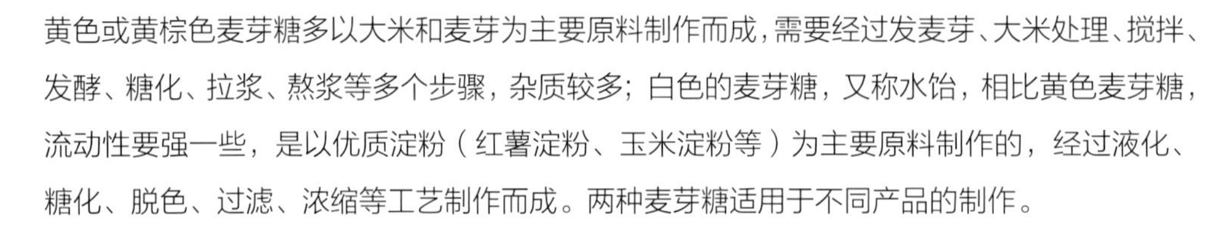

黄色或黄棕色麦芽糖多以大米和麦芽为主要原料制作而成，需要经过发麦芽、大米处理、搅拌、发酵、糖化、拉浆、熬浆等多个步骤，杂质较多；白色的麦芽糖，又称水饴，相比黄色麦芽糖，流动性要强一些，是以优质淀粉（红薯淀粉、玉米淀粉等）为主要原料制作的，经过液化、糖化、脱色、过滤、浓缩等工艺制作而成。两种麦芽糖适用于不同产品的制作。

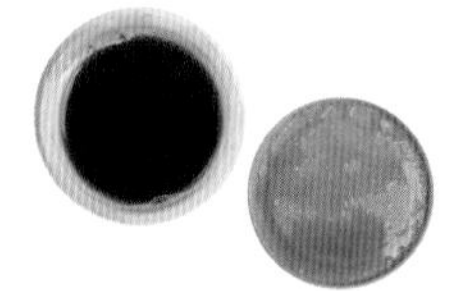

麦芽糖

糖粉 / 糖霜

以白砂糖为主要原料制作而成，粉质非常细。现阶段的市场中，糖粉的概念偏向于由纯白砂糖制作而成的糖制品，糖霜由白砂糖与淀粉（淀粉混合物）混合制作而成。糖粉为洁白的粉末状糖类，颗粒非常细，同时有 3%~10% 的淀粉混合物（一般为玉米粉），有防潮及防止糖粒结块的作用，可直接用网筛筛在西点成品上做表面装饰。

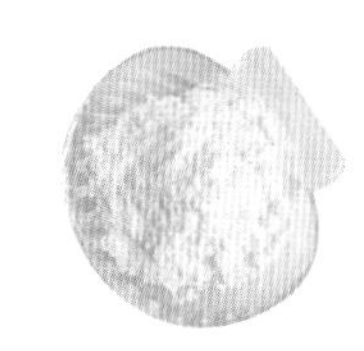

糖霜

防潮糖粉

现阶段，市面上比较流行的防潮糖粉的主要原材料是葡萄糖，配以一定比例的玉米淀粉（改性淀粉）、油脂或食品乳化剂等混合制作而成。

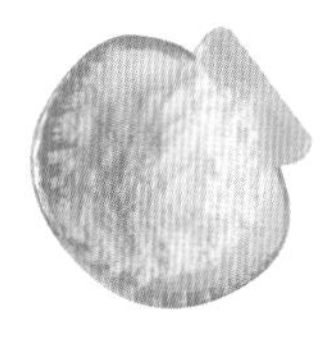

防潮糖粉

防潮原理

通过包埋技术，使糖粉的表面包裹了一层非常薄的透明油脂或具有疏水性质的可食用的乳化剂等类似的材料，这样糖粉就不会很快溶解于水。一般情况下，糖粉外裹材料的熔点不太高，接近人体口腔温度，所以材料入口即可熔化，不会影响糖本身的口感。所以，防潮糖粉一般要保存在低温条件或室温环境下。

凝结胶

胶类成形是典型的传统烹饪的成形技法，随着发展的推进，凝胶技术也发生了很多变化。不同品牌、不同规格的凝结材料所具备的凝结度是不一样的，需要在使用时进行测试，根据不同的状态适当增加或减少用量。

Gellan 结冷胶

这是一种在 1977 年左右从鞘氨醇单胞中提炼得到的凝胶。现在我们这里提到和使用的是 Frim gellan（硬胶），它可以让我们获得一种容易切割并且能够加热到 90℃的硬胶。

结冷胶

特性：以粉末状呈现，加热到 85℃，使其冷却后，我们就看到了凝胶化的效果；在盐浓度比较高的液体中会失去凝胶能力。

Agar 琼脂

从红藻（石花菜类和江篱类）中提炼所得，是一种流行于日本的凝胶。在 1859 年，它作为一款中式菜品传入欧洲，并在 20 世纪初开始大量应用于食品工业中。因为纤维素是其来源，所以只需很少量就可以形成胶体。它也可以做热胶体。

琼脂（西班牙进口）

特性：呈细腻粉状。与冷液体混合后煮沸时，凝胶化更快；一旦成形后，它只能承受 80℃的温度；在酸性物质中，会失去凝胶能力。

Kappa 卡拉胶

一种从红藻（主要来自角叉菜属和麒麟菜类）中提取的凝胶，可以产出易碎坚硬的胶体。

卡拉胶

特性：呈细腻泡沫状，与冷液体混合后煮沸时，会迅速形成胶体包住溶液；一旦成形后，能承受 60℃的温度，但在酸性物质中会失去凝胶能力。

NH 果胶粉

从水果中提炼并加工而成，整体呈粉末状，土黄色，添加在馅料中不会使馅料彻底凝固，只是会使馅料失去流动性。在使用时一定要与砂糖进行混合，再加入液体中，这样可以避免结块。一般用于夹层馅料的制作或果馅的制作。

吉利丁片

又称明胶片或鱼胶片，从动物的骨头（多为牛骨或鱼骨）提炼出来的胶质，略带一点腥味。主要成分为蛋白质，含量在 82% 以上。在使用时一定要提前放进冰水中泡软，捞出后还要沥干水分，这个过程大概需要 5~8 分钟。然后经过加热、化开与浆料充分融合，达到凝结的作用。

吉利丁片

吉利丁粉

又称明胶粉或鱼胶粉，同吉利丁片的来源相同。两者的差别为一个是粉末状，一个是片状。吉利丁粉在使用时要加入适当比例的冷水进行浸泡，根据不同的需求，再隔水加热化成液态或泡好后直接使用。

吉利丁粉

小知识

吉利丁类产品的简便使用方法

一般情况下，将吉利丁产品与冰水按照 1∶5（各个吉利丁品牌的凝胶效果是不同的，有一定的调幅）混合浸泡至软，隔水熔化、凝固，随取随用。

香料

顿加豆

顿加豆

一种约1元硬币大小的豆荚，经过烘干之后，呈棕黑色。其香味浓郁、风味独特。在使用的时候，只需要用刀轻轻地刮下少量表皮的碎屑使用即可。

伯爵红茶

一种调和茶的通称，以红茶为茶基，用芳香类水果外皮中提炼出的油加以调制而成，具有特殊香气与口味。在甜点中，可以改变风味。

肉豆蔻粉

肉豆蔻粉

一种香料，味道浓烈，主要生长在热带地区，具有很高的药用价值。用于甜点中，可以令甜点具有独特的风味。

玫瑰香精

从可食用玫瑰花中提取出的可食用精油。主要用于慕斯浆料的调味，因为是浓缩过的，只需添加少量，就可以使甜品中充满花香的味道。

香草荚

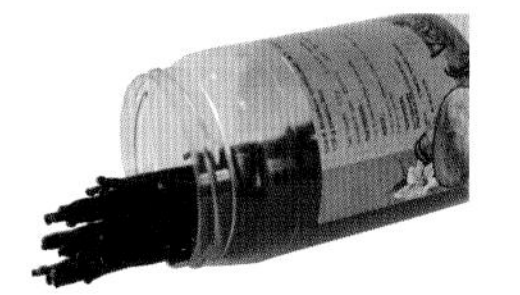
香草荚

生长在热带地区的香料，香味柔和，深受人们喜爱。其中波旁、马达加斯加、大溪地所产的籽荚饱满，体积也比其他地区的要大。不同地域所产的香草荚香味浓郁度不一样，所以在使用时，没有办法确定具体用量，视情况适度增减。

罗勒叶

罗勒叶

香料，混在食材中味道独特，能去除腥味，在甜点中可以增加风味。

藏红花

主要生长在欧洲、地中海及中亚等地，在我国因为西藏最早引进，所以称为藏红花。其药用价值较高，用在甜点中可以增加营养价值与风味。

黑胡椒

黑胡椒

果实在熟透后呈现黑红色，表面会泛有油光。其种子味道辛辣，也常用于料理中。果实在晒干后，会成为直径5毫米的干果，我们用的就是这种干果。使用在甜点中要碾碎，可以更好地增加味道。

桂皮

肉桂树的干树皮卷成圆筒形再经过加工而成，常用作食品香料或烹饪调料。中式菜肴中很常见，可以很好地去除肉类食物的荤腥并带来香料的味道。添加在甜点中，要用工具磨成粉，或煮过之后取汁使用。能赋予甜点一种独特的风味。也可以用于表面装饰，与制作材料相呼应。

桂皮

肉桂

也被称为肉桂皮或粗肉桂，与桂皮的味道相似，其用法和作用也相似，区别在于：肉桂厚，桂皮薄；肉桂色浅，桂皮色深；肉桂味浓，桂皮味淡；桂皮更适合做菜炖肉，肉桂更适合做西点。肉桂粉是肉桂皮磨成的粉末，使用起来比较方便。保存的时候要注意防潮，以免结块。

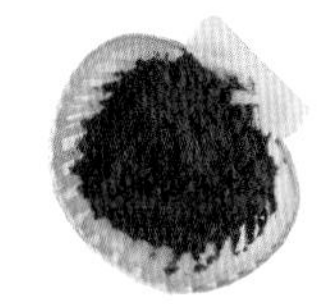

肉桂粉

八角

一种常绿灌木的果实，味道与茴香有些相似。添加在甜点中，要用工具磨成粉，或煮过之后取汁使用，能赋予甜点一种独特的风味。

八角

常用工具

搅拌类

搅拌器	特点	用途	适用材料	备注	图片
网状搅拌器	接触面大、密，打发与混合速度快，能使材料快速呈现细腻光滑的状态	打发、搅拌	蛋白、蛋黄、全蛋、软黄油等软性和液态材料	—	
扇形搅拌器	接触面小，力度大，能有效混合硬性材料和粉类物质	膏状材料打发、搅拌、软化	冷黄油、杏仁膏等硬性材料	—	
料理棒	有两个刀刃，能快速混合物质，有长柄	搅拌、乳化	巧克力、杏仁膏等材料	—	
均质机	用四个刀刃，能快速混合食材，且在使用时能消除气泡	乳化、消泡	液体材料（尤其是淋面制作）	—	

（续）

搅拌器	特点	用途	适用材料	备注	图片
粉碎机	力度大，有刀刃，粉碎性强，密封性较好，接触面大	粉碎、快速混合	固体物，需要快速混合的硬性、软性材料	擀面棍擀碎、敲碎	
手持搅拌球	接触面大，手持式方便把握，操作简易	搅拌、打发	全液态材料、少量材料混合	搅拌面糊类材料时，注意不要搅拌过度，使面糊产生筋性	
刮刀	垂直面使用可用于切拌材料，压面使用可以消除面粉颗粒等	切拌、翻拌	面糊类、液态等具有气泡的材料	—	
半圆形刮板	接触面大，能快速切拌和翻拌	翻拌	马卡龙、气泡面糊类材料	—	

切割类

切割类	特点	用途	备注	图片
锯齿刀	刀刃带有齿痕，锋利，切割时摩擦力小	切割蛋糕坯	切割蛋糕坯时要保证蛋糕已完全冷却	
水果刀	刀刃锋利，平滑	冷冻类甜点、水果等	切割甜点时，预先给刀面加热，利于甜点切面平整、不糊面	
五轮滚轮刀	连体滚动刀刃，可以伸拉，进行快速精准的分割、切块	面皮、巧克力装饰件等较薄材料的分割、切片	对于较厚的材料，可以使用滚轮刀先进行表面分割刻痕，再配合其他刀具进行切割分离	
抹刀	带柄，无刀刃，有尺寸大小之分	馅料涂抹、推开	注意尺寸与实际情况相匹配	
曲柄抹刀	带柄，无刀刃，刀柄与主体有一定的角度	有一定深度馅料的涂抹、推开	注意尺寸与实际情况相匹配	
大铲刀	带柄，刀面呈梯形，有刀刃，但不锋利	大量巧克力调温，清洁台面	—	

（续）

切割类	特点	用途	备注	图片
多功能铲刀	带柄，刀面近似呈扇形，有刀刃，但不锋利	巧克力调温，清洁模具	—	
刨皮器	细密的小弧形刀口，刀口浅，锋利	获取果皮皮屑	只刨取水果最浅表一层的皮屑	
压模 / 圈模	固定的形状，不太锋利	切 割 蛋 糕 坯、 饼皮类	切割时，将模具稍稍转动下，可以使材料切割处更加光滑	

烤盘垫

烤盘垫	特点	用途	图片
高温不粘垫	耐高温、不粘	通用	
网格硅胶垫	耐高温、透气	通用，尤其适用于烤饼干、马卡龙、泡芙等	
油布	耐高温、轻便	通用	

基础操作与技术解析

理解蛋糕甜点的基础操作词汇，并结合不同产品的特性，加以灵活运用，方能使产品的口感与状态达到最佳。蛋糕甜点的制作像是化学实验，保证配方平衡的情况下，选取不同的材料、器具，采用不同的处理方式，会得到不同的状态与味蕾体验。

称量

准确地称取所需要的材料，是产品制作成功的基础。称取方式一般分为单独称取和混合称取两种。了解原材料的特性、产品的操作流程，再以此去选择正确的称取方式，可以降低后期产品制作失败的概率。

比如，在制作蛋黄酱时，需要先称量蛋黄和砂糖。在制作前，不可提前将两者混合称取在一起，否则容易结成颗粒，影响产品状态。

再比如，制作巧克力坯底时，可可粉和低筋面粉就可以在称量时混合，因为两者混合不会影响各自的材料特性，且在后期与其他材料混合时可缩短时间。

过筛

干、湿性材料皆可借助各类型号的网筛过筛。为了使产品达到最好的状态，过筛这一环节不容忽略。不同的材料过筛，作用也不同。

干性材料过筛，主要是指粉类，过筛可以去除粉类中的杂质与颗粒，并使颗粒之间充入空气，达到蓬松的状态，这样在后期能增加面粉与其他材料的接触面积，方便后期更好地混合。同时，粉类过筛常用于甜品表面装饰，网筛可以最大可能地帮助粉类物质分布均匀，同时也能“指哪打哪”，增加设计感。

常用工具为平面网筛，速度较快，网筛的孔有大小之分，可以满足不同的筛选需求。

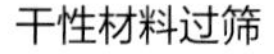
干性材料过筛

湿性材料过筛

湿性材料过筛除了能完成基础功能，如去除杂质、颗粒等，同时也可以帮助过滤空气。比如在制作淋面时，过筛可以去除淋面内部的气泡，在实际使用时能够减少蛋糕表面的气孔。

常用工具为锥形网筛，这种筛子从侧面看呈三角形，适用于将材料过滤至小口径盛器中，同时由于漏筛是立体的，从上至下过滤时因重力作用可以避免材料堵塞。

拌

拌是产品制作中用得较多，是混合烘焙材料、半成品的常用手法，需借助各类器具与处理方式。拌主要分为机械与人工两种，二者可单独操作，也可共同作用于产品制作中，使产品状态达到最佳。

机械法

机械法需借助搅拌器、均质机、料理机等器械进行，使两种乃至两种以上不同的材料均匀地混合在一起。采用机械法混合，一方面提高了效率，以打发蛋白霜为例，电动打蛋器打发与人工打发相比，所需时间更短，效率更高。另一方面，机械法可以使产品达到更好的口感与状态，以制作甘纳许为例，均质机搅拌与人工搅拌相比，材料混合更加均匀，口感更加顺滑，光泽度更高，保质期更长。

人工法

人工法需借助橡皮刮刀、手持搅拌球等工具进行。制作的产品不同，拌的方式也不同。以下为常用的人工拌法，可单独应用于产品制作中，也可相互配合使用。

翻拌

翻拌是用橡皮刮刀，沿着同一方向，大幅度抄底，快速轻翻的一种手法，可以使材料短时间内混合均匀。

主要用于两种场景的混合。

第一，应用于易消泡的产品制作中，如分蛋海绵中蛋白霜与面糊的混合，翻拌可以使二者更快地混合，缩短蛋白泡沫的消泡时间，使成品达到最好的状态。

第二，应用在一些温度要求高的慕斯酱料的混合中，翻拌可以缩短降温时间，方便后期慕斯更好的灌模。

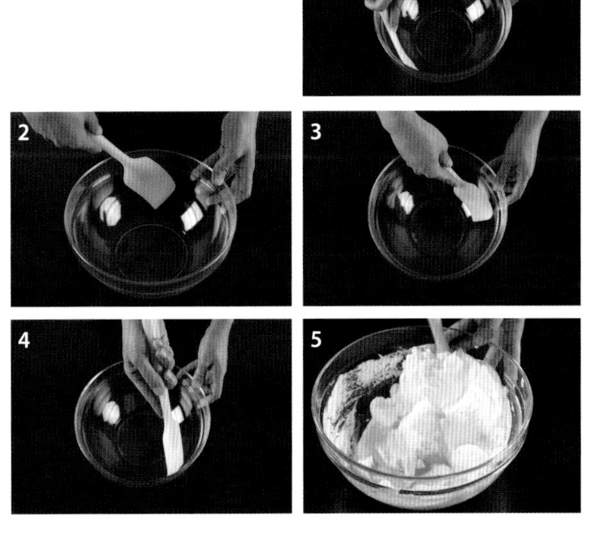

切拌

切拌是用橡皮刮刀，将刮刀面垂直切入材料中，左右来回切拌，使材料更好地混合，达到想要的状态。

切拌常应用于不需要起面筋、含泡沫类的制品中，可单独应用于产品制作中。

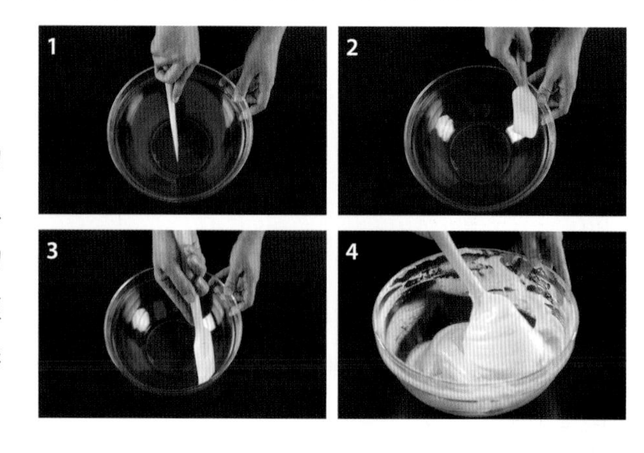

切拌常与翻拌配合使用，达到上下、左右全方位的混合，应用于混合材料量多或不易混合的制品。以粉类与湿性材料混合制作的蛋糕为例，粉类过多的情况下，采取两种“拌”的方式混合，一方面缩短混合时间，另一方面防止在拌的过程中起面筋，影响蛋糕口感。

压拌

采取不断碾压材料的手法，破坏材料外部结构，增加材料之间的接触面积，使材料更好地混合。

常用于一些水分含量较少的酥性面团及马卡龙面糊的制作。

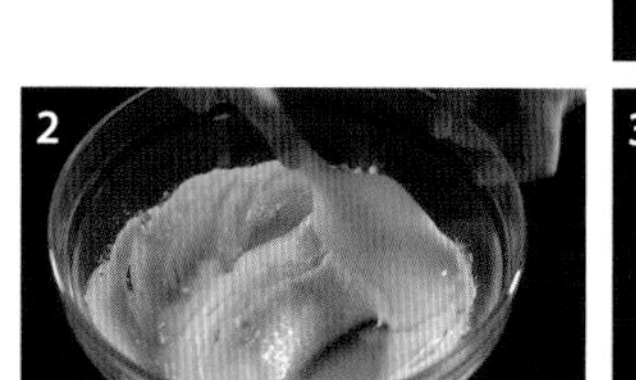

折叠压拌

不断将混合材料折在一起，通过压拌，使材料充分受到碾压，从而达到完全混合的状态。常用于手工操作中的酥性饼干与甜酥面团制作，折叠压拌宜使用有些硬度的工具，不宜使用易断或会减弱力量的工具。

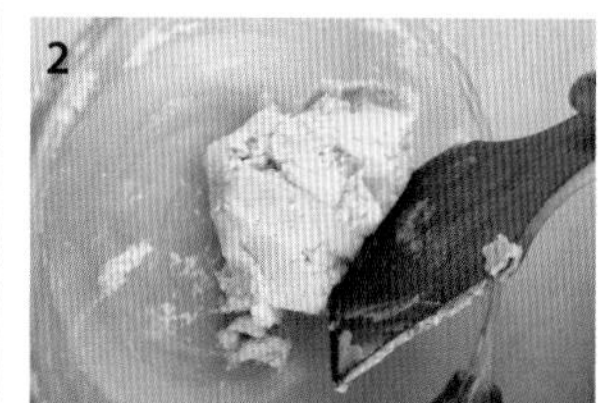

搅拌

在甜点制作中，搅拌是最常见的基础操作方法，一般情况下，以上四种拌的方式都属于搅拌的范畴，但操作工具一般不会选用网状式的搅拌器，因为网状搅拌器的切割面较多，易造成消泡，同一方向搅拌时也易形成规律性的网络结构，对泡沫形产品混合、酥性面团的制作有局限性。混合多数液体多使用网状式搅拌器。

搅拌

各类“拌”的手法，根据不同的产品特性，可单一使用，也可采用机械与人工配合使用的方式，既能提高生产效率，同时也使产品达到想要的口感与状态。

擀

擀是对材料施加压力，改变材料的外形，使材料达到统一厚度的一种技术手法，可借助开酥机、擀面棍等器具。常用于酥皮、各类挞、巧克力配件的制作。产品特性不同，擀的作用也不同。

挤

挤是利用手的压力，借助裱花袋、裱花嘴等工具将材料制作出各式花样的一种技术手法。借助挤的手法，可以很好地控制产品的数量、厚度、造型等多种元素，可以充分满足产品外观设计、口味设计等需求，简单方便。

调温

调温在产品制作中，常指代巧克力调温，是指改变可可脂的晶体状态，使其在室温下凝结，需借助调温铲、红外线测温枪等测温工具。在调温时，温度、搅拌、静置的时间，都对巧克力达到完美的结晶状态有巨大影响。调好温的巧克力色泽光亮，与各类色素搭配，能做出各式配件，装饰于甜点中，可以提高制品的美感与高级感。

软化

软化是指使材料由硬变软的加工过程，需借助微波炉、隔水加热等方式。常用于含黄油、奶油奶酪等材料的制品。以曲奇饼干为例，软化后的黄油通过搅打，在固体油脂中包裹住大量空气，体积膨发，后期极易和蛋液、粉类混合。裱挤饼干花形时，也比用未软化的黄油制作的面糊更加轻松，烘烤出来的产品口感更酥松。

黄油的打发原理是在固体的油脂中不断地充入空气，使黄油的体积变得越来越蓬松，将其内部充满无数个微小的气孔，使打发的黄油在后期能很好地与其他材料混合，起到蓬松的作用。

黄油太硬是不易打发的，因此，若想将黄油打发到位必须将其充分软化。同时避免黄油过度软化，变成液体。

黄油软化方法

- **室温软化：**制作产品前，将黄油放在室温中慢慢软化，软化的时间根据黄油量以及室温的高低来决定。
- **微波炉软化：**将切成小块的黄油放在微波炉中加热，需要不断观察黄油的状态，防止加热过度，变成液体。

对比黄油软化前后的状态

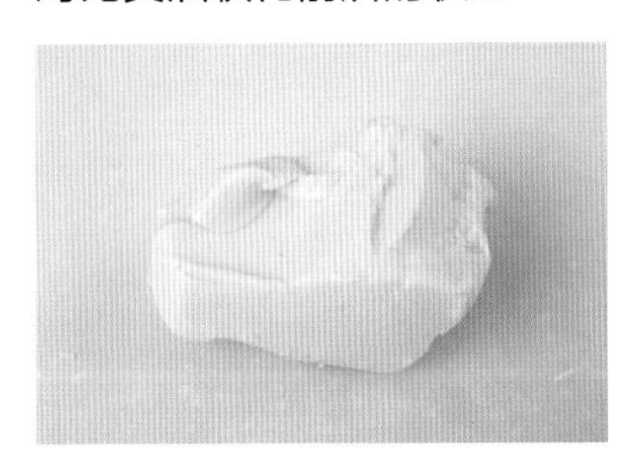

黄油软化前，质地较硬，用刀切黄油时，会出现清晰的横切面。

黄油软化后，质地呈膏状，类似泥状，外力作用下极易变形。

若黄油未达到理想的软化状态，则会出现以下两种情况。

◎ 黄油在搅打时，搅拌器受到的阻力较大，黄油会飞溅在容器四周，容易起颗粒，不易操作。

◎ 黄油没法达到完全蓬松的状态，后期不易与其他材料混合，若直接与粉类混合，面糊会比较干、硬，影响口感。

乳化

乳化是一种液体以极微小状态均匀分散在另一种互不相溶的液体中的现象。例如水油的乳化，若加入适当的表面活性剂，在搅拌的作用下，水油相互融合呈均匀的乳状液体，该过程称为乳化。

乳化的条件

● 温度

乳化需要适宜的温度，温度不可过高，亦不可过低。

● 乳化剂

蛋糕甜点在制作时，乳化剂一般会从原材料中去选择。比如蛋黄，其内部含有的卵磷脂就是一种天然的乳化剂，在产品的制作中发挥着巨大的作用。

● 乳化的搅拌器具

一般在进行乳化搅拌时，会选择用均质机、手持打蛋球和橡皮刮刀来进行搅拌，但是三者的乳化效果却大不相同。

搅拌器具	搅拌时间	乳化效果
均质机	最短	较好
手持打蛋球	较短	最慢
橡皮刮刀	较长	较差

隔冰水降温

一般用于馅料的快速降温，在这个过程中，馅料外层的温度影响会比内部的要大，为避免馅料质地有差别，所以降温过程中要不断搅拌混合。

隔水加热

一般用于材料熔化、蛋液类加热等。隔水加热有两种方式，一种是将盛装材料的器皿直接坐于热水中，水与材料靠盛装器皿的导热进行加热操作，另一种是通过热水产生的蒸汽进行加热。

隔水加热

隔蒸汽加热

第一种方式加热速度快，适用于对水不敏感的材料，或不需水温很高的场景中，因为若水温太高，会产生水蒸气，进入材料中会影响材料质地。

第二种方式加热速度较慢，适用于小幅度升温的材料使用。

涂抹内壁（1）　　涂抹内壁（2）

涂抹内壁

在慕斯制作中，慕斯整体的外部造型很多具有统一性，便于后期淋面、喷砂等大面积操作，在叠加配方产品时，要注意最外层材料的展露，所以涂抹内壁很重要。

慕斯脱模

慕斯模具的种类有很多，硅胶等软质模具较易与慕斯分离，硬质材料的模具相比就比较难了。所以硬质模具的脱模需要一些小技巧。

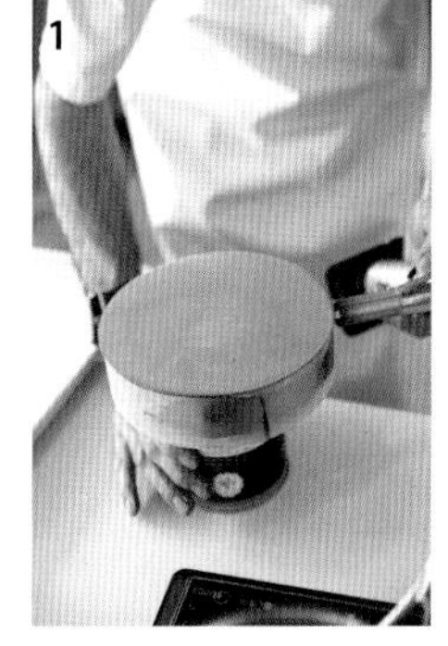

- 将慕斯整体放于一个物体上，该物体需满足几点要求：直接接触面比慕斯面小一点（也不宜过小，防止慕斯无支撑发生断裂）、有一定的高度、能较稳固地放置在桌面上。
- 使用火枪或热毛巾直接接触模具侧面，使模具急速升温，与慕斯主体黏连度降低，再用手往下移动模具，使模具与慕斯主体自然脱离。

常见产品制作与延伸

蛋糕饼底类

分蛋式蛋糕制作

常见的坯底制作方法之一。膨发主要依赖蛋白的打发，所以在制作中需最大限度地保护蛋糕的泡沫，其余材料可与蛋黄混合，减少多次混合对泡沫的影响。

制作重点

以蛋黄为基底，混合除蛋白以外的材料

1. 将糖与蛋黄混合，用手持搅拌球搅拌至发白状态。这个过程中糖粒经过摩擦会融入蛋黄中，蛋黄进入微发的状态，所以后期整体会发白，不易看到糖颗粒。

2. 依次加入液体与固体材料，如牛奶、油脂、面粉等物质。

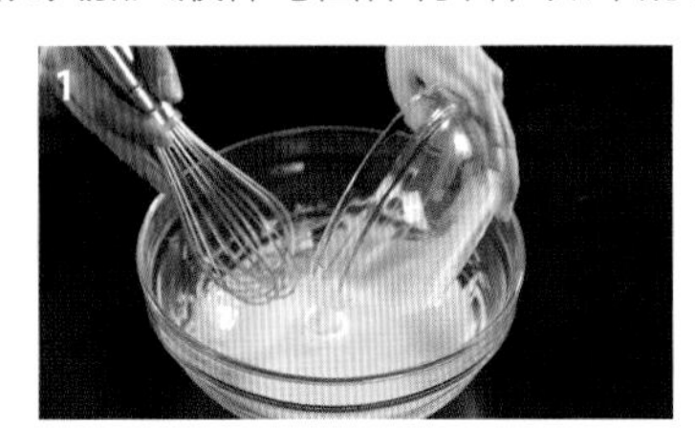

3. 在搅拌蛋黄糊时，要注意需根据材料性质选择不同的搅拌器。一般情况下，蛋糕类产品不需材料产生筋性（会影响膨发），所以混合液体时可以用手持搅拌球进行同方向搅拌，加入粉类后用橡皮刮刀压拌、翻拌。

4. 混合好后，需尽快与其他材料混合使用，避免久放表面结皮；如果需久放，可在表面覆上保鲜膜，入冰箱冷藏。

蛋白打发

一般会采用三次加糖的方式，主要是为了追求蛋白稳定性和打发速度之间的平衡

第一次加糖，蛋白打发至出现泡沫，泡沫呈鱼眼大小。

加糖原因：分担糖量；吸收水分，形成糖液，增大蛋白泡沫黏性，帮助开始构建稳固的泡沫网络。

第二次加糖，蛋白打发至出现细密的气泡。

加糖原因：分担糖量；吸收多余的水分，增大蛋白泡沫黏性，帮助开始构建稳固的泡沫网络，使蛋白泡沫更加湿润，增加泡沫的光泽度。

第三次加糖，蛋白泡沫呈现出清晰的纹路。

加糖原因：分担糖量；增加蛋白泡沫的紧实度，缓解蛋白泡沫的崩塌，减小消泡的速度。

打发的阶段

打发良好的蛋白霜应该是有光泽，且弹性明显的。如下描述的各种状态并不是判断蛋白霜打发状态的唯一标准，需要在打发蛋白时不断感受整体状态，根据实际操作来慢慢积累经验。打发的蛋白霜不宜久放，否则极易消泡，甚至渗出水分，后续很难使用。

根据蛋白的打发进程和起泡性，蛋白的打发可概括为如下阶段。

● 湿性发泡

提起打蛋头，蛋白霜呈大弯钩的状态，向下低垂，可定义为 6~7 分发。

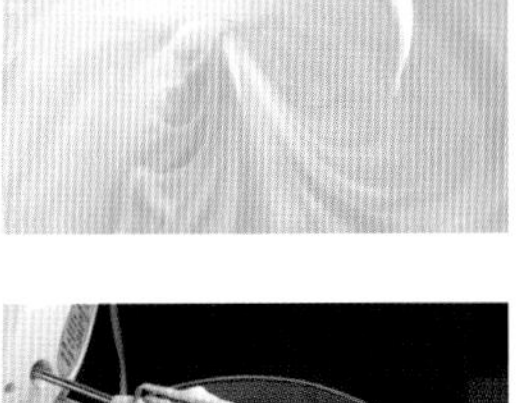

● 中性发泡

介于湿性和干性发泡之间，提起打蛋头，蛋白霜呈现较小角度的低垂，小弯钩状态，可定义为 8 分发。

中性偏湿：提起打蛋头，蛋白霜会呈现一个短一些的弯弯的尖。

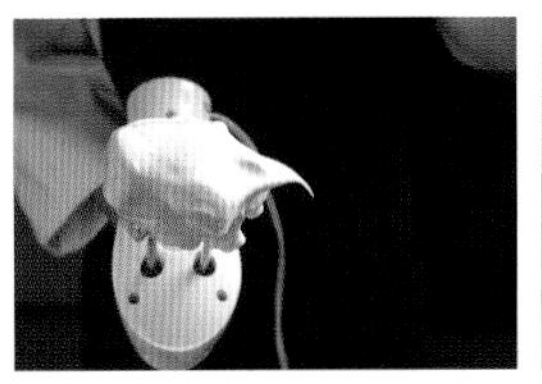

中性偏干：提起打蛋头，蛋白霜的尖更短了，但还是会微微下垂。

● 干性发泡

提起打蛋头，蛋白霜成圆锥状小尖角，可定义为 10 分发。

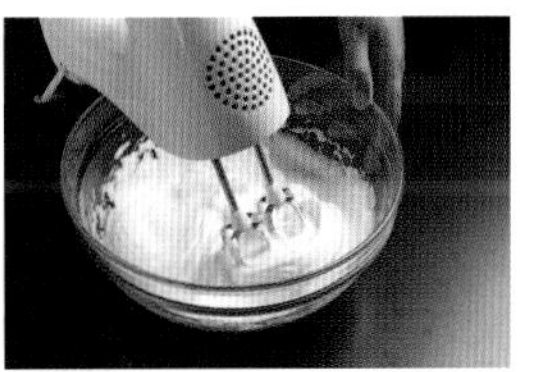

● 打发过度

一般打发到这个阶段的蛋白霜干硬、呈絮状，不建议使用，如果勉强使用，与蛋黄糊混合时极容易混合不均匀，烘烤出来的成品的组织也会粗糙、不细腻。

采用先取少许打发物与其他材料混合的方式，以减少后续泡沫消泡的几率，是蛋糕制作中常见的混合方式

1. 将蛋黄与蛋白分别制作成所需的状态。

2. 用橡皮刮刀取约 1/3 的打发蛋白加入蛋黄糊中，采用切拌和翻拌的方式使两者快速混合至质地统一，该质地对剩余蛋白的影响会减小许多。

3. 将混合好的混合物倒入剩余的打发蛋白中，依然采用切拌和翻拌的方式进行快速混合。

全蛋式蛋糕制作

常见的坯底制作方法之一。膨发主要依赖全蛋的打发，因蛋黄中含有的复杂物质较多，导致全蛋的膨胀率不会很高，所以在制作中需要尽最大可能使全蛋膨发至所需程度。

制作重点

隔水加热，提高打发效率

一般情况下，隔水加热的温度以 40℃左右为宜，也可隔水蒸汽加热，直接隔水加热速度较快，但是要避免过度加热。

打发的程度

1. 全蛋正式打发前，可以先将糖全部加入，糖能在后期稳定泡沫，且能给整体增加色泽、增加黏性。

2. 打发过程中，全蛋的起泡率不会很高，整体视觉感受是蛋液越来越浓稠，直至呈绸缎状。

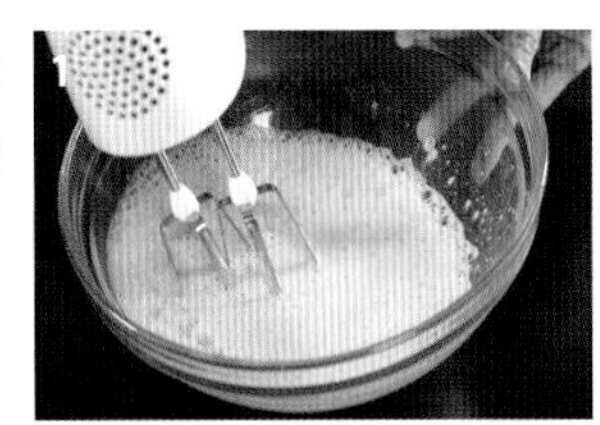

其他材料的添加时机

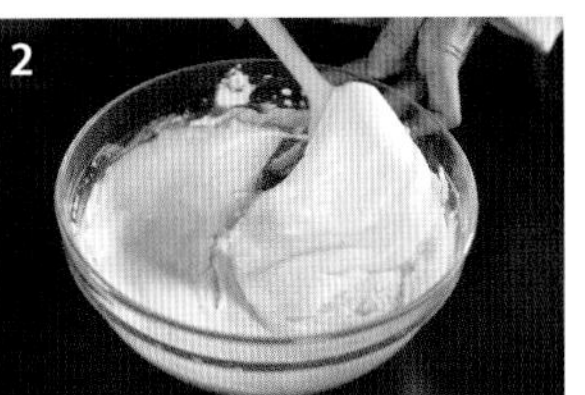

全蛋糊打发完成后，后续可依次添加面粉类物质，如果需要添加油脂，在最后加，且要快速混合。

面团饼底类

面团制作

面团类饼底多以打发黄油为基础，再与其他材料混合。

制作重点

黄油的质地

正常情况下，黄油放在冰箱冷冻、冷藏皆可，呈块状，使用前将黄油软化成膏状，这样易和其他材料混合。

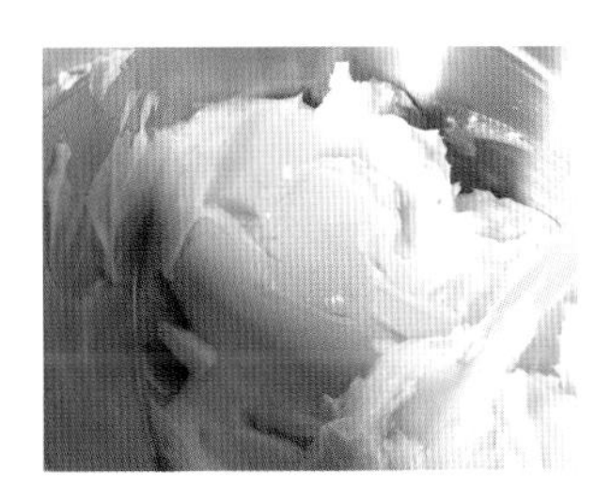

黄油与液体材料的混合

黄油打发过程中，一般会与蛋液混合，混合时需注意要分次加入蛋液，避免一次性量过大，引起油水分离。

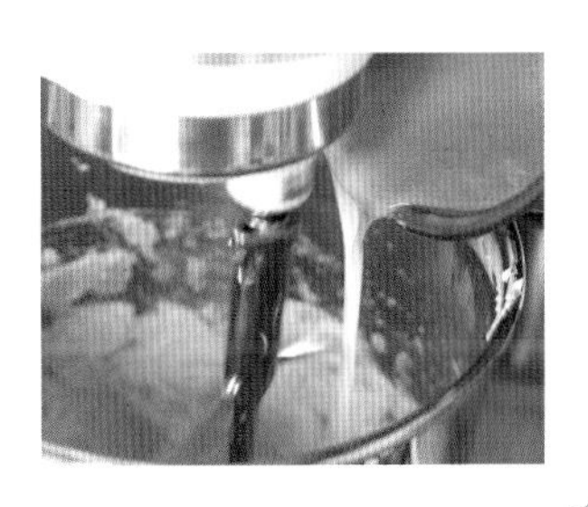

制作重点

面皮入模

整体入模

将模具放在面皮上，用刀在外围画出一个大圆，圆形直径稍大于“模具直径 + 模具高度”之和。

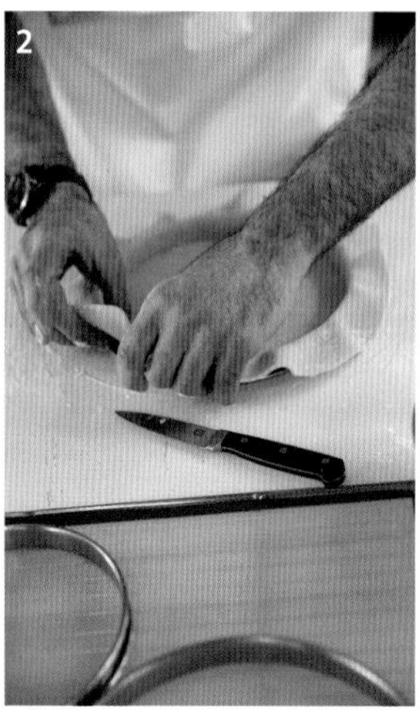

将面皮放在模具上，用手轻轻将面皮按压在模具周边。

用刀去除模具上多余的面皮，入炉烘烤。

烘烤后，可用刨屑刀在表面轻轻摩擦，去除碎屑，使表面更加平滑。

底与边分开入模

用刀将面皮切割成长条，长度等于圈模周长，宽度等于圈模高度，厚度根据需求调整，一般在 3~5 毫米，将长条卷起。

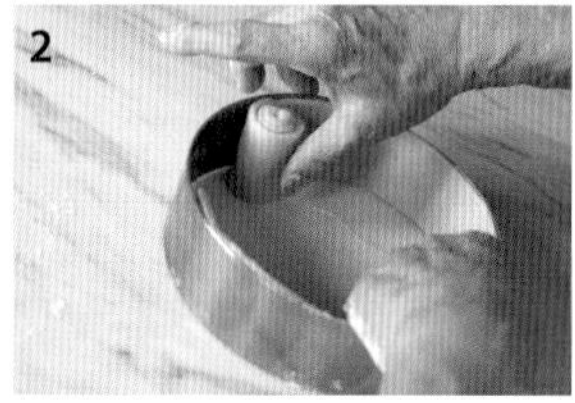

将长条面皮贴在模具圈上。

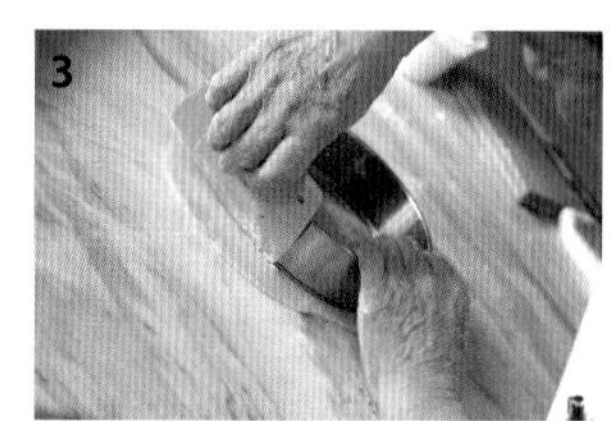

切割出与模具底面一样大小的面皮。

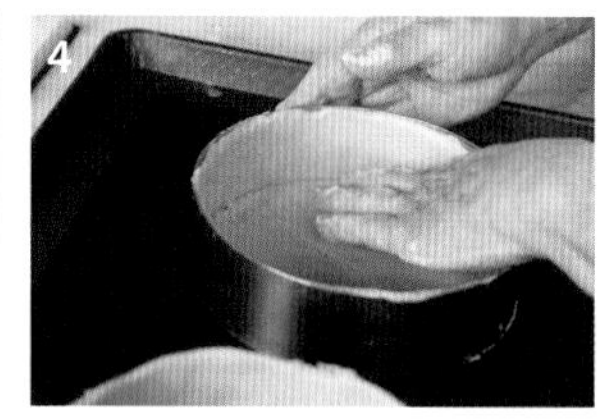

将底面面皮放于模具中，与侧面面皮相连接。

格子派（挞）皮

将派皮放于模具中，修理整齐。

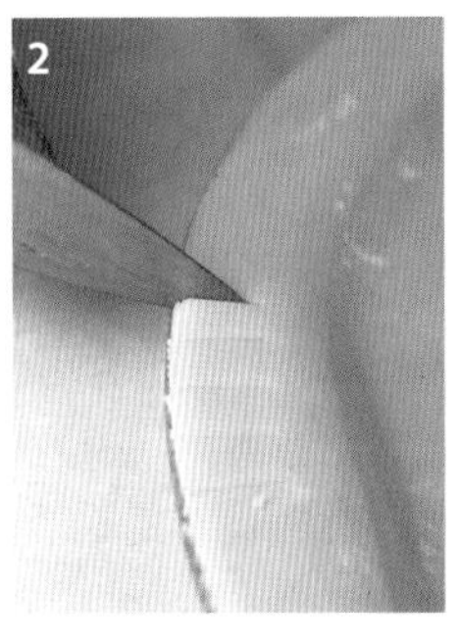

用刀具在派皮边缘处垂直切割，间距约 1 厘米。

每间隔一个将切割的派皮折叠，并轻压，使之服帖。

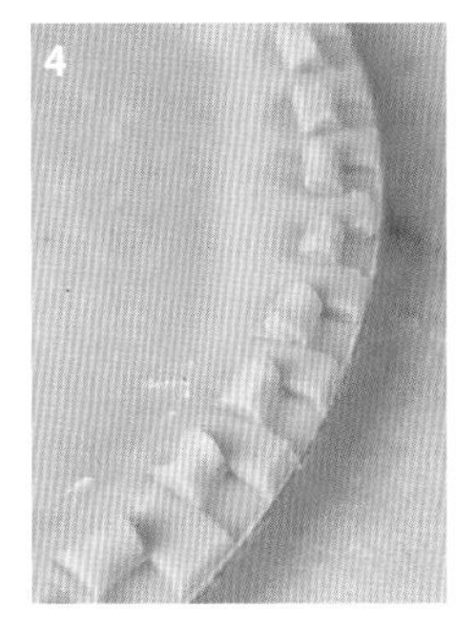

即成。

麦穗派（挞）皮

将派皮放于模具中，修理整齐。

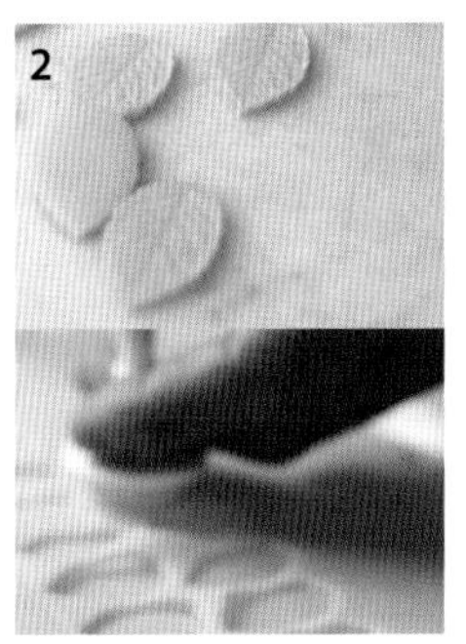

另取一份面团，擀开（图示厚度为 5 毫米），用树叶压模成树叶形。

在派皮边缘刷上水或蛋白。

在派皮边缘摆放上树叶形面团，形成麦穗形。

即成。

立体波浪派（挞）皮

将派皮放于模具中，修理整齐。

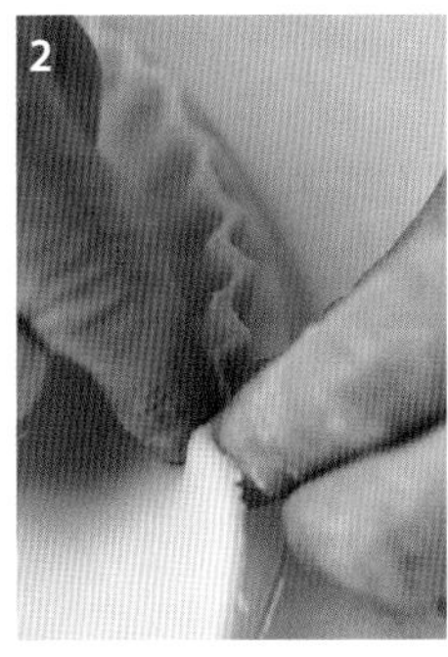

将双手分别放于派皮边缘的内外，双手拇指和食指配合，在边缘处捏出立体花纹。

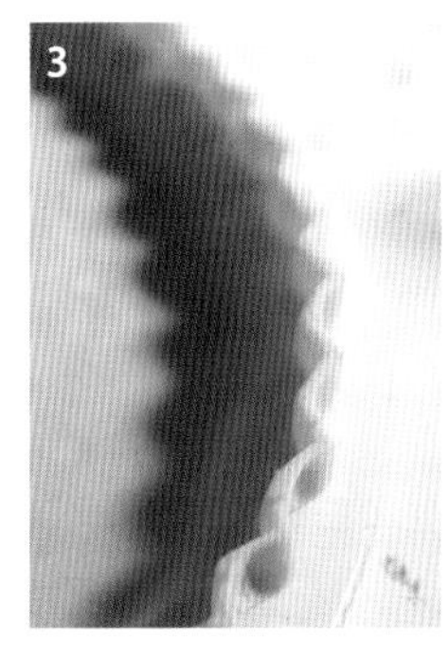

即成。

细线条派（挞）皮

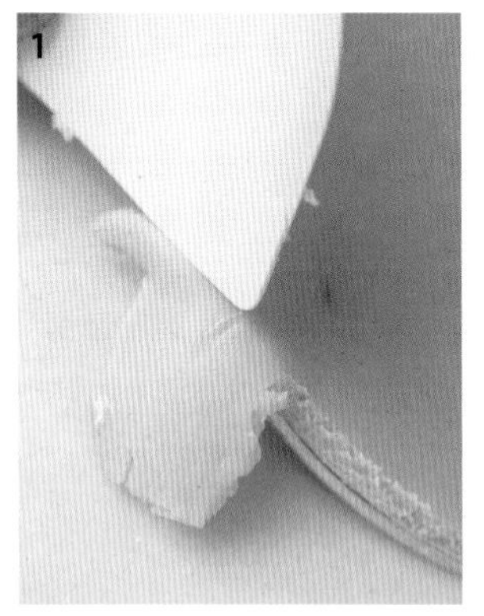

将派皮放于模具中，修理整齐。

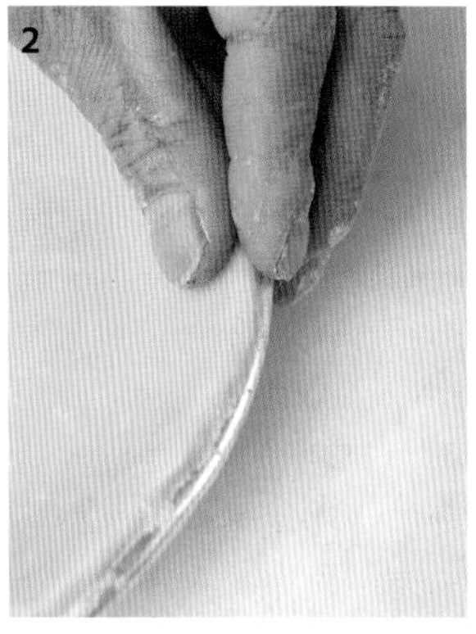

用手指将边缘处磨均匀。

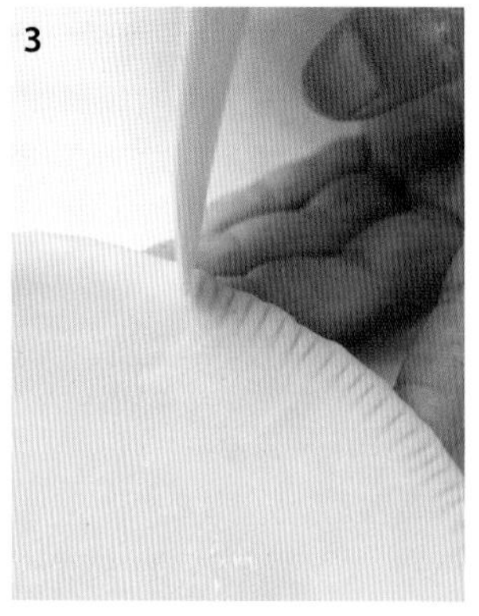

用刮板在边缘处压出花纹状。

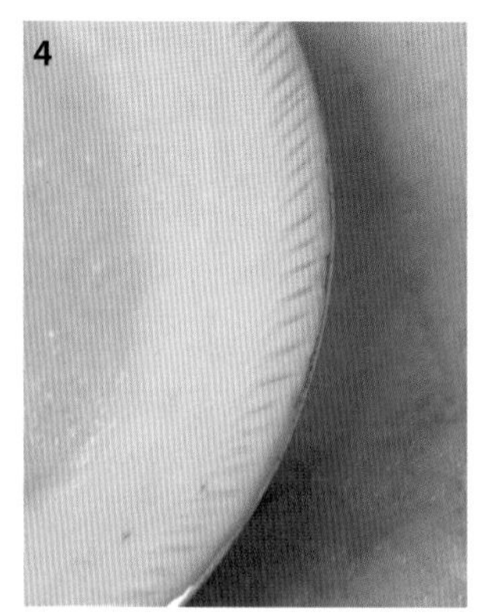

即成。

粗线条派（挞）皮

将派皮放于模具中，修理整齐。

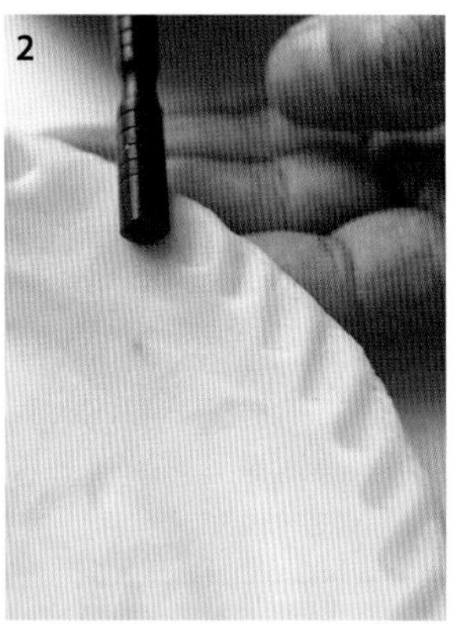

用圆形磨棒（或圆形筷子头）在边缘处有间距地压出花纹。

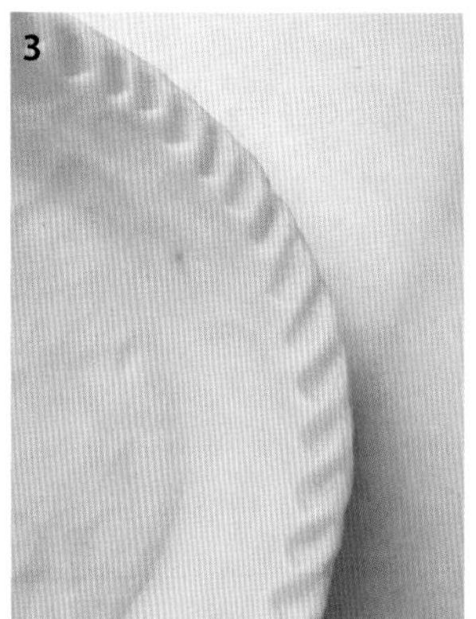

即成。

蕾丝派（挞）皮

将派皮放于模具中，修理整齐。

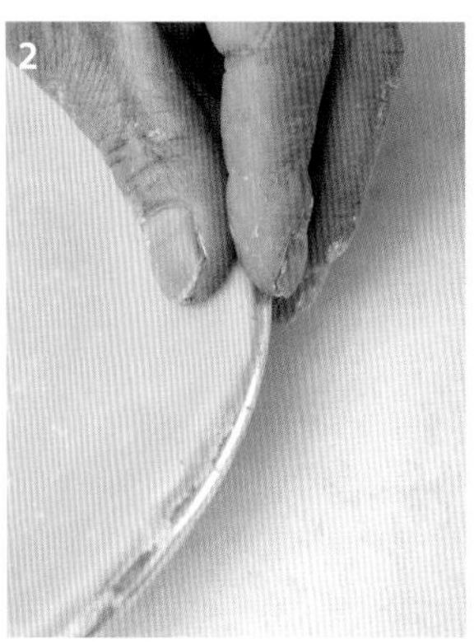

用手指将边缘处磨均匀。

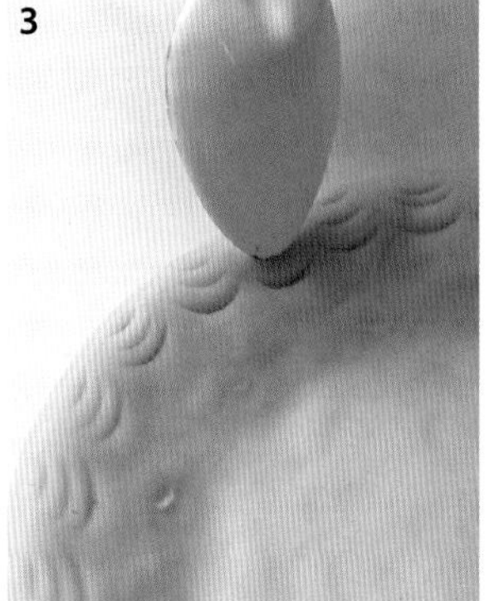

将汤匙头朝下，利用汤匙的尖端依序由内向外等距离压出花纹。

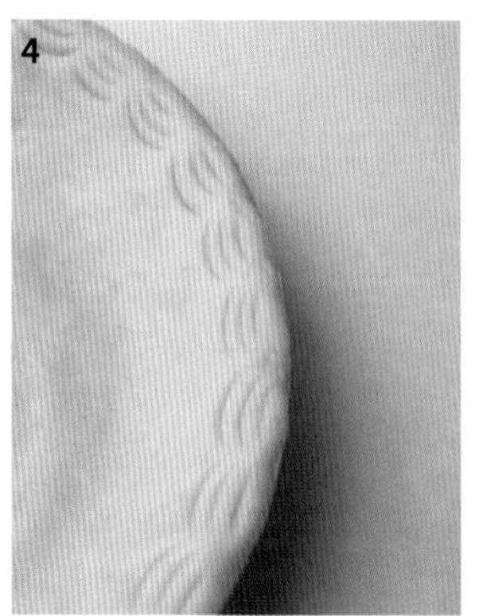

即成。

波浪纹派（挞）皮

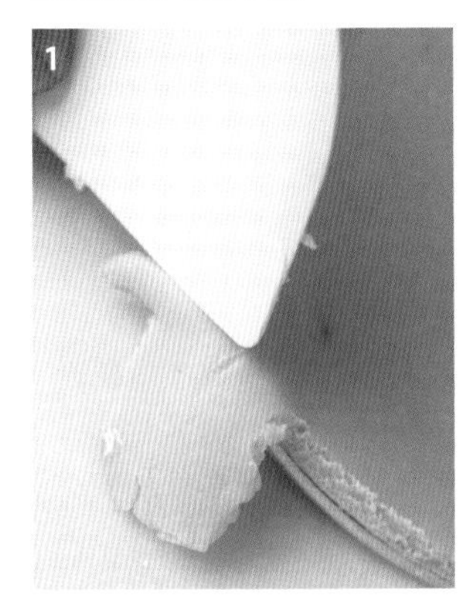

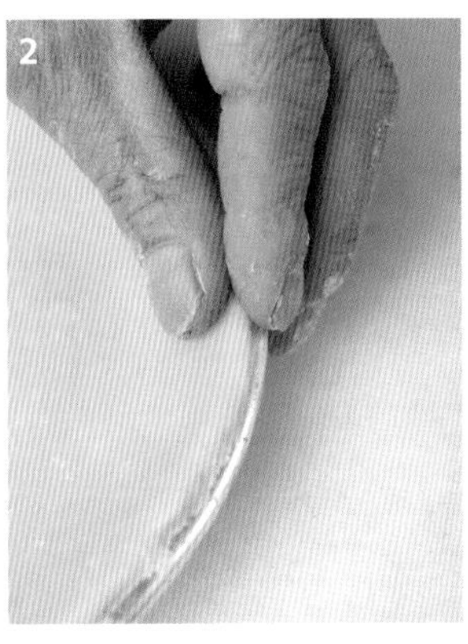

1. 将派皮放于模具中，修理整齐。
2. 用手指将边缘处磨均匀。
3. 用食指压住派皮内侧的边缘，另一只手的拇指和食指捏住外侧边缘，轻轻捏出花纹。
4. 即成。

馅料装饰与组装

浓稠形馅料：摆放材料一般不易陷入内部，可以在表面制作造型。如图所示（图示使用苹果片，亦可用梨块、黄桃等）。

液体形馅料：将较重的食材放于表面的话，一般会陷入馅料内，表面装饰选用“轻”材，如果酱、酱汁、果汁、巧克力酱等。如图所示（图示使用巧克力酱）。

夹心馅料

馅料分为基础馅料和复合馅料，在蛋糕甜点中不仅可以作为夹心馅料和表面装饰使用，还可以将某些馅料作为基底与其他原材料组合，形成新的产品，例如分别以意式蛋白霜、英式蛋奶酱和炸弹面糊为基底制作的慕斯，在口感、状态和外观装饰的选择等方面各不相同，这些馅料在丰富了蛋糕甜点种类的同时，又赋予了不同的味蕾体验。

基础馅料

基础馅料在蛋糕甜点中应用广泛，了解其制作原理，掌握其制作方法尤为重要。

香缇奶油

香缇奶油是将淡奶油和砂糖经过混合打发而成的一种馅料。通常情况下，香缇奶油呈乳白色，奶香味浓郁，口感细腻，一般作为夹馅和表面装饰使用，是一种应用范围较广的基础馅料之一。

香缇奶油打发原理

在学习制作香缇奶油之前，必须了解香缇奶油中的一个原材料——淡奶油，掌握淡奶油的打发原理，对于香缇奶油的制作起着重要的作用。

淡奶油打发原理

淡奶油在打发前，其内部脂肪球和水处于一种稳定的状态，可通过机械搅打和改变温度来破坏其稳定的状态，以达到将淡奶油打发的目的。

通过机械搅打，空气进入淡奶油中，随着不断地搅拌，脂肪球相互碰撞凝结在一起，破坏了淡奶油原本稳定的乳化状态，凝结的脂肪球分布在空气气泡周围，在蛋白质的作用下，空气气泡稳定下来，使淡奶油体积不断变大。

温度

淡奶油中的脂肪球遇热也会破裂，所以在打发淡奶油时，要隔冰水打发，避免其在机械搅打之前打发，影响淡奶油的状态及风味。

淡奶油打发程度与基底面糊温度的关系

在蛋糕甜点的制作中，尤其是在慕斯的制作中，会将打发的淡奶油与其他基底面糊混合在一起，增加慕斯的体积和风味。

基底面糊的温度决定了与之混合的淡奶油的打发程度

其他基底面糊的温度	淡奶油打发程度
≤ 20℃	8~9 分发
> 20℃	6~7 分发

由上表可得知

- 基底面糊的温度以 20℃作为分界线，当基底面糊温度≤ 20℃时，淡奶油的打发程度为 8~9 分发，当基底面糊温度 > 20℃时，淡奶油的打发程度为 6~7 分发。
- 若搅打至8~9分发的淡奶油与20℃以上的基底面糊混合，由于淡奶油打发程度较高，与温度过高的面糊混合时，淡奶油遇热会继续打发，最后会因为淡奶油打发过度，使产品出现油水分离的现象。
- 若搅打至 6~7 分发的淡奶油与 20℃以下的基底面糊混合，由于淡奶油未完全打发，与温度较低的面糊混合时，会使产品呈现出未完全打发的状态，影响成品口感与体积。

香缇奶油制作

材料

淡奶油 400 克

幼砂糖 40 克

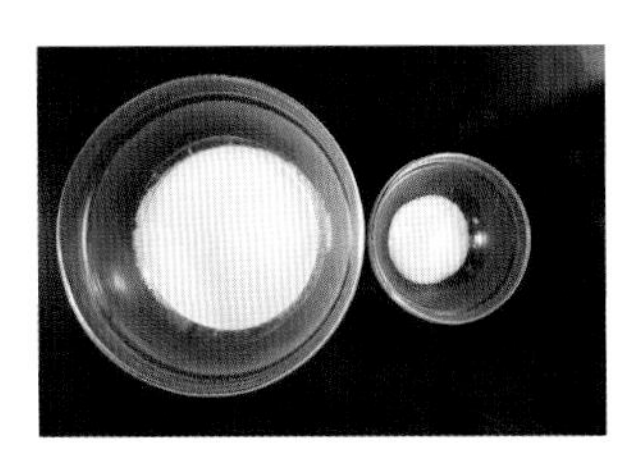

材料说明

配方中的淡奶油乳脂含量为35%，使用温度为3~5℃。

做法

用橡皮刮刀将搅拌盆里的淡奶油挑起，淡奶油呈线条状快速滴落盆中。

加入所有幼砂糖。

将“步骤 2”放置在冰水中，用电动手持打蛋器将其搅打至两三分发，提起打蛋头时，淡奶油会快速滴落并与盆中的淡奶油快速融合。

继续将“步骤 3”搅打至五六分发，提起打蛋头时，淡奶油会滴落并堆积在盆中，与盆中的淡奶油融合较缓慢。

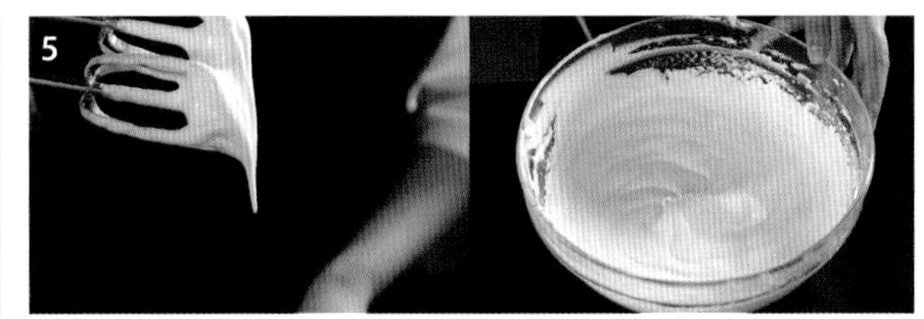

慢速将“步骤 4”搅打至七分发，提起打蛋头时，淡奶油呈软峰状，盆中的奶油角呈现弯曲状。

将“步骤 5”慢速搅打至八九分发，拎起打蛋头，淡奶油具有一定的硬度，盆中的奶油角会立起。

若是将“步骤 6”继续搅打，搅打后的淡奶油最终会呈现粗糙的状态，严重时会油水分离，无法挽救。

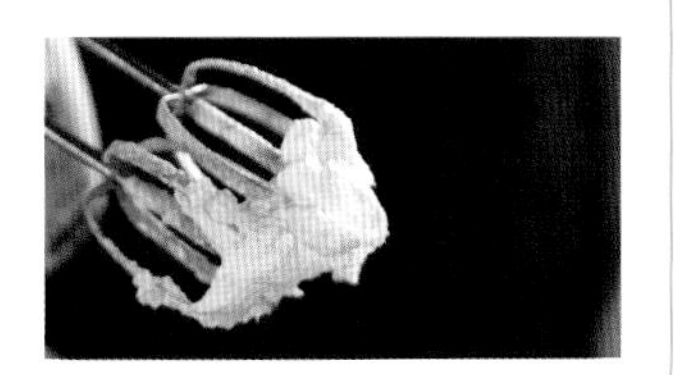

香缇奶油的保存

制作完成的香缇奶油需包上保鲜膜，冷藏保存。

香缇奶油打发状态的对比

打发程度	花纹清晰度（星形裱花嘴）	花纹立体度	光泽度	图片
两三分发	无花纹	立体度差	光泽度较好	
五六分发	花纹清晰度较高	立体度较好	光泽度一般	
七分发	花纹清晰度高	立体度好	光泽度好	
八九分发	花纹清晰度最高	立体度最好	光泽度不佳	
过度打发	花纹清晰但是边缘出现裂纹	立体度较差	光泽度差	

香缇奶油制作延伸

还可以在香缇奶油中添加其他原材料，改变风味及颜色，使其在蛋糕甜点中的应用更加多样化。

在香缇奶油中加香草籽

做法

1 将刀放在香草荚的表面中心处，将其划开。

2 用手将“步骤 1”的两边轻轻掰开。

3 用刀尖将“步骤 2”里面的香草籽轻轻刮取出来。

4 将“步骤 3”中的香草籽放入搅打至七八分的香缇奶油中，用橡皮刮刀翻拌均匀。

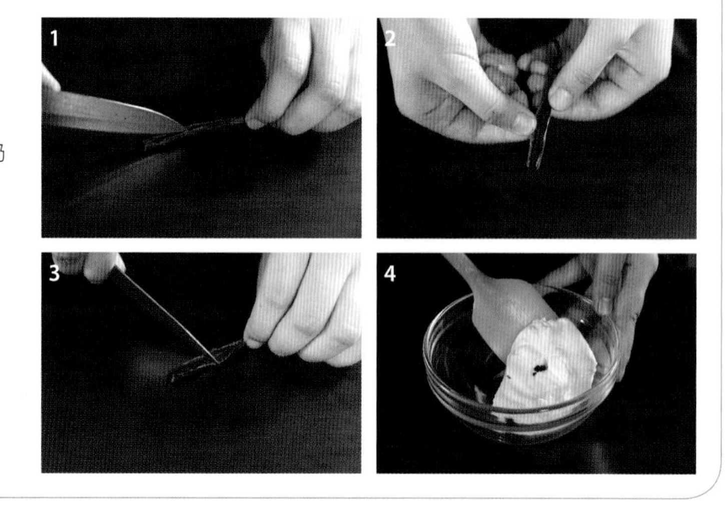

也可以直接将香草籽放在未打发的淡奶油中，再进行搅打。

在香缇奶油中加柠檬皮屑

做法

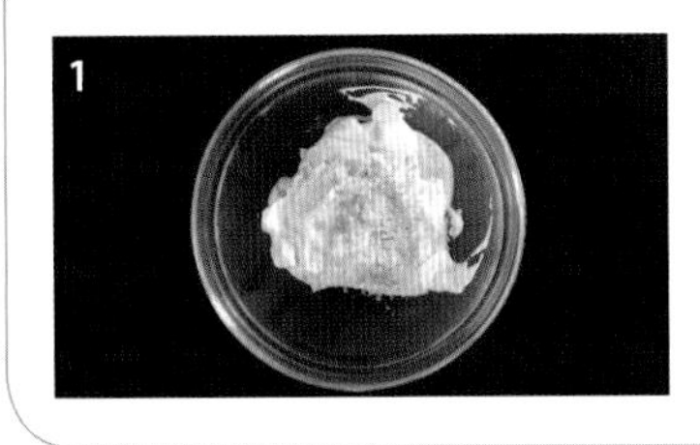

将新鲜柠檬皮屑倒入打发的香缇奶油中。

用橡皮刮刀翻拌均匀。

在香缇奶油中加咖啡酒

做法

将咖啡酒加入打发的香缇奶油中。

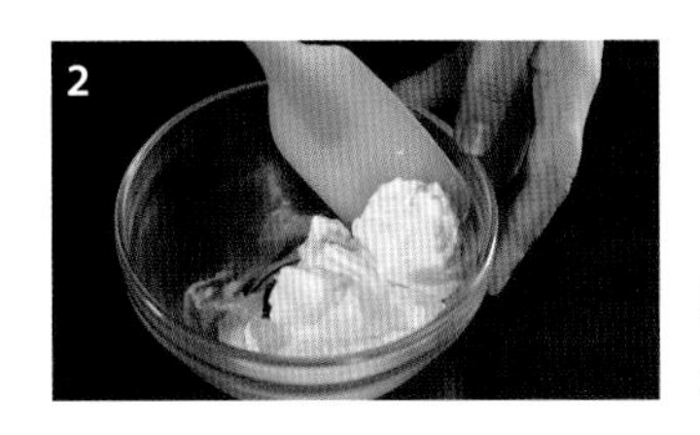

用橡皮刮刀翻拌均匀。

卡仕达酱

卡仕达酱是将蛋黄、糖类和粉类混合拌匀后，再与液体进行混合和加热，利用蛋黄的凝固力和粉类的糊化，在搅拌的作用下制成的一款浓稠且表面有光泽的基础馅料。

卡仕达酱制作

材料

牛奶	100 克	细砂糖	26 克
47% 淡奶油	20 克	蛋黄	24 克
香草荚	1/6 根	吉士粉	5 克
无盐黄油	2 克	低筋面粉	5 克

材料说明

1. 本配方中的低筋面粉需过筛使用。
2. 本配方中的香草荚对半切开，取籽使用。

做法

1 将细砂糖、蛋黄、低筋面粉和吉士粉放入盆中，用手持搅拌球搅拌均匀。

2 将牛奶、无盐黄油、淡奶油和香草籽放入锅中，加热至 50℃。

3 边搅拌边将“步骤 1”倒入“步骤 2”中，混合拌匀，再将其倒入锅中，小火，边搅拌边煮至持续沸腾 1 分钟，最后呈现浓稠有光泽的状态。

4 离火，倒入包有保鲜膜的烤盘中，将其包裹住，冷藏降温即可。

小贴士

本配方中的无盐黄油用量很少，主要是提香的作用。

卡仕达酱的保存

先将制作好的卡仕达酱倒入表面相对较平坦的容器中，再将其贴面包保鲜膜冷藏保存，最好当天使用完。

- 将卡仕达酱放在表面相对较平坦的容器中，可以使卡仕达酱分布得更加均匀，缩短降温的时间。
- 将卡仕达酱贴面包保鲜膜，一方面可以防止卡仕达酱表面结皮，另一方面还可以隔绝细菌。

卡仕达酱加热时的搅拌手法

用手持搅拌球沿着一个方向快速搅拌，需触及锅底的每一个地方。

前期卡仕达酱呈现液体状态，用手持搅拌球搅拌时，用力较轻，中后期在卡仕达酱变浓稠后，手持搅拌球在搅拌时，受到的阻力较大，此时可以将手持搅拌球抵在手心偏虎口的位置，沿着一个方向将锅里的卡仕达酱完全搅拌即可。

吉士粉在制作卡仕达酱中的作用

- 增香。给卡仕达酱增加浓郁的奶香味和果香味。
- 增色。可以使卡仕达酱的颜色变得较黄一些。

知识延伸

一些门店为追求生产效率和节约成本，会选用即溶吉士粉与牛奶直接混合、搅拌至浓稠状，将其当做简易版的卡仕达酱来使用。

意式蛋白霜

意式蛋白霜是将温度为117~121℃的糖浆冲入打发的蛋白中，将其搅打至表面呈现细腻有光泽状态的一款馅料。意式蛋白霜的颜色为白色，具有黏性，稳定性比法式蛋白霜要强，不易消泡，可用作基底馅料，也常用于蛋糕甜点的表面装饰。

意式蛋白霜制作

材料

蛋白	136 克	细砂糖（2）	224 克
细砂糖（1）	48 克	水	64 克

做法

1. 将水和细砂糖（2）倒入锅中。
2. 加热煮至117~118℃。
3. 将蛋白与“细砂糖（1）”倒入搅拌盆中，用手持电动打蛋器高速打发至起泡。
4. 将打蛋器速度调至中速，慢慢将“步骤2”均匀地冲入“步骤3”中。
5. 再将打发速度调至高速，将二者的混合物搅打至手温，并且表面呈现细腻有光泽的状态。

- 将细砂糖（1）与蛋白一起打发，可降低制作意式蛋白霜的失败率。
- 将糖浆冲入打发的蛋白时，需注意以下几点：

  ◎确保糖浆在与蛋白接触时可以立即打发，提高糖浆的利用率。

  ◎避免糖浆与打蛋器直接接触，从而使糖浆飞溅到温度较低的容器内壁上，出现结颗粒的情况。
- 熬糖浆时尽量不要搅拌。
- 意式蛋白霜中的糖还可以用赤砂糖代替，以此制作好的意式蛋白霜颜色呈浅咖色。
- 意式蛋白霜用作表面装饰时，可用火枪直接烧其表面，使其上色，也可将其放在烤箱中烘烤上色，用烤箱烘烤的方法会使意式蛋白霜的表面上色比较均匀一些。

意式蛋白霜的保存

将制作好的意式蛋白霜贴面包保鲜膜冷藏保存，最好当天使用完。

判断熬好的糖浆

温度方面：糖浆温度达到 118℃左右。

糖浆状态：糖浆的黏度可以达到拉丝状态。

糖浆温度与黏度的关系

糖浆温度	糖浆状态	糖浆黏性	图片
100℃左右	用木铲挑起糖浆，粘在上面的糖浆会迅速呈球状向下掉落	无黏性	
110℃左右	用木铲挑起糖浆，粘在上面的糖浆会粘住将要掉下去的糖浆，直到下面形成一个足够重量的糖珠，挣脱上面糖浆的黏合而掉落下去	开始出现黏性	
118℃左右	用木铲挑起糖浆，粘在上面的糖浆在掉落下去的过程中会形成一根粗细很不均匀的糖丝	黏性变强，出现拉丝的状态	

蛋白霜的分类

意式蛋白霜：将温度为117~121℃的糖浆冲入打发的蛋白中，继续搅打而成。黏性和稳定性强，适用于做酱料与表面装饰。

瑞士蛋白霜：蛋白与砂糖隔水加热至50℃后打发制成。黏性、韧性在三者中最强，多用于表面装饰。

法式蛋白霜：室温蛋白与砂糖直接打发而成。三者中最不稳定，易消泡，适用于与面糊混合后烘烤成蛋糕坯或将其制作成蛋白糖用作装饰。

英式蛋奶酱

将蛋黄与砂糖混合拌匀后，再与液体混合，加热至82~85℃的一种馅料。英式蛋奶酱中的液体除了牛奶或淡奶油外，还可以用各种口味的果汁来代替，增加口感的多样性。好的英式蛋奶酱口感顺滑，颜色为淡黄色，奶香味浓郁，可根据个人喜好加入香草籽，增加风味。

英式蛋奶酱可作为慕斯基底与其他材料混合制作新的产品。

英式蛋奶酱制作

材料

35% 淡奶油	450 克	吉利丁粉	10 克
蛋黄	128 克	冰水	50 克
细砂糖	120 克		

材料说明

本配方中的冰水用于泡发吉利丁粉。在英式蛋奶酱中加入适量的吉利丁粉，可以使其状态更加稳定，不易分离。

做法

1 将淡奶油与一部分细砂糖放入锅中，煮沸。吉利丁粉加冰水泡软。

2 将剩余的细砂糖与蛋黄放入盆中，搅拌均匀至发白。

3 边搅拌边将“步骤 1”冲入“步骤 2”中，混合拌匀，再倒回锅中，加热至82℃，离火，最后加入泡发好的吉利丁粉，搅拌均匀即可。

将蛋黄与细砂糖混合搅打至发白的原因：先让蛋黄与砂糖的混合物裹入空气，后期再加入有温度的液体时，热量传导会更加温和，不易起蛋花。

英式蛋奶酱的保存

制作好的英式蛋奶酱需隔冰水降温至 20℃以下，再将其贴面覆上保鲜膜冷藏保存，最好在当天使用完。

如何判断英式蛋奶酱熬煮好的状态

温度：82~85℃

状态：

- 挂壁性：摇晃装有英式蛋奶酱的锅，英式蛋奶酱能够均匀地粘在锅壁上，并且在短时间内不会完全下滑回锅底。
- 用手划过沾满英式蛋奶酱的橡皮刮刀表面，两边的英式蛋奶酱不会快速地融合在一起。

炸弹面糊

炸弹面糊是将温度为 117~121℃的糖浆冲入打发的蛋黄中，最后将其搅打至浓稠状的一款馅料。炸弹面糊的颜色为淡黄色，质地黏稠、顺滑，蛋香味浓郁。可作为慕斯基底与其他材料混合制作新的产品。

炸弹面糊制作

材料

蛋黄	60 克
幼砂糖	100 克
水	少量

做法

1 取配方里的一部分幼砂糖放入蛋黄中。
2 用手持电动打蛋器高速搅打至发白状态。
3 将剩余幼砂糖与水加入锅中，煮至 118℃。
4 将打蛋器速度调至中速，边搅拌，边将“步骤 3”均匀地冲入“步骤 2”中。
5 再高速将两者搅打至浓稠状，提起打蛋球时，混合物滴落在盆里时，不会立刻和盆里的混合物快速融合在一起。

常用基底对比

基底名称	意式蛋白霜	英式蛋奶酱	炸弹面糊
状态	不含蛋黄，最轻盈	含蛋黄，柔滑，浓香	含蛋黄，柔滑，浓香
与果蓉混合	果蓉口感强烈	口感丰富	质地较轻，口感轻盈
与巧克力混合	巧克力口感最强	巧克力会慢慢在口中延展开	入口便能感受到巧克力风味
产品保存	冷冻，保存时间短	冷冻，保存时间最长	冷冻，保存时间较长

甘纳许

甘纳许是将加热的液体与巧克力混合，借助器具将二者搅打至完全乳化的馅料。甘纳许中的液体一般为淡奶油或牛奶，巧克力可以依据个人所需选择。甘纳许的巧克力味浓郁，口感顺滑，常用于夹心馅料或表面装饰。为了追求口感的多样化，一些甜点师还会在甘纳许中添加黄油，增加厚重感。

甘纳许制作

材料

5% 淡奶油	168 克
转化糖浆	35 克
黄油	30 克
可可百利 66% 黑巧克力	196 克

做法

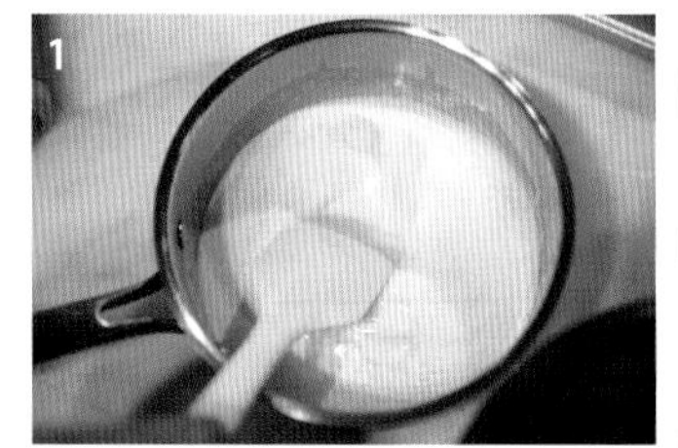

1 将淡奶油、转化糖浆和黄油加入锅中，加热至 60℃，离火。

2 将黑巧克力放入量杯中，倒入“步骤 1”，用均质机搅拌至完全乳化。

小贴士

- 甘纳许在后期也可以加入少许吉利丁，使其状态更加稳定。
- 甘纳许在进行搅拌时一定要避免进入气泡，所以刀头一定要在液体内部，且刀头最好保持 30°~45° 夹角。

甘纳许的保存

制作好的甘纳许需要将其贴面覆上保鲜膜冷藏保存。

甘纳许的使用

- 将甘纳许用作巧克力夹心馅料时，使用温度在 32℃左右。
- 将甘纳许用作蛋糕甜点的夹心馅料时，最好使其保持浓稠状态。

复合馅料

复合馅料名称	混合馅料种类（A+B）	常用混合比例（A：B）	制作流程
外交官奶油	卡仕达酱（冷）+ 香缇奶油	4：1	1 将完全冷却的卡仕达酱用手持搅拌球顺着一个方向搅拌至完全顺滑的状态 2 将“步骤1”与搅打至七分发的香缇奶油混合，拌匀即可
黄油奶油	**以意式蛋白霜为基底** 软化黄油 + 意式蛋白霜（40℃）	1：1	将软化黄油分次与意式蛋白霜混合，搅打至顺滑即可
	以英式蛋奶酱为基底 软化黄油 + 英式蛋奶酱（冷）	1：1	将软化黄油打发，再分次加入完全冷却的英式蛋奶酱，搅打至顺滑即可
	以炸弹面糊为基底 软化黄油 + 炸弹面糊（40℃）	1：1	将软化黄油分次加入意式蛋白霜中，搅打至顺滑即可
希布斯特奶油	卡仕达酱（冷）+ 意式蛋白霜（40℃）	4：5 或 5：5	1 将冷却后的卡仕达酱取出，放入搅拌盆中，用手持搅拌球搅打至顺滑 2 将意式蛋白霜分次加入“步骤1”中，搅拌均匀即可
慕斯琳奶油	卡仕达酱（冷）+ 黄油奶油 / 黄油	2：1	1 取出冷却后的卡仕达酱，放入搅拌盆中，用手持搅拌球搅打至顺滑 2 将黄油奶油分次加入“步骤1”中，搅拌均匀即可

备注：两种馅料的混合可根据自己喜好或搭配等调整比例。

甜点装饰

淋面与镜面

作用对象：慕斯冷冻类产品

作用温度：25~35℃（除特殊情况外）

以下是制作中常用的三种淋面类型代表

淋面（含巧克力）

配方

水	150 克
细砂糖	300 克
葡萄糖	300 克
淡奶油 （或无糖炼乳 200 克）	140 克
吉利丁粉	20 克
冰水	120 克
黑巧克力 （或白巧克力或牛奶巧克力 330 克）	300 克
慕斯（冷冻）	1 个

做法

准备：吉利丁粉加冰水浸泡至软。

1. 在锅中加入细砂糖、水和葡萄糖，煮至 103℃后离火，加入淡奶油（或无糖炼乳）。
2. 将黑巧克力和吉利丁粉倒入量杯中。
3. 将煮好的糖浆混合物倒入量杯中，用均质机搅打（均匀以后，巧克力与液体乳化得更均匀，淋面会更加闪亮）均匀。
4. 贴面覆上保鲜膜，放于 4℃冷藏，第二天使用。
5. 第二天，取出淋面，加热处理至流动性变好即可，用均质机搅打至 25~28℃。
6. 淋面准备：将网架放在烤盘上（烤盘用于盛装后期滴落的淋面），将冷冻后的慕斯放在网架上，浇上淋面。
7. 用曲柄抹刀挑起慕斯，将慕斯底部在网架上轻轻转动，去除慕斯底部多余的淋面，拿起来后再修整一下底边。
8. 再将慕斯蛋糕摆盘即可。

透明淋面（无巧克力）

配方

水	300 克
幼砂糖（1）	450 克
NH 果胶	10 克
幼砂糖（2）	50 克
葡萄糖浆	175 克
吉利丁粉	22 克
冰水	120 克

做法

准备：吉利丁粉加冰水浸泡至软。

1. 将幼砂糖（2）与 NH 果胶混合，用手持搅拌球搅拌均匀。
2. 将水与幼砂糖（1）混合，加热至 40℃，加入 NH 果胶与糖的混合物，一边倒入一边用橡皮刮刀搅拌。
3. 加热至 103℃，离火，加入葡萄糖浆，用橡皮刮刀搅拌均匀。
4. 再加入吉利丁粉，用橡皮刮刀搅拌均匀。
5. 倒入容器中，贴面覆上保鲜膜，入冰箱冷藏，隔天使用。

镜面（中性淋面）

配方

水	25 克
中性淋面	200 克
白色色粉、黄色色粉和金粉	各适量
慕斯（冷冻）	1 个

保存条件：4℃冷藏，7 天。

难点总结：淋面时，在网架下放烤盘是为了收集后期流下的多余淋面。

做法

1 将中性淋面加热至 40℃，倒入水搅拌均匀，平均分成两份，一份加入白色色粉搅拌均匀。一份加入金粉和适量黄色色粉搅拌均匀，调至理想的金黄色。

2 网架放在烤盘上，用圈模架起慕斯，将调好温的淋面均匀地浇在慕斯表面。先浇上白色淋面（调完色加热至 60℃），再浇一些金黄色淋面（60℃），用曲柄抹刀一刀抹平，呈现豹纹效果。

3 摆盘。

技术详解

淋面时需要准备什么工具?

淋面时，液体从上至下开始流动，为了避免淋面弄脏其他物品，可用“烤盘 + 油纸 + 网架”来盛装滴落的淋面。滴落下来的淋面根据是否有异物选择是否要重复使用。

盛装淋面的容器要选择不会阻碍淋面的器具，且要能准确掌控流动方向。

盆装：适宜大面积制作，损耗较严重，厚薄较难掌握。

锥形漏斗：适宜小慕斯制作，但是流速较慢，不适宜大慕斯制作，否则易造成厚薄不一。

量杯：适宜大小慕斯制作，较推荐。

量杯

盆

锥形漏斗

如果淋面挂不住怎么办?

- 可能是淋面温度太高，可适当调低淋面温度。
- 可进行二次或多次淋面，如图所示，
  如果想要淋面的效果偏厚，也可以进行多次淋面。

淋面蛋糕怎么切割?

- 需等淋面完全凝固后再进行切割，否则切割时会引起淋面流动，使切面发糊。
- 切割时，需加热刀具，可以减少粘连。

先加热刀具

加热刀具后切割

喷砂

配方		做法
可可脂	150 克	1 用微波炉分别加热可可脂和黑巧克力。每次加热时间不能超过 30 秒钟，每加热 30 秒钟，拿出搅拌，约 45℃熔化。
黑巧克力或白巧克力、牛奶巧克力	150 克	2 将可可脂加到黑巧克力中，拌匀（可可脂会增大巧克力的流动性）。
		3 冷却至 40℃，再使用。
		4 装入喷枪中，用喷枪将其喷在冷冻的慕斯上，形成小颗粒，产生绒面的效果。

保存条件：喷面在室温（21℃）可放置 30 天。

难点总结：1. 可可脂和巧克力是等量。

2. 喷的时候喷枪不要离蛋糕太近。

材料解说

巧克力与可可脂各自熔化，再相互融合，一般两者的用量比在 1∶1 左右。巧克力可以选用黑巧克力、白巧克力、棕色的牛奶巧克力，还可以选用油溶性色淀进行调色。

喷砂时，要确保慕斯主体的表面温度要低，否则可可脂在慕斯表面很难形成绒面效果。

喷砂时注意防护措施，避免喷砂污染较多的区域。可以在喷砂方向的正前方放置遮挡架（自制），在需喷砂的慕斯底部铺上保鲜膜。

正前方

侧面

甜点装饰件

用翻糖、拉糖与巧克力制作而成的装饰件是蛋糕甜点中最常见的三大装饰件，装饰件可以使蛋糕甜点更具立体感。

制作装饰件常用的器具与材料

常用器具

铲刀

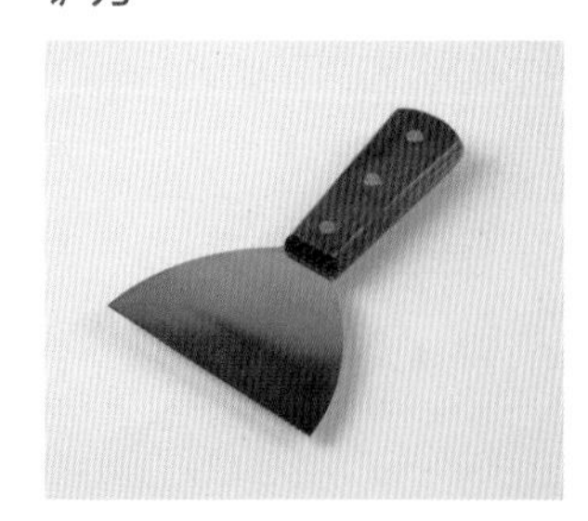

铲刀多用于巧克力抹面和巧克力花形的铲制。在用铲刀铲制巧克力花时，一般会准备两把铲刀，一把作为主刀，在使用前需将刀刃用砂纸打磨得薄一些，另一把作为副刀，主要用于铲去桌面多余的巧克力和主刀上黏附的巧克力。在用主刀进行铲花时，主刀的表面一定要保证干净，刀刃平整无缺口。

各类压模

圆形压模

圆形压模有不同的直径，常应用于翻糖与巧克力装饰件中，可根据所需选择不同直径的使用。

五角星形压模

五角星形压模有不同的型号，可依据所需选择使用。

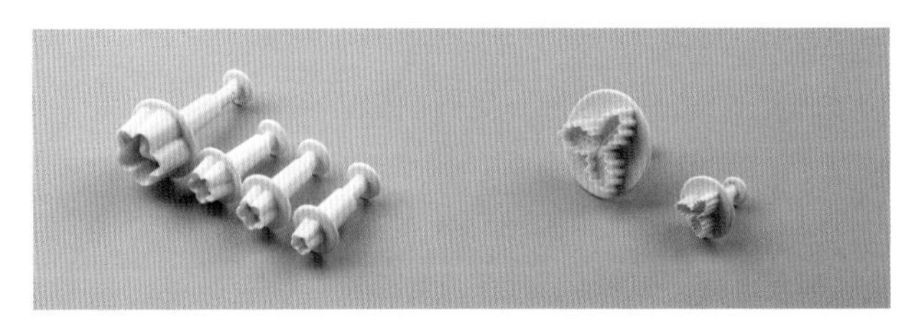

翻糖压模

翻糖压模多为各类花瓣、叶子等。用翻糖压模制作翻糖装饰件时，要将模具表面撒适量粉类，防止在压制时，装饰件的边缘由于粘在翻糖压模上而出现毛边，影响成品美观。

三角锯齿刮板

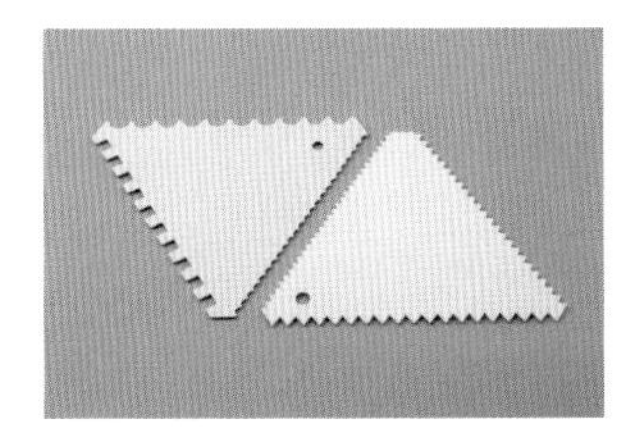

三角锯齿刮板常用于巧克力装饰件的制作中，其三个边的锯齿类型均不同，可依据个人所需选取合适的。

椭圆刮板

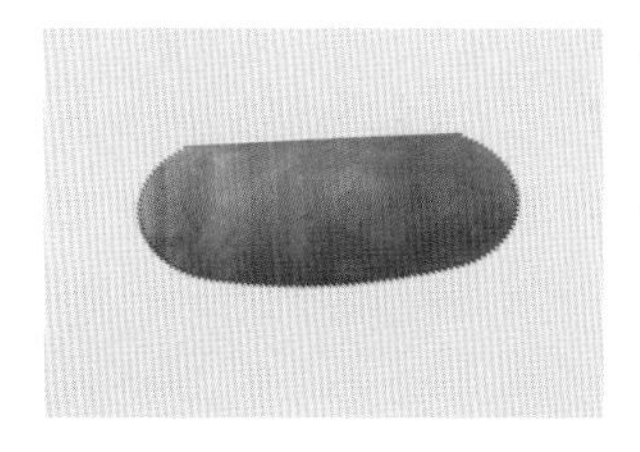

椭圆刮板整体呈椭圆形，其锯齿比三角刮板的要细、密集，常用于制作花纹较细的巧克力装饰件。

纹路压模

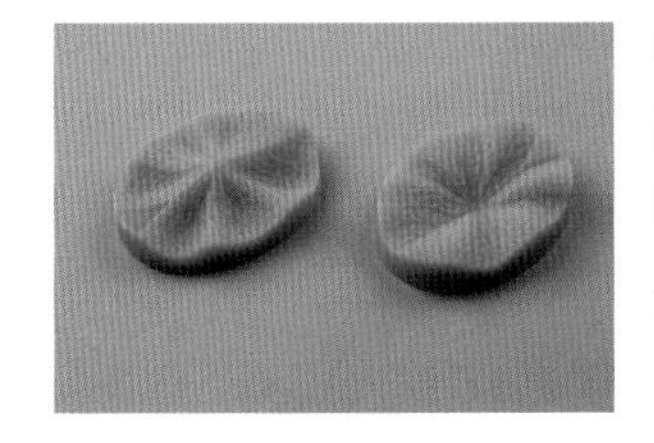

纹路压模具有耐高温的特点，一般用于制作拉糖装饰件，可以使装饰件具有清晰的纹路，最后的呈现效果更加生动逼真。

抹刀

抹刀和铲刀的用途类似，可以用于巧克力的抹面和铲巧克力卷，在进行大面积的抹面时，使用抹刀比铲刀更加方便、快捷。

擀面棍

擀面棍用于擀制翻糖皮和用模具塑形的巧克力装饰件，有时还可以用来给巧克力装饰件定形。

小型喷枪

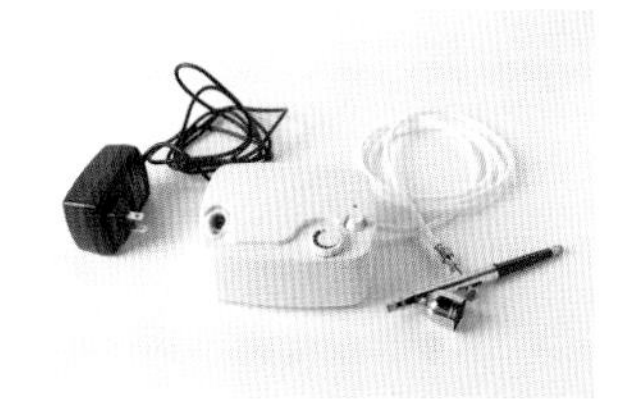

小型喷枪常与水溶性色素搭配，用于翻糖装饰件的表面上色。在给翻糖装饰件上色时，一定要喷制均匀，若过度喷制，装饰件表面会因为沾有大量水分而变得黏稠，影响美感。

常用材料

黑巧克力

黑巧克力主要是由可可脂和少量糖组成，硬度较大，可可脂含量较高，微苦。用巧克力制作的装饰件常常与含有巧克力的蛋糕甜点搭配，既符合产品的口味，又增加其高级感。

牛奶巧克力

牛奶巧克力主要是由可可制品、乳制品和糖等组成，颜色呈棕色或浅棕色，甜度适中，富有可可和乳香风味，也是用于制作巧克力装饰件的原料之一。

白巧克力

白巧克力中乳制品和糖的含量相对较大，可可含量较少，甜度高。在使用白巧克力制作装饰件时，可以加入色素调色，使巧克力装饰件的颜色更加丰富。

油溶性色粉

油溶性色粉一般用于巧克力装饰件中，可直接将其添加在熔化的巧克力中进行调色，也可以将其放在可可脂中，借助喷枪、毛刷等器具对巧克力装饰件进行上色。

艾素糖

艾素糖是拉糖装饰件的主要原料，具有甜度低、吸湿性弱、抗还原能力强的特点。

可可脂

可可脂是从可可液块中提取出的乳黄色硬性天然植物油脂，在巧克力装饰件中，可可脂常与油溶性色素一起使用，用于给巧克力装饰件上色。

翻糖膏和干佩斯

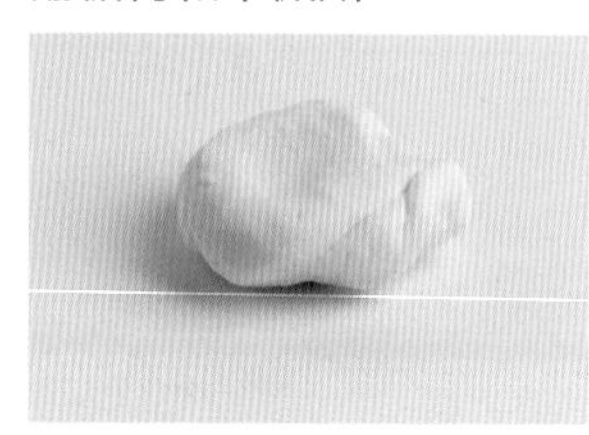

翻糖膏和干佩斯都可以用来制作翻糖装饰件，只不过翻糖膏常用于翻糖蛋糕的大面积铺面，干佩斯常用于制作翻糖花卉，延展性更好一些，擀制出来的糖皮更薄，定形速度更快，立体感更强。

其他

巧克力用塑料纸和玻璃纸

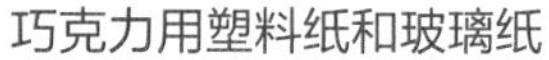

巧克力用塑料纸

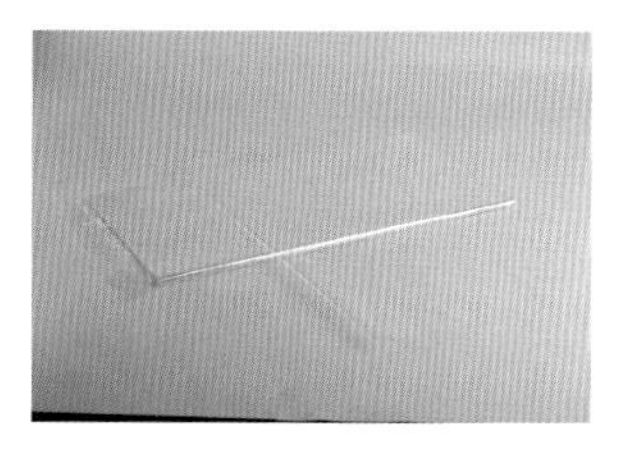

玻璃纸

巧克力用塑料纸和玻璃纸都属于易耗品，常用于巧克力装饰件制作。在制作巧克力装饰件时，常将调温好的巧克力放在两者的表面，再根据个人所需对装饰件进行塑形即可。

脱模油

脱模油是一种食用油脂制品，主要喷在蛋糕模具和烤盘中，方便后期脱模，也可将其喷在大理石表面，使玻璃纸或巧克力塑料纸与大理石更好地贴合，在制作巧克力装饰件的后期，还可以很轻松的将粘有巧克力的玻璃纸或巧克力塑料纸从大理石表面拿走且不易起褶皱。

急速冷冻剂

急速冷冻剂主要应用在组合型的巧克力装饰件中，具有快速冷却的作用，可以使巧克力装饰件呈现最好的状态。

巧克力食品转印纸

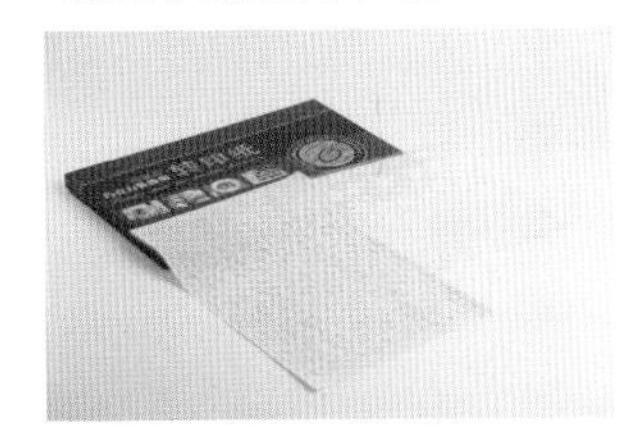

巧克力食品转印纸的一面是由食品原材料绘制而成的图案，常应用于巧克力装饰件上，给巧克力表面增添不同的花纹图案，富有创意。在使用时注意不可将其和巧克力沾上水分，待巧克力装饰件完全凝固时，再将转印纸揭开，花纹便可留在巧克力装饰件的表面。

巧克力装饰件

巧克力装饰件有多种样式，如裱挤形，即将调温巧克力放入细裱中，再将其裱挤出不同的形状至凝固即可；还有铲花形，借助铲刀将巧克力制作成多种样式；在以上基础上，可以通过组合巧克力装饰件制作出造型类装饰，如巧克力包花等。常见的巧克力装饰件有如下几种。

黑红夹色拉弧

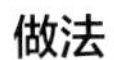

做法

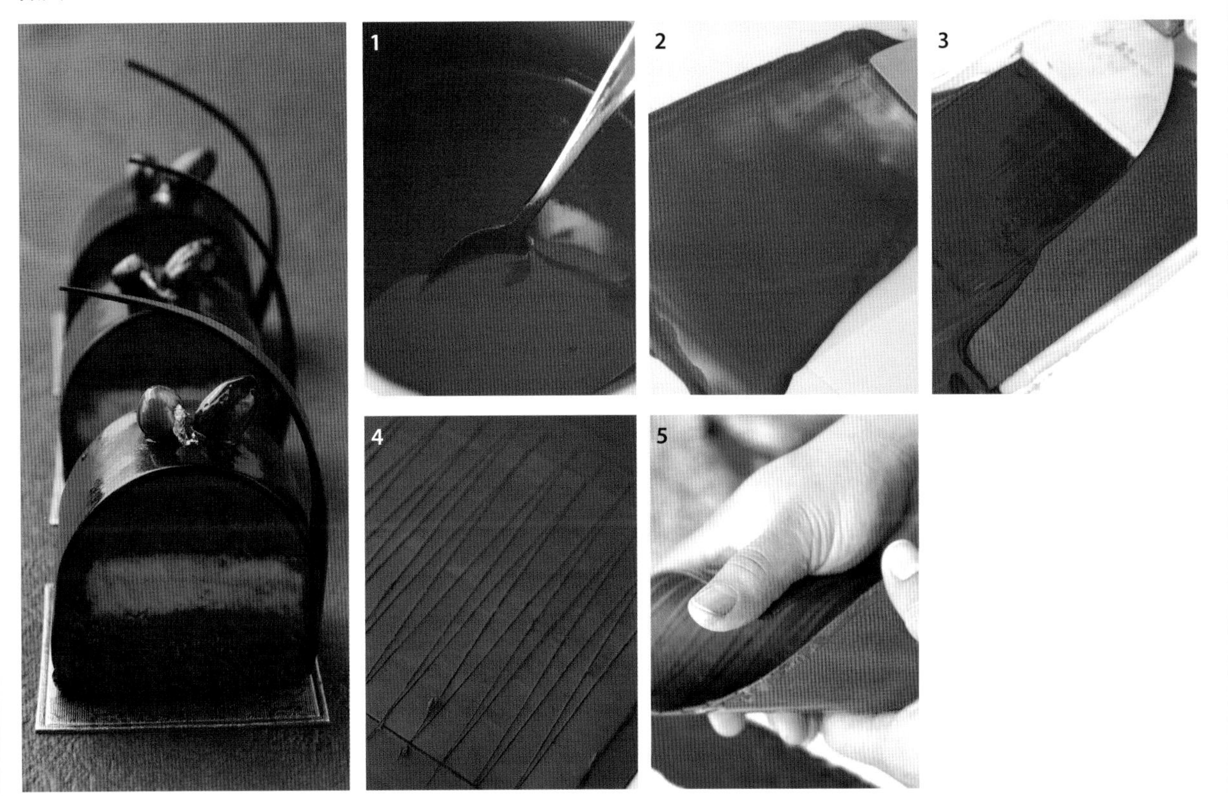

1　将白巧克力与红色色粉一起化开，调匀成大红色。

2　在桌面放一张玻璃纸，表面倒上红色巧克力，用抹刀均匀地抹平至表面凝结。

3　再倒上一层黑巧克力，反复抹平至巧克力表面凝结。

4　在巧克力还是柔软状态的时候用刀交错裁出三角形。

5　抬起玻璃纸，并弯曲成螺旋形，使粘在上面的巧克力片定形，并送入冷冻柜中冷冻 3 分钟至彻底凝固，取出，小心揭下玻璃纸即可。

红色弧形三角

做法

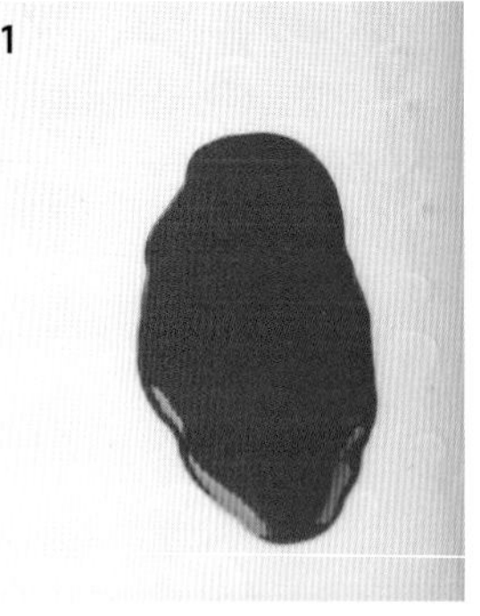

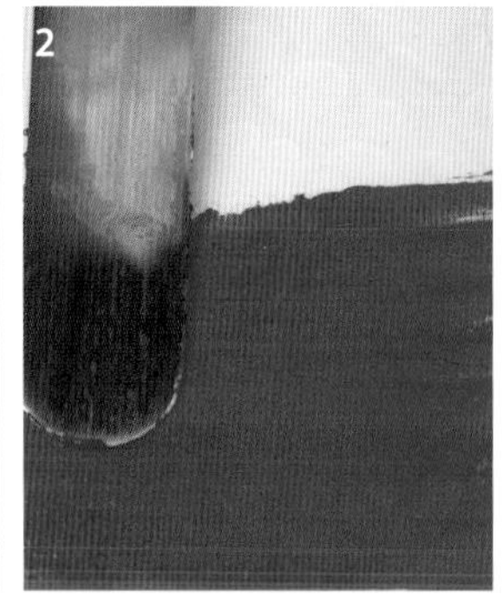

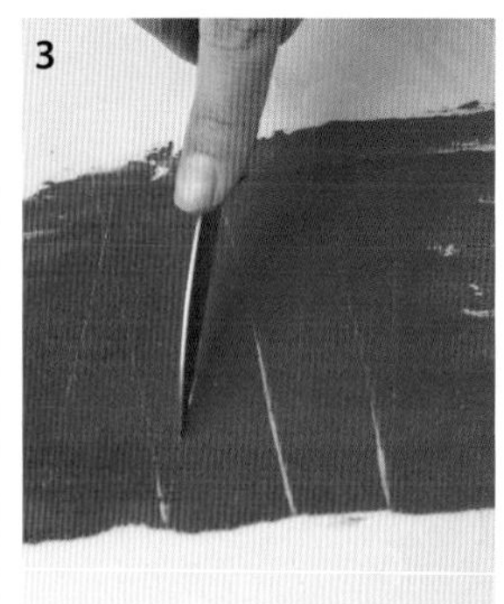

1 将白巧克力与红色色粉一起化开，调匀成大红色。
2 在桌面放一张玻璃纸，表面倒上大红色巧克力，用抹刀均匀地抹平至表面凝结。
3 在巧克力还是柔软状态的时候，用刀交错裁出三角形，送入冷冻柜中冷冻 3 分钟至彻底凝固，取出，小心揭下玻璃纸即可。

黑红夹色彩带

做法

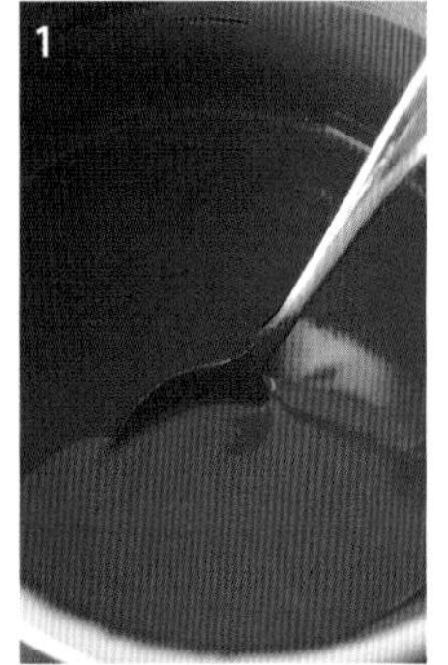

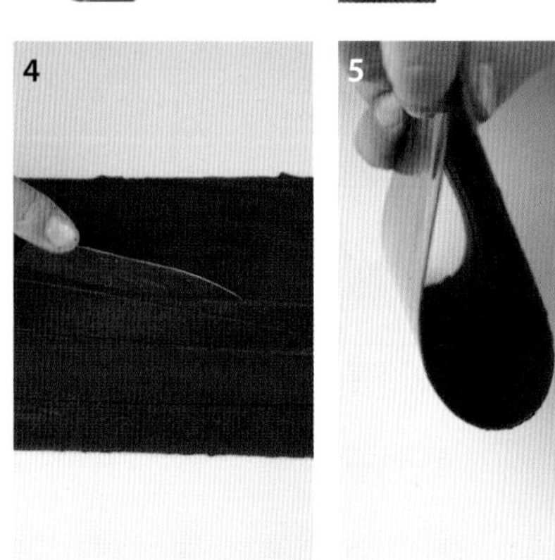

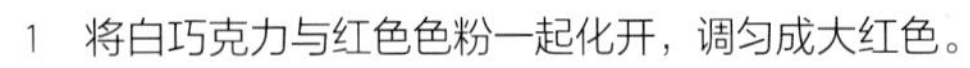

1 将白巧克力与红色色粉一起化开，调匀成大红色。
2 在桌面放一张玻璃纸，表面倒上红色巧克力，用抹刀均匀地抹平至完全凝固。
3 再在表面放上一层黑巧克力，反复抹平至巧克力完全凝固。
4 在巧克力还是柔软状态的时候用刀裁出长条的痕迹。
5 抬起玻璃纸使整个巧克力片弯曲对折，并将对折处粘在一起，送入冷冻柜中冷冻至彻底凝固（约 3 分钟），取出，小心揭下玻璃纸即可。

方形转印片

做法

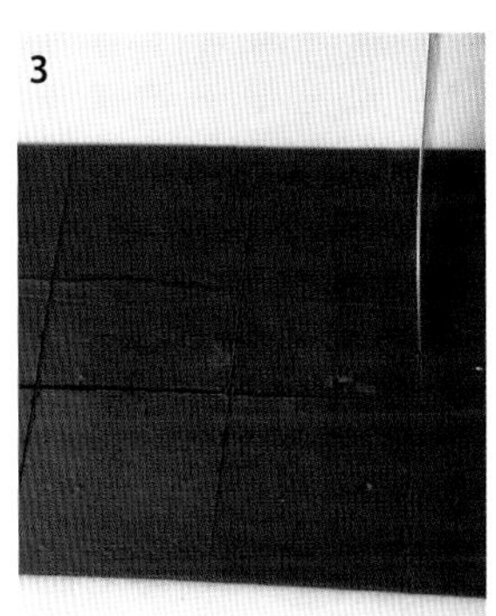

1 在转印纸表面放上 2 勺黑巧克力。
2 用铲刀或抹刀均匀地将巧克力抹平，直到表面凝结。
3 在巧克力还是柔软状态时，用刀切出大小合适的方块，送入冷冻柜中冷冻至彻底凝固（约 3 分钟），取出，小心揭下转印纸即可。

巧克力圆片

做法

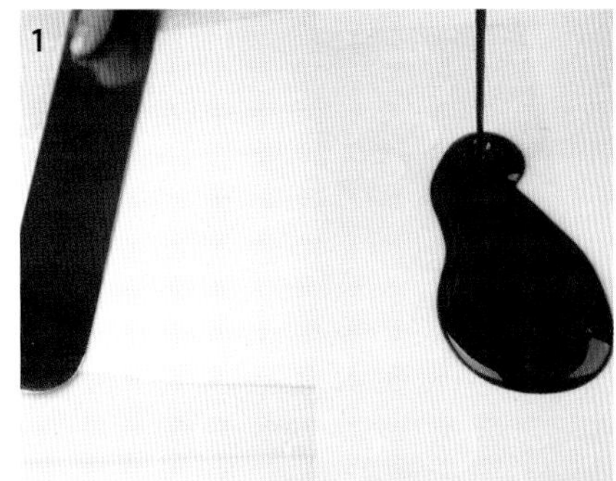

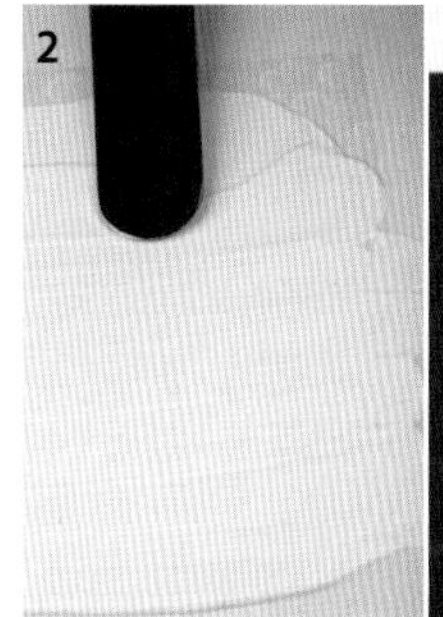

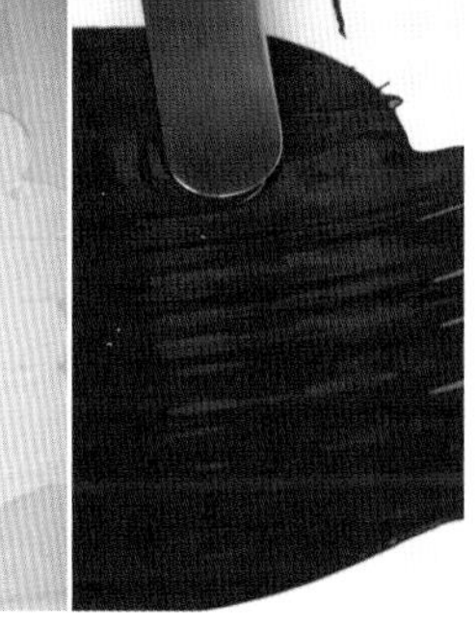

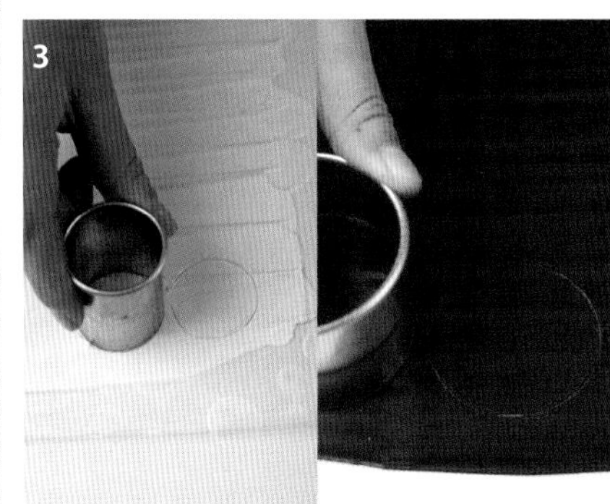

1 将化开的白巧克力或黑巧克力倒在玻璃纸上，用抹刀抹平。
2 再用抹刀在表面抹出条纹状。
3 待巧克力自然凝结但还是柔软状态时，用圆形压模压出圆形痕迹，送入冷冻柜中冷冻至彻底凝固（约 3 分钟），取出，小心揭下玻璃纸即可。

弹簧卷

做法

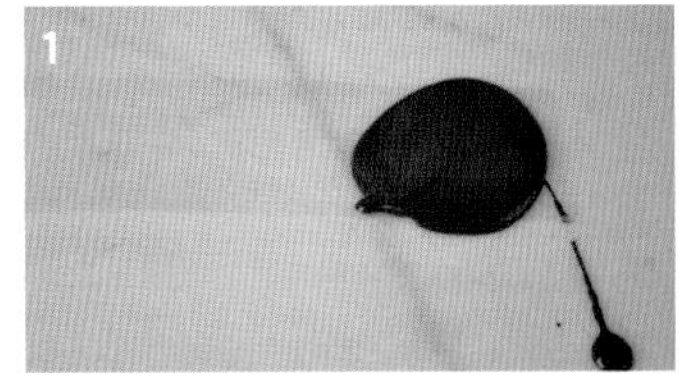

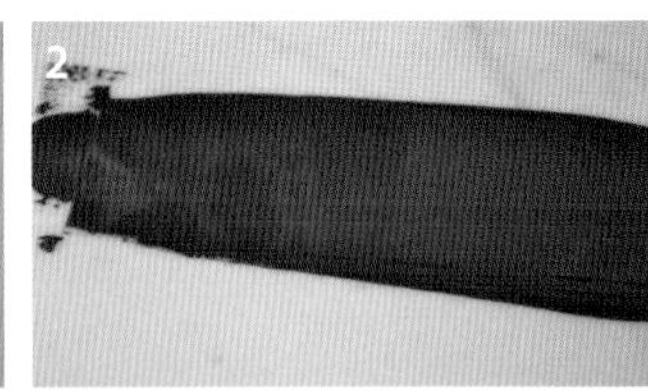

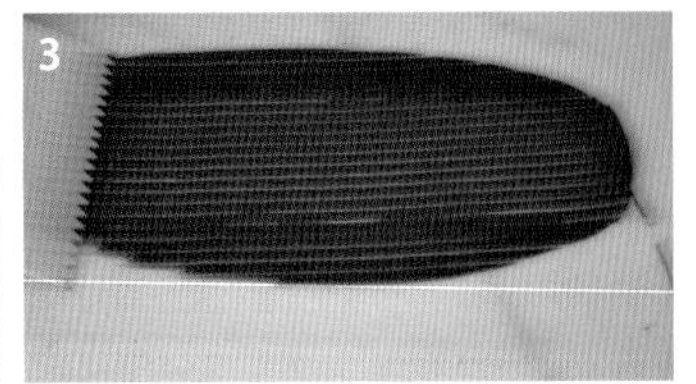

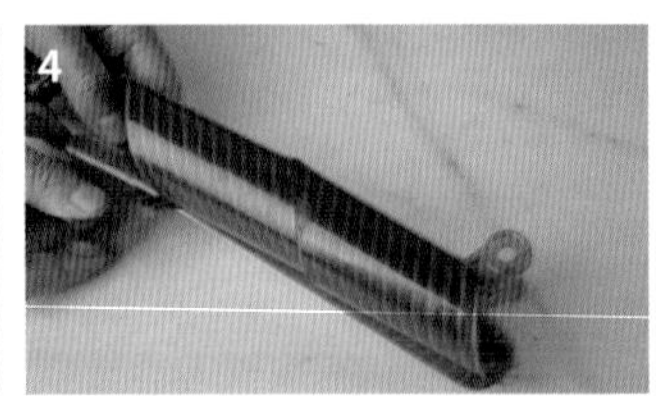

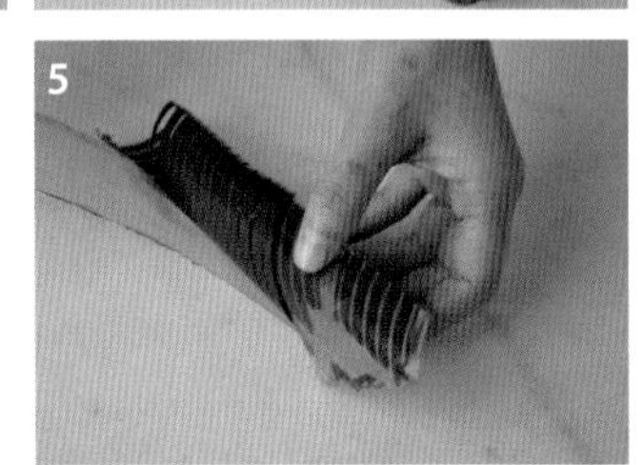

1. 将化好的黑巧克力放在准备好的玻璃纸边缘。
2. 用抹刀将巧克力均匀地铺平。
3. 在巧克力未凝固时，用刮板在巧克力表面刮出条纹。
4. 抬起玻璃纸并卷成螺旋形，在两边分别用夹子固定住。
5. 放入冷冻柜中冷冻至完全凝固，再从一边慢慢地脱模（巧克力卷可以整体使用或分开单根使用）。

三角形卷

做法

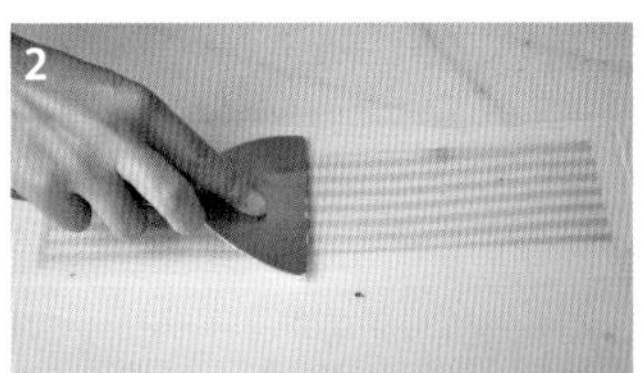

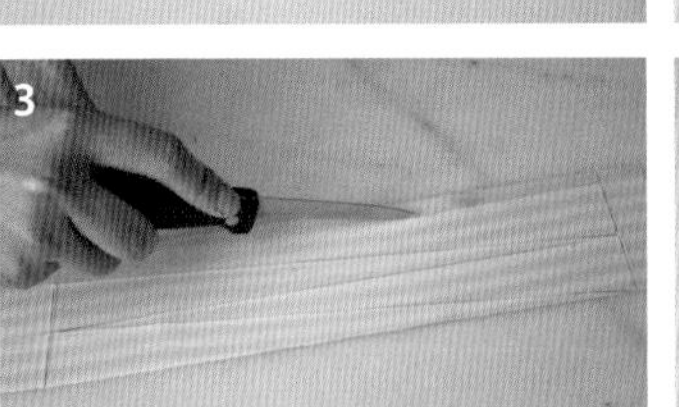

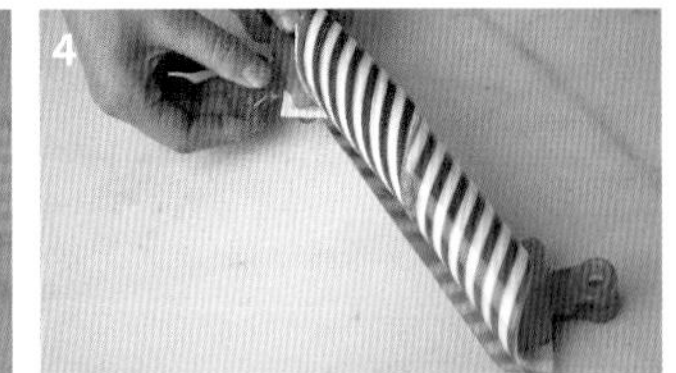

1. 将化开的黑巧克力倒在准备好的玻璃纸边缘，用抹刀将巧克力均匀地铺平，反复抹平至巧克力凝固，再用刮板在巧克力表面刮出条纹。
2. 在条纹巧克力表面抹上一层白巧克力，反复抹平至巧克力完全凝固。
3. 用刀在巧克力表面均匀地划出三角形纹路。
4. 抬起玻璃纸并将其卷成螺旋形，在两端分别用夹子固定住。
5. 将巧克力放入冷冻柜中冷冻至完全凝固，再慢慢地脱模（巧克力卷可以整体使用或分开单根使用）。

翻糖装饰件

翻糖装饰件类型

压模型

需借助各类翻糖压模将其制作出不同的形状，再根据所需进行定形。在用模具进行压制时，要在压模表面撒粉，防止压出的花形由于边缘太黏而出现毛边。

创意组合型

利用做好的翻糖花进行创意组合，赋予蛋糕甜点一定的意境。

翻糖装饰件调色

一般使用液体色素或色膏对翻糖膏或干佩斯进行调色，使用的色素品牌不同，上色度也不同，需根据色素品牌和个人所需调整色素量。

翻糖装饰件保存

放在密封干燥的环境下可保存很长时间。

拉糖装饰件

在蛋糕制作中，拉糖装饰件的制作比较有难度，以下是常见的装饰件类型。

糖丝

拉制糖丝需将艾素糖煮至170~175℃。糖丝可以制作成粗细一致或粗细渐变的状态。将糖丝应用到蛋糕甜点中，可以增加产品的线条感，使产品更加立体、生动。

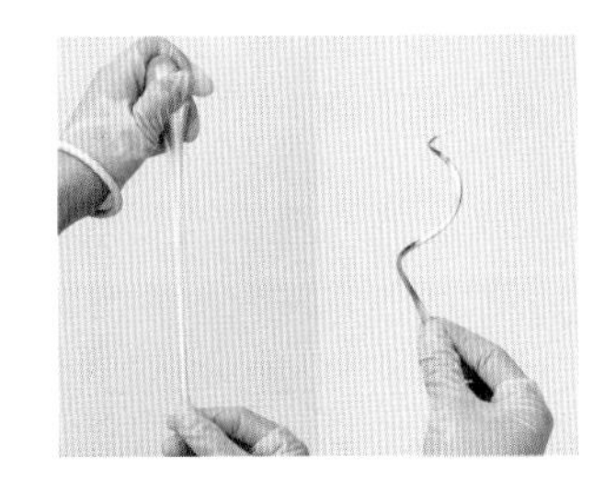

彩带

彩带是将两种或三种以上的糖体揉搓成条状再组合在一起拉制而成。在拉制彩带时，需将艾素糖煮至165~170℃。拉制彩带时要注意，每种颜色的糖体温度需保持一致，方便操作同时又保证了彩带的完整与均匀性。

模具型

模具型的装饰件需借助耐高温的硅胶模具或软玻璃对糖体定形。在做支架或倒模时，需将艾素糖煮至180~185℃。可以将糖液根据所需倒在不同形状的模具里，用来制作拉糖的装饰件，简单易操作。

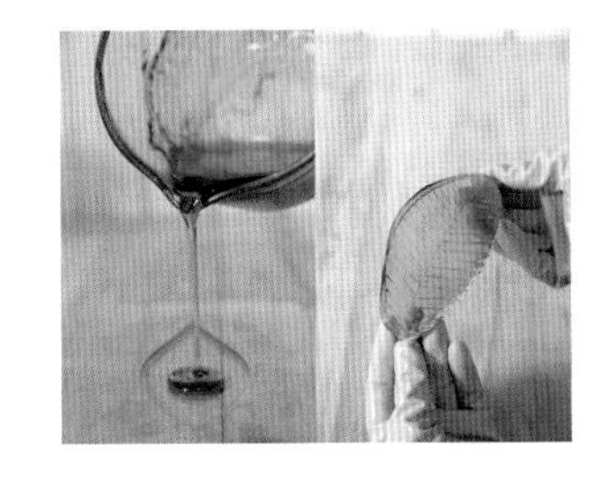

组合型

组合型装饰件只需将制作好的拉糖装饰件黏合在一起即可，例如拉糖花瓣直接黏合在一起，制成糖花，也可结合小支架或糖球等对装饰件进行组装。

CA

入门级蛋糕

扁桃仁夹心蛋糕

本款产品制作方法简单，风味浓厚、细腻，以甜酥面团作为饼底，浓郁的扁桃仁奶油作为夹心，经过烘烤后表面呈金黄色。整体口感外酥内软，既营养又美味，再搭配一杯红茶，无疑是下午茶的最佳选择。

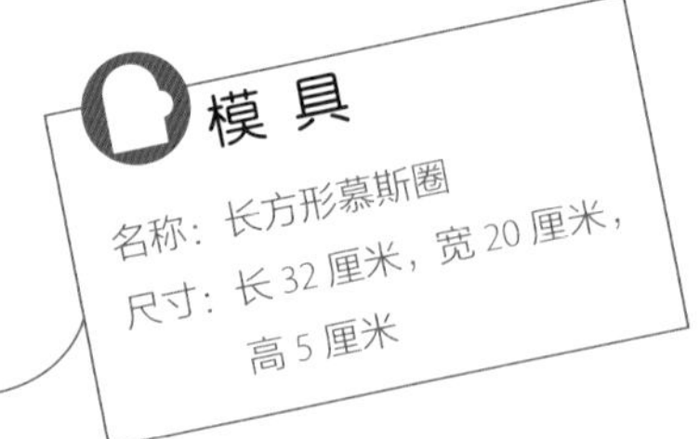

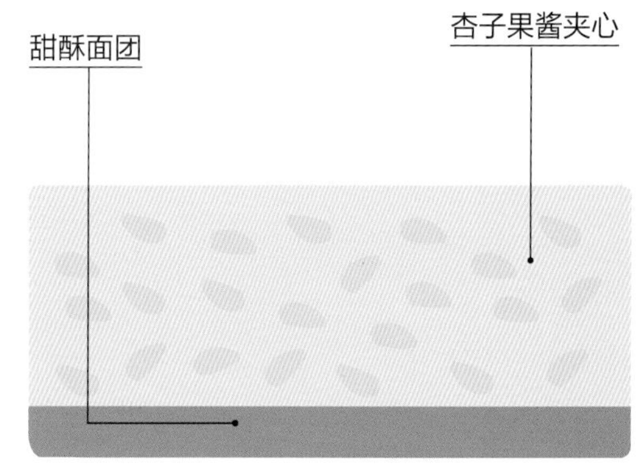

制作难点与要求

- 制作甜酥面团前，必须先将低筋面粉过筛，以便材料能充分混合拌匀。
- 面团制作好后，先用保鲜膜包裹，且不要留有缝隙，以免面团变干，包好后再放入冰箱冷藏静置面团，这样可以稳定低筋面粉中所含的麸质，使黄油可以被面团充分吸收。
- 烘烤前需用滚轮针或叉子戳孔，有助于排出面团中的空气，防止烘烤时膨胀。

产品制作流程

01 甜酥面团（面团饼底）15~20 分钟

02 杏子果酱夹心（夹心馅料）15~20 分钟

03 组合与装饰（烘烤）30 分钟

甜酥面团

配方

黄油	150 克
糖粉	100 克
全蛋	60 克
低筋面粉	350 克
盐	少许
手粉（低筋面粉）	10 克

制作过程

准备：将黄油切块；低筋面粉过筛。

1. 将黄油、糖粉、盐放在厨师机中，用扇形搅拌器中慢速搅拌，至黄油乳化后，快速搅打至微发白状态。
2. 分次加入全蛋，快速搅拌均匀。
3. 加入过筛的低筋面粉，中速搅拌，打至成面团状，用保鲜膜包住面团，压扁放冰箱冷藏 20~30 分钟。
4. 取出面团，表面撒适量低筋面粉，放在起酥机上擀成约 2.5 毫米厚的面片，放在烤盘上，用长方形慕斯圈切出面皮，用滚轮针在面皮表面扎孔。
5. 入烤箱以上火 170℃、下火 150℃烘烤 10 分钟。

杏子果酱夹心

配方

淡奶油	60 克	扁桃仁片	300 克
蛋白	180 克	低筋面粉	60 克
幼砂糖	210 克	杏子果酱	300 克
蜂蜜	240 克		

制作过程

1. 将淡奶油、蛋白、幼砂糖、蜂蜜放入锅中，用电磁炉加热，边加热边用橡皮刮刀搅拌，煮至 70℃离火。
2. 将扁桃仁片、低筋面粉混合，搅拌均匀。
3. 将“步骤 1”加入“步骤 2”中，用橡皮刮刀搅拌均匀，加入杏子果酱，继续搅拌均匀备用。

组合与装饰

制作过程

1. 将甜酥面团放在铺有烤盘纸的长方形慕斯圈中。
2. 将杏子果酱夹心倒在甜酥面团上铺平，放入烤箱中，以上火 180℃、下火 150℃烘烤 30 分钟。
3. 取出，冷却后用小刀辅助脱模，用牛角刀切块即可。

杯装黑森林

作为德国的著名甜点之一，黑森林的名号可以说已响遍世界，黑森林地区盛产樱桃，每到樱桃收获的季节，人们就将樱桃做成果酱、樱桃汁和樱桃酒，又将这些酱、汁、酒和新鲜饱满的甜樱桃作为原料，搭配松软的巧克力蛋糕坯和香甜浓郁的甜奶油，撒上口感浓郁的黑巧克力碎，制作出最经典的黑森林蛋糕。

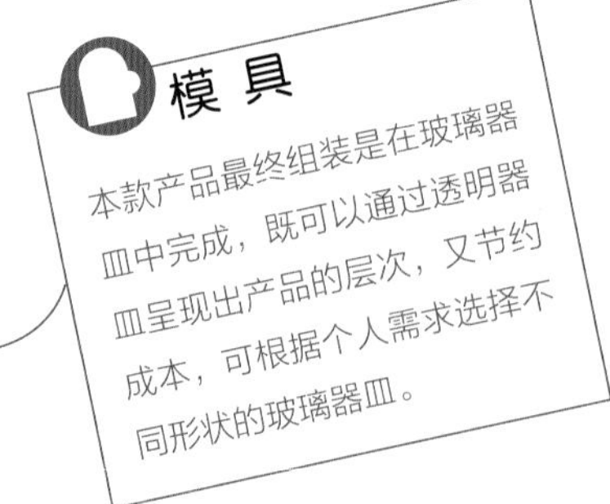

模具

本款产品最终组装是在玻璃器皿中完成，既可以通过透明器皿呈现出产品的层次，又节约成本，可根据个人需求选择不同形状的玻璃器皿。

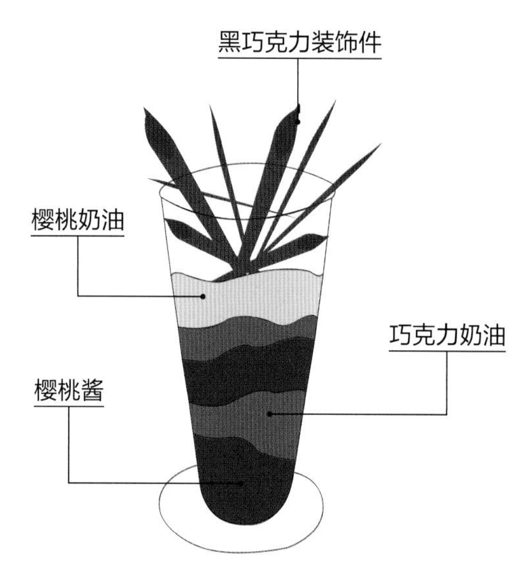

制作难点与要求

樱桃酒可以用其他酒类代替吗？

黑森林产品中，樱桃酒是不可或缺、不可替代的原材料，在德国，行业中黑森林蛋糕的鲜奶油中至少要含有 80 克的樱桃酒，以保证富有浓郁的樱桃味。德国为保护这一“国宝级”的甜点，在 2003 年的国家糕点管理办法中就规定：黑森林蛋糕是樱桃酒奶油蛋糕，蛋糕馅料是奶油，可以配樱桃，加入樱桃酒的量必须能够明显品尝的出樱桃酒味。

产品制作流程

01 樱桃酱（夹心馅料） 10 分钟

02 巧克力奶油（夹心馅料） 10~15 分钟

03 樱桃奶油（夹心馅料） 10 分钟

04 组合与装饰（冷藏） 15~20 分钟

樱桃酱

配方

水（樱桃罐头的汁）	50 克
玉米淀粉	20 克
幼砂糖	75 克
樱桃（去梗去核）	280 克

制作过程

1. 将水（樱桃罐头的汁）、玉米淀粉、幼砂糖倒入高盆中，用手持搅拌球搅拌均匀。
2. 倒入放有樱桃的锅中，用电磁炉加热，边搅拌边加热，煮至汁水呈透明黏稠状，隔冰水冷却备用。

巧克力奶油

配方

黑巧克力	50 克
淡奶油	150 克

制作过程

1. 将黑巧克力隔水加热熔化，温度 40℃。
2. 将淡奶油放入厨师机中，快速搅打至中性状态。
3. 取一部分“步骤 2”倒入“步骤 1”中，用橡皮刮刀以翻拌的手法拌匀，再加入剩余的“步骤 2”混合均匀，装入带有裱花嘴的裱花袋中，备用。

樱桃奶油

配方

淡奶油	150 克
樱桃酒	10 克

制作过程

将淡奶油和樱桃酒混合放入厨师机中，快速搅打至湿性状态，装入带有裱花嘴的裱花袋中，备用。

组合与装饰

材料

黑巧克力	适量

组合过程

1. 用勺子将樱桃酱放入玻璃杯中。
2. 在“步骤 1”上挤一层巧克力奶油，再在巧克力奶油上放一层樱桃酱。
3. 在“步骤 2”上挤一层巧克力奶油。
4. 在“步骤 3”上挤一层樱桃奶油，将杯子放入冰箱冷藏。
5. 将黑巧克力隔水熔化，进行调温抹面，用铲刀铲出巧克力件，呈斜烟卷状。
6. 将“步骤 5”放在“步骤 4”上作装饰即可。

抹茶慕斯

看到绿色第一个想到的食物就是抹茶，颜色翠绿，粉质细腻，还有一股鲜醇的清香。抹茶中和了奶油的甜腻，奶油又调和了抹茶的青涩。淡香清苦，保持原味，又不失趣味。

扫一扫，
看高清视频

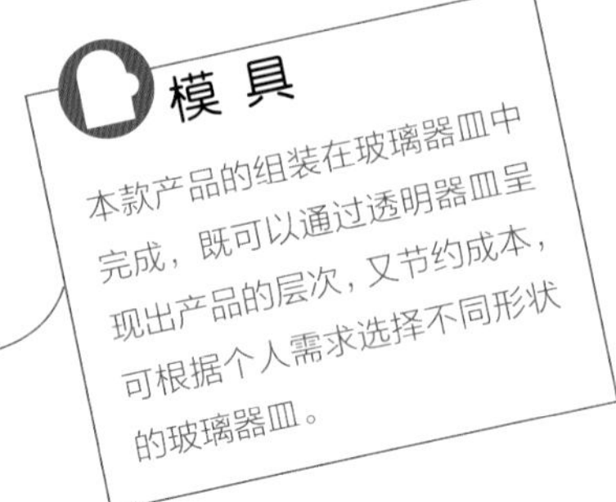

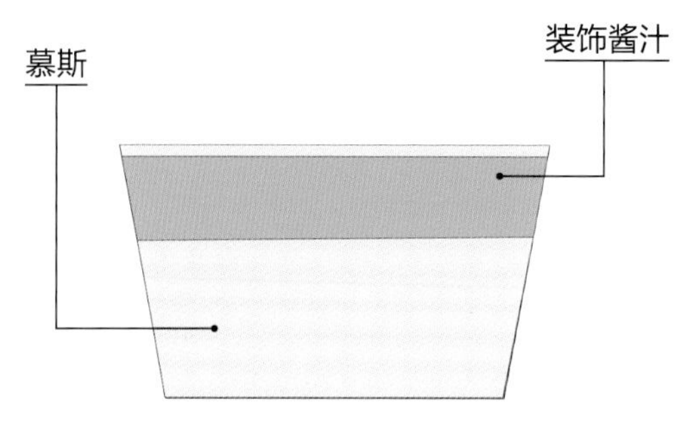

产品制作流程

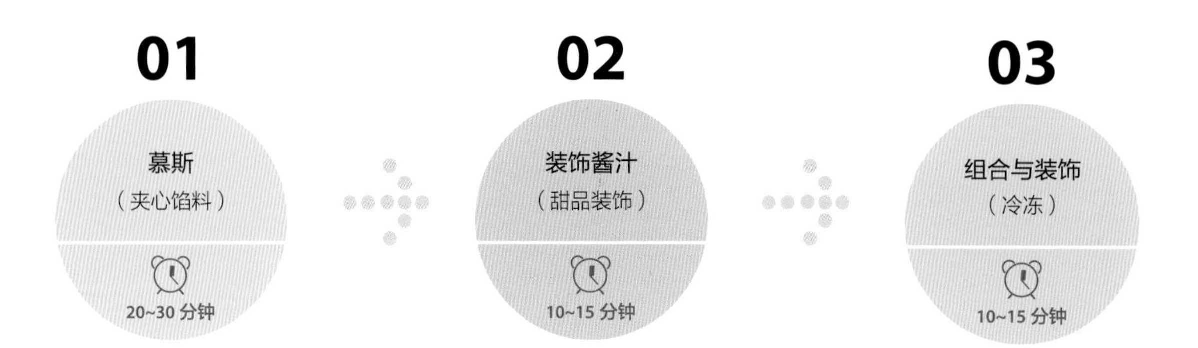

慕斯

配方

牛奶	80 克
抹茶粉	5 克
幼砂糖（1）	7 克
淡奶油	100 克
蛋黄	1 个
幼砂糖（2）	8 克
吉利丁片	3 克
冰水	15 克

制作过程

准备：将吉利丁片加冰水提前浸泡至软。

1. 将牛奶倒入锅中，用电磁炉加热，煮至沸腾。
2. 将抹茶粉、幼砂糖（1）混合，分次加入淡奶油，用手持搅拌球搅拌均匀。
3. 将蛋黄和幼砂糖（2）混合，用手持搅拌球搅拌至乳化发白，将部分煮沸的“步骤 1”冲入其中，用手持搅拌球快速搅拌均匀，继续倒回锅中加热，边加热边用橡皮刮刀搅拌，煮约 1 分钟。
4. 加入泡好的吉利丁片，用橡皮刮刀搅拌均匀，隔冰水，一边降温一边用橡皮刮刀搅拌。
5. 将“步骤 4”加入“步骤 2”中，用橡皮刮刀搅拌均匀。
6. 装入裱花袋中，挤入直径 6 厘米、高 5.5 厘米的玻璃器皿中，挤 1/4 的量，放入急冻柜冷冻。

装饰酱汁

配方

抹茶粉	2 克
幼砂糖	10 克
水	100 克
白兰地	5 克
吉利丁片	2 克
冰水	14 克

制作过程

准备：将吉利丁片加冰水提前浸泡至软。

1. 将抹茶粉和幼砂糖混合均匀。
2. 将 100 克水倒入锅中，用电磁炉加热，煮至 80℃，倒入“步骤 1”中，用手持搅拌球快速搅拌均匀，加入泡好的吉利丁和白兰地，搅拌均匀，离火，隔冰水继续搅拌至冷却。

组合与装饰

组合过程

1. 取出慕斯，将适量装饰酱汁倒在慕斯表面（剩余的备用），放入急冻柜冷冻。
2. 待“步骤 1”表面凝固后，取出。
3. 用勺子快速搅拌剩余的装饰酱汁，搅打出沫，挖取泡沫放在慕斯表面即可。

本款产品的独特之处在于饼底的制作，对蛋白、蛋黄分别处理后，拼接组合的手法很新颖，想要呈现出完美的产品，重中之重就是掌握蛋白的打发程度。准确判断打发程度，是每位甜品师的必修课程。

扫一扫，
看高清视频

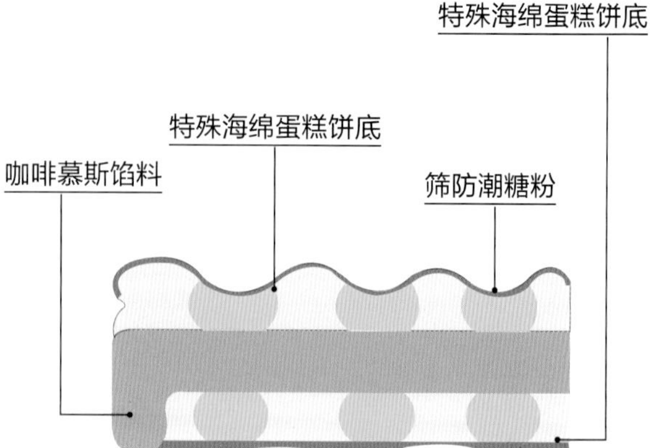

制作难点与要求

打发蛋白时需注意的技术点

- 避免接触油脂，油脂会阻碍蛋白的打发，因此在打发蛋白的过程中，一定要确保工具干净无油。
- 打发蛋白就是在蛋白中灌入空气，加糖时，蛋白液体浓度会迅速增加，形成比较强的渗透压，容易消泡。所以，可以分次加糖，这样能减少气泡外液体浓度的突然变化，能打出更好、更细腻的蛋白。

产品制作流程

特殊海绵蛋糕

配方

原料	用量
蛋白	160 克
幼砂糖（1）	115 克
玉米淀粉	30 克
幼砂糖（2）	30 克
全蛋	40 克
蛋黄	30 克
低筋面粉	35 克
糖粉	适量

制作过程

1. 将蛋白放入厨师机中，分次加入幼砂糖（1）进行打发，打发至糖化后加入玉米淀粉，继续打发至中性偏干状态。
2. 装入带有裱花嘴的裱花袋中，在铺有烤盘纸的烤盘中挤出 3 个长条状（长条间留出空隙备用），再在上方叠加一层，做出两份（一份作为底部、一份作为顶部）。

3. 将幼砂糖（2）、全蛋、蛋黄放入厨师机中，快速搅拌打至湿性状态，加入过筛的低筋面粉，用橡皮刮刀以翻拌的手法拌匀。
4. 装入带有裱花嘴的裱花袋中，挤在“步骤 2”的三条空隙中，在表面筛上糖粉，入烤箱以上火 200℃、下火 150℃烘烤 12 分钟。
5. 完成后取出，揭去烤盘纸，放入急冻柜中定形。

咖啡慕斯馅料

配方

原料	用量
浓缩咖啡	60 克
幼砂糖	50 克
淡奶油	450 克
吉利丁片	8 克
冰水	40 克

制作过程

准备：用冰水将吉利丁片泡软，备用。

1. 将泡好的吉利丁片放入锅中，加热熔化。
2. 加入浓缩咖啡和幼砂糖，一边加热一边用手持搅拌球搅拌均匀，离火，隔冰水降温备用。
3. 将淡奶油倒入厨师机中，打发至中性状态。
4. 取一部分打发淡奶油倒入“步骤 2”中，用手持搅拌球搅拌均匀，再加入剩余的打发淡奶油，混合均匀，装入带有裱花嘴的裱花袋中（需及时使用）。

组合与装饰

材料

原料	用量
防潮糖粉	适量

组合过程

1. 在一片特殊海绵蛋糕坯底的表面挤一层咖啡慕斯馅料作为夹心，再盖上另一片坯底，轻压放入急冻柜中冷冻定形。
2. 取出，用锯齿刀切块，在表面筛上防潮糖粉作为装饰即可。

歌剧院蛋糕

歌剧院蛋糕一般有六七层，由杏仁海绵蛋糕、巧克力甘纳许、奶油和巧克力镜面组成，层层叠叠、方方正正的外形再加上光滑的镜面，仿佛光可鉴人的歌剧院舞台，浪漫的寓意、迷人的造型和无可挑剔的味道，让歌剧院蛋糕成为法式甜品中不可或缺的一员。

扫一扫，
看高清视频

制作难点与要求

- 黄油糖霜是在意式蛋白霜的基础上加入黄油调制而成，注意黄油要提前软化，能更好地融合。
- 切成品时，需先将牛角刀加热，这样切出的横切面干净、平整。

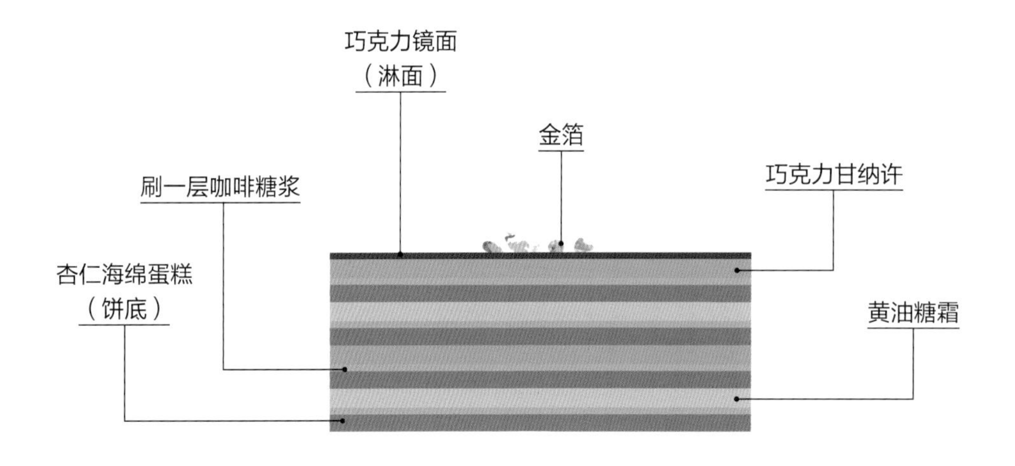

产品制作流程

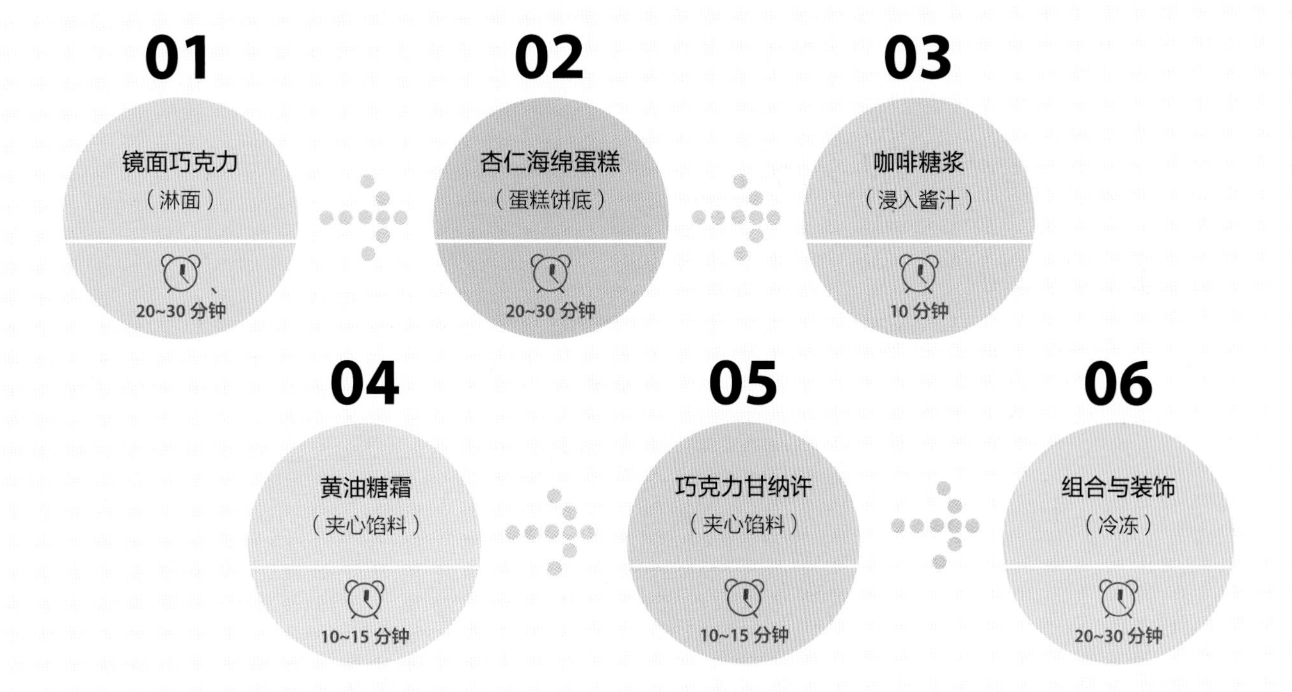

镜面巧克力

配方

水	125 克
幼砂糖	172 克
葡萄糖浆	23 克
淡奶油	124 克
可可粉	54 克
黑巧克力	34 克
吉利丁片	7 克
冰水	35 克

制作过程

准备：将吉利丁片加冰水浸泡。

1. 将水、幼砂糖和葡萄糖浆放入锅中，加热煮沸。
2. 加入淡奶油，用手持搅拌球搅拌均匀。
3. 加入可可粉，用手持搅拌球搅拌均匀。
4. 加入泡好的吉利丁片，用手持搅拌球搅拌均匀。
5. 将“步骤 4”倒入黑巧克力中，搅拌溶化，用均质机搅拌均匀，贴面铺一层保鲜膜，备用。

杏仁海绵蛋糕

配方

全蛋	334 克
糖粉	250 克
扁桃仁粉	250 克
蛋白	216 克
幼砂糖	34 克
低筋面粉	66 克
黄油	50 克

制作过程

准备：将黄油熔化成液态；低筋面粉过筛。

1. 将糖粉和全蛋加入厨师机中，隔水加热至 36℃。
2. 加入扁桃仁粉，打发至顺滑。
3. 将蛋白和幼砂糖放入另一个厨师机中，打发至干性状态。
4. 将“步骤 3”分次加入“步骤 2”中，用橡皮刮刀以翻拌的手法搅拌均匀。
5. 加入过筛的低筋面粉，搅拌均匀。
6. 取一部分“步骤 5”倒入黄油中，搅拌均匀，再全部倒回“步骤 5”中，用橡皮刮刀以翻拌的手法搅拌均匀。
7. 将“步骤 6”倒入铺有硅胶垫的烤盘中，用曲柄抹刀抹平，入风炉以 180℃烘烤 13 分钟。

咖啡糖浆

配方

水	460 克
幼砂糖	350 克
咖啡粉	40 克

制作过程

1. 将水和幼砂糖放入锅中，加热煮沸。
2. 加入咖啡粉，用手持搅拌球搅拌均匀。

黄油糖霜

配方

幼砂糖	270 克
水	54 克
蛋白	162 克
黄油	360 克
咖啡液	18 克

制作过程

准备：将黄油软化。

1. 将水和幼砂糖放入锅中，加热煮至 116℃。
2. 将蛋白放入厨师机中进行打发，沿缸壁冲入煮好的“步骤 1”，打发至干性状态。
3. 加入黄油，搅拌均匀。
4. 最后加入咖啡液，搅拌均匀。

2

巧克力甘纳许

配方

淡奶油	200 克
牛奶	200 克
黑巧克力	400 克
黄油	76 克

制作过程

准备：将黄油切丁。

1. 将牛奶和淡奶油放入锅中，加热煮沸。
2. 将“步骤 1”倒入黑巧克力中，搅拌至黑巧克力溶化。
3. 将“步骤 2”倒入量杯中，加入黄油，用均质机搅拌均匀。

组合与装饰

材料

金箔	适量

组合过程

1. 取出杏仁海绵蛋糕，用长方形慕斯圈裁切出 4 块。
2. 将杏仁海绵蛋糕放入框模中，用毛刷在表面刷上咖啡糖浆。
3. 放入黄油糖霜，用曲柄抹刀抹平，再放一块杏仁海绵蛋糕，用毛刷在表面刷上咖啡糖浆。
4. 放入巧克力甘纳许，用曲柄抹刀抹平，放一块杏仁海绵蛋糕，用毛刷在表面刷上咖啡糖浆。
5. 再放入黄油糖霜，用曲柄抹刀抹平，放入一块杏仁海绵蛋糕，用毛刷在表面刷上咖啡糖浆。
6. 最后放入巧克力甘纳许，用曲柄抹刀抹平，放入急冻柜冷冻成形。
7. 取出“步骤 6”，将镜面巧克力均匀地淋在蛋糕表面，用刀切成小的长方形，顶部放金箔装饰即可。

坦桑尼亚
当坚果、奶油、巧克力这几种元素相遇，总能碰撞出醇厚馥郁的香气。在雨天的夜晚又或是飘雪的冬夜，都极适合品尝这款带有这几种元素的甜品，香醇、奶香不断在口中交织，足以让人念念不忘。
扫一扫，
看高清视频

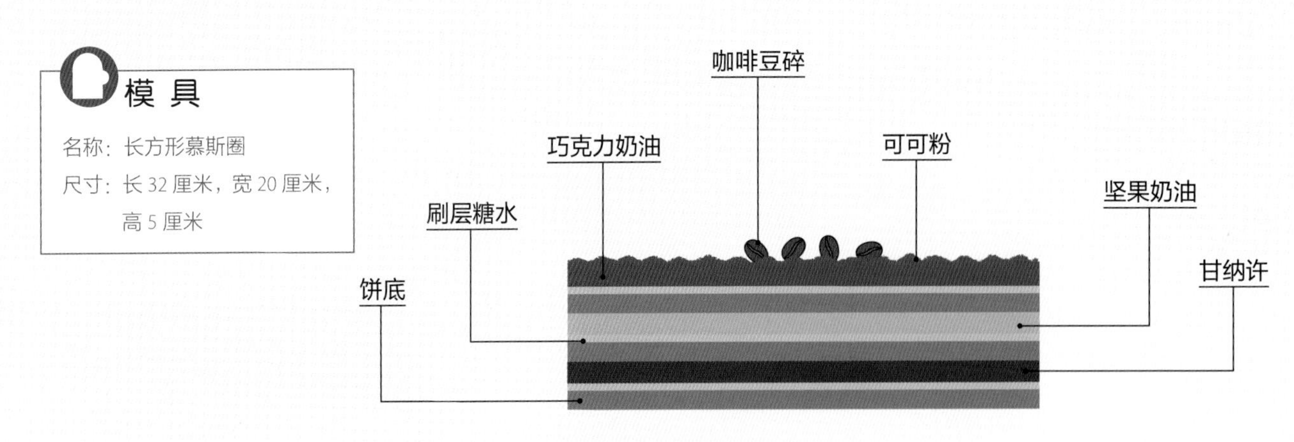

产品制作流程

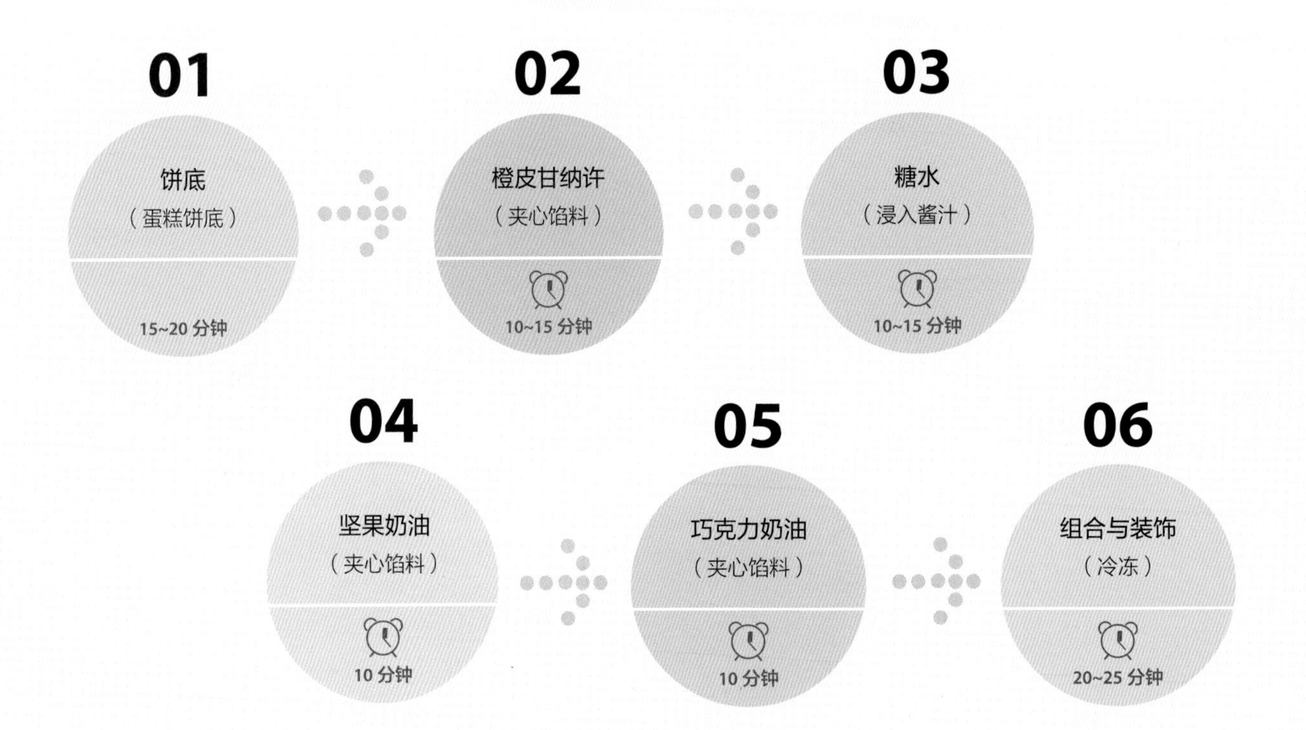

饼底

配方

全蛋	760 克
幼砂糖	360 克
榛子粉	140 克
低筋面粉	120 克
肉桂粉	6 克
黄油	60 克

制作过程

准备：黄油加热熔化。

1. 将全蛋和幼砂糖放在厨师机中，搅打至发白、比较浓稠的状态。
2. 将榛子粉、低筋面粉和肉桂粉过筛，加入到“步骤 1”的面糊中，用橡皮刮刀以翻拌的手法搅拌均匀。
3. 将熔化好的黄油加入“步骤 2”的面糊中，用橡皮刮刀搅拌均匀。
4. 将面糊倒入铺有烤盘纸的烤盘中，用抹刀抹平，轻震去除气泡。
5. 入烤箱，以上火 200℃、下火 150℃烘烤 12 分钟。

橙皮甘纳许

配方

淡奶油	400 克
可可百利坦桑尼亚巧克力	300 克
橙皮丁	50 克

制作过程

1. 将淡奶油倒入锅中，用电磁炉加热至沸腾。
2. 倒入巧克力和橙皮丁的混合物中，用手持搅拌球搅拌均匀备用。

糖水

配方

水	80 克
幼砂糖	40 克
朗姆酒	40 克

制作过程

将水和幼砂糖放入锅中，用电磁炉加热至沸腾，加入朗姆酒，混合均匀，备用。

坚果奶油

配方

扁桃仁坚果酱	160 克
淡奶油	170 克

制作过程

1. 将淡奶油加入厨师机中，打至中性偏干状态。
2. 将打发好的“步骤 1”加入扁桃仁坚果酱中，用橡皮刮刀搅拌均匀备用。

巧克力奶油

配方

可可百利坦桑尼亚巧克力	160 克
淡奶油	270 克

制作过程

1. 将巧克力隔水加热熔化。
2. 将淡奶油倒入厨师机中，打至鸡尾状。
3. 将“步骤 2”加入“步骤 1”中，用手持搅拌球快速搅拌均匀，备用。

组合与装饰

材料

可可粉	适量
咖啡豆碎	适量

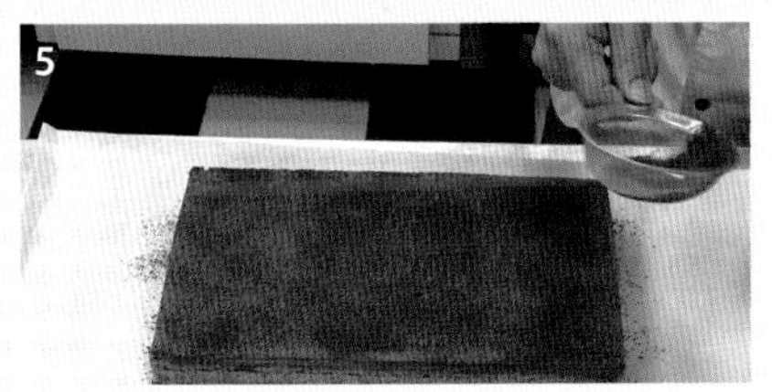

组合过程

1. 取出饼底，用长方形慕斯圈裁切出形状。在长方形慕斯圈中放入一层饼底，在表面刷一层糖水。
2. 放入一层橙皮甘纳许，用曲柄抹刀抹平，轻震，放入急冻柜冷冻。
3. 取出冻好的“步骤 2”，放入一层饼底，在表面刷一层糖水，放入坚果奶油，用曲柄抹刀抹平，放入急冻柜冷冻。
4. 取出冻好的“步骤 3”，放入一层饼底，在表面刷一层糖水，放入巧克力奶油，用曲柄抹刀抹平，放入急冻柜冷冻成形。
5. 冷冻凝固后取出，进行脱模，用抹刀在表面刻出竖条纹纹路，在表面筛一层可可粉，用毛刷将可可粉刷出纹路。
6. 用牛角刀切成小块，在表面撒上咖啡豆碎装饰即可。

巧克力奶油蛋糕

有着可可粉、巧克力、奶油的浓郁醇厚，还有着白兰地的微微酒香，饱满的层次清晰可见，口感丰富又不失单调。

扫一扫，
看高清视频

模具

名称：长方形慕斯圈（阳极）

尺寸：长 32 厘米，宽 20 厘米，高 5 厘米

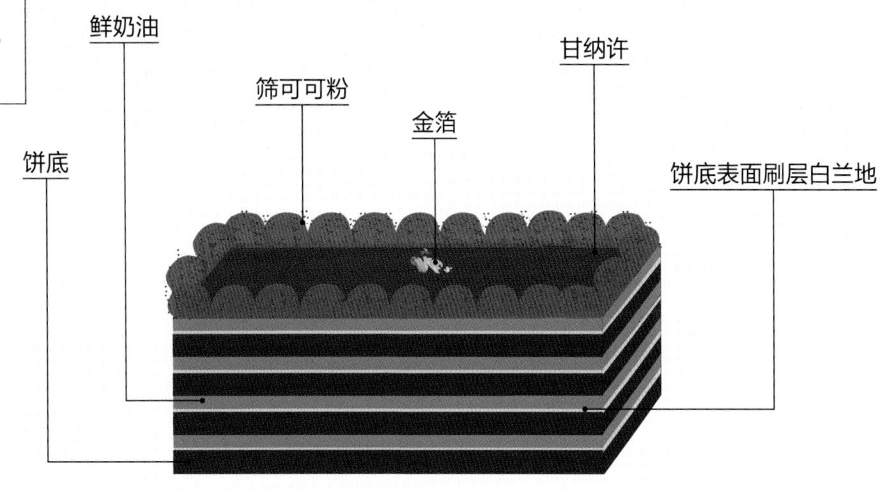

制作难点与要求

在甜品中添加酒起什么作用？

可以去除材料的异味，如制作蛋类甜品时，加少许酒可以减轻蛋腥味，还可以使甜品具有酒类特有的风味，特别是在巧克力类甜品中，可以很好地体现酒的芳香，并且能延长甜品的保存期限。

产品制作流程

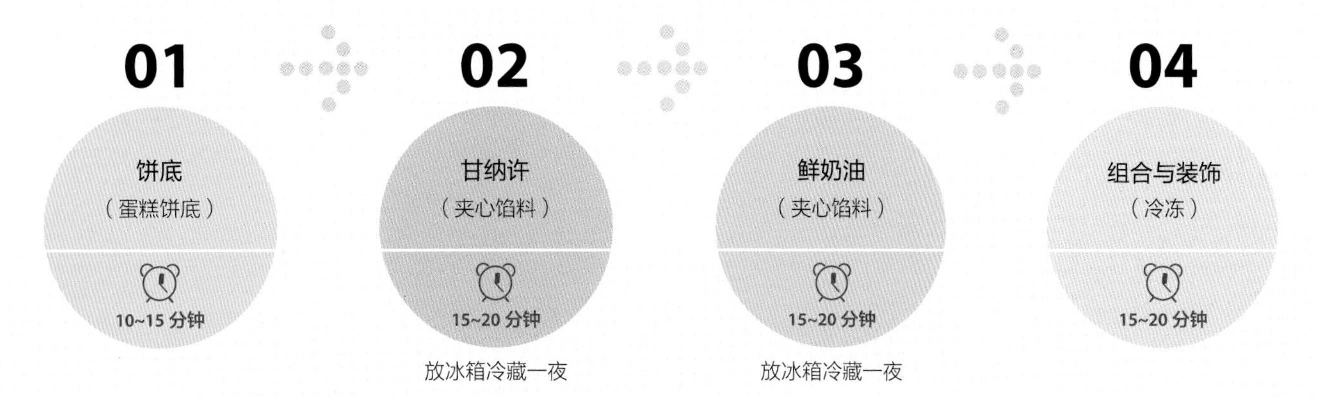

饼底

配方

低筋面粉	210 克
可可粉	60 克
扁桃仁粉	100 克
全蛋	400 克
幼砂糖（1）	300 克
蛋白	120 克
幼砂糖（2）	35 克
黄油	50 克

制作过程

准备：将黄油加热至液态。

1. 将低筋面粉、可可粉和扁桃仁粉过筛，混合，搅拌均匀。
2. 将全蛋和幼砂糖（1）放入厨师机中，快速打至发白、有流动性，倒入高盆中备用。
3. 将蛋白和幼砂糖（2）放入厨师机中，快速打至中性偏干（呈鸡尾状）。
4. 将“步骤 1”加入“步骤 2”中，用橡皮刮刀以翻拌的手法搅拌均匀。
5. 先取一部分“步骤 3”放入“步骤 4”中，用橡皮刮刀以翻拌的手法搅拌均匀，再加入剩下的“步骤 3”，用橡皮刮刀以翻拌的手法搅拌均匀。
6. 加入熔化的黄油，用橡皮刮刀搅拌均匀。
7. 再倒入铺有烤盘纸的烤盘中，用曲柄抹刀抹平，轻震，入烤箱以上火 200℃、下火 150℃烘烤 9 分钟。
8. 取出“步骤 7”，撕去烤盘纸，用长方形慕斯圈压出 4 块饼底备用。

甘纳许

配方

淡奶油	300 克
嘉利宝黑巧克力	300 克

制作过程

将淡奶油倒入锅中，加热至沸腾后冲入嘉利宝黑巧克力中，用手持搅拌球搅拌均匀，用保鲜膜贴面保存，放置冰箱冷藏一夜备用。

鲜奶油

配方

淡奶油	700 克
嘉利宝黑巧克力	200 克

制作过程

1. 将淡奶油倒入锅中，加热至沸腾后冲入嘉利宝黑巧克力中，用手持搅拌球搅拌均匀，用保鲜膜贴面保存，放置冰箱冷藏一夜备用。
2. 取出“步骤 1”，放入厨师机中，搅打至光滑柔软顺滑，备用。

组合与装饰

材料

白兰地	180 克
可可粉	适量
金箔	适量

组合过程

1. 将饼底正面朝上放在长方形慕斯圈的底部，用毛刷在饼底表面刷上白兰地。
2. 将鲜奶油倒在饼底上，用软刮刀抹平。
3. 重复“步骤 1”、“步骤 2”两次。
4. 取另一块饼底，反面朝上放在鲜奶油上，用毛刷在饼底表面刷上白兰地。
5. 将鲜奶油倒在饼底上，用软刮刀抹平，放入急冻柜中冷冻。
6. 取出，用火枪烧一下水果刀，用水果刀辅助脱下模具。
7. 用牛角刀将蛋糕切成所需大小。
8. 将甘纳许装入带有裱花嘴的裱花袋中，在蛋糕表面边缘处挤一圈花边装饰。
9. 在蛋糕表面筛适量可可粉，中间再挤入适量甘纳许，用镊子将金箔放在中间装饰即可。

千层蛋糕

酥酥脆脆的千层起酥皮、丝滑如缎的奶油馅料，咬下一口，甜蜜漫上心头。不一样的口感与造型，也会呈现不一样的味道与惊喜。

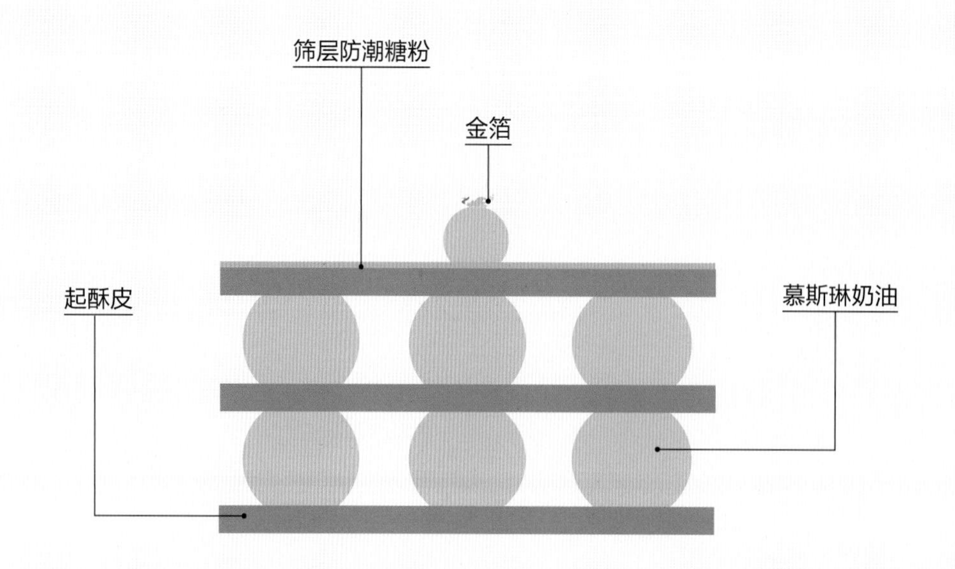

制作难点与要求

起酥皮（千层派皮）面团制作要点

- 让面团充分静置，搅拌完成的基础面团延伸性较差，在擀薄面团时容易收缩，所以一定要放入冰箱或急冻柜中冷藏静置。
- 记住折叠次数，将片状黄油用基础面团包好，对折面团再擀薄。
- 根据需要，选择将面团扎孔或不扎孔，制作千层派等需要奶油夹馅的甜点时，需要在面团上扎孔，以免面团膨胀，烤好后的派皮层次紧实，厚度薄。如果想要派皮膨胀，则无需扎孔，直接烘烤即可。

产品制作流程

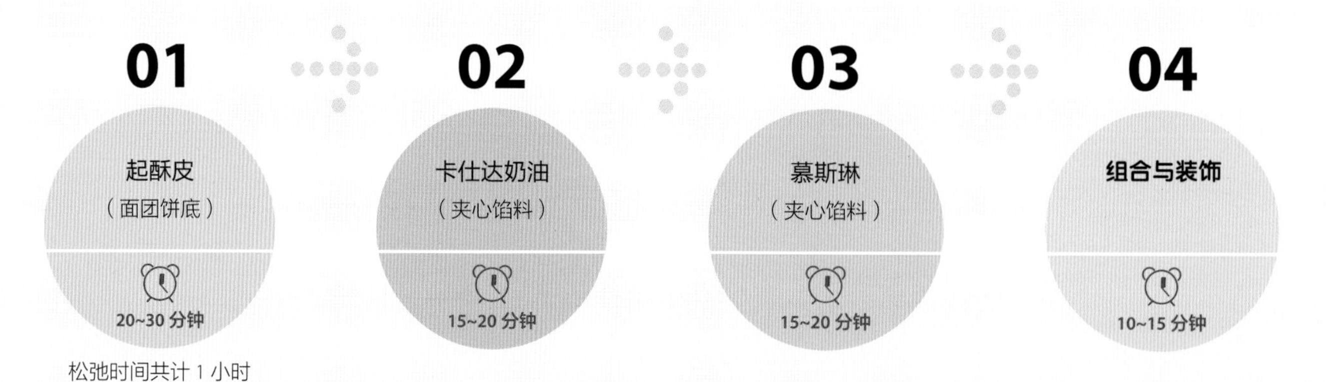

松弛时间共计 1 小时

起酥皮

配方

低筋面粉	1000 克
盐	20 克
黄油	200 克
水	410 克
片状黄油	750 克
糖粉	适量

制作过程

1. 将低筋面粉、盐、黄油、水放入搅拌缸中，搅拌均匀。
2. 取出“步骤 1”，包上保鲜膜，放入急冻柜中，冷冻静置约 10 分钟。
3. 取出，用起酥机压成长方形面皮。
4. 将片状黄油放在面皮上，先折成一个三折，压平。
5. 再进行一次三折，压平以后进行四折，包上保鲜膜，放入冰箱冷藏约 30 分钟。
6. 取出，用起酥机将面团压成 5 毫米厚的长方形面皮，用滚轮针在表面扎孔，包上保鲜膜，放在室温下松弛约 30 分钟。
7. 取出面皮，入风炉以 185℃烘烤 30 分钟，烤好后取出，表面筛上糖粉。

卡仕达奶油

配方

牛奶	500 克
幼砂糖	125 克
盐	适量
香草荚	半根
蛋黄	80 克
玉米淀粉	40 克
黄油	50 克

制作过程

准备：将香草荚取籽。

1. 将牛奶、幼砂糖、盐和香草籽放入锅中，加热煮沸。
2. 将蛋黄和玉米淀粉混合，搅拌均匀。
3. 取一部分“步骤 1”倒入“步骤 2”中，再倒回锅中，小火边加热边搅拌，煮至浓稠。
4. 离火，加入黄油，用手持搅拌球搅拌均匀备用。

慕斯琳奶油

配方

扁桃仁酱	375 克
卡仕达奶油	750 克
黄油	450 克

制作过程

做法

1. 将扁桃仁酱加入卡仕达奶油中，搅拌均匀。
2. 将黄油放入厨师机中打发，加入“步骤 1”搅拌均匀，装入带有圆形裱花嘴的裱花袋中备用。

组合与装饰

材料

防潮糖粉	适量
金箔	适量

组合过程

1. 取出烤好的起酥皮，用刀切成 3 块一样大的长方形。
2. 取 2 块起酥皮，分别在表面挤出 3 排一样大小的慕斯琳奶油圆球，然后叠加在一起。
3. 在“步骤 2”上面再放一块起酥皮，最后筛上防潮糖粉，放上金箔装饰。

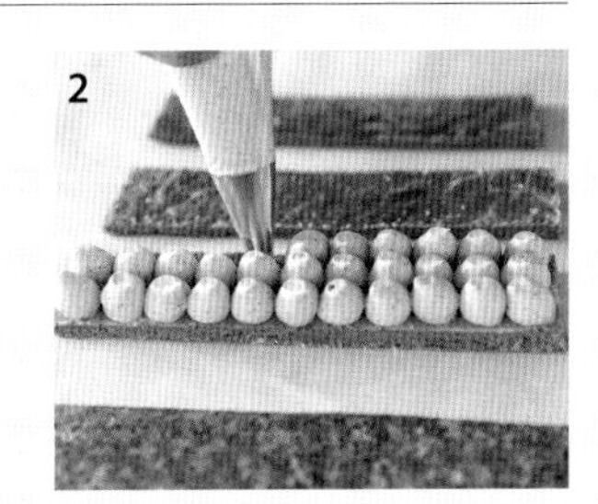

扫一扫，
看高清视频

热带水果芝士蛋糕

芝士蛋糕闻上去奶香四溢，吃到嘴里更是绵软、细腻、入口即化，唇齿间浓郁香醇的芝士味道久久不会散去。本款产品将水果融入其中，使口感更加丰富，让浓郁与香甜尽情地在口中不断释放。

模具

名称：长方形慕斯圈

尺寸：长 32 厘米，宽 20 厘米，高 5 厘米

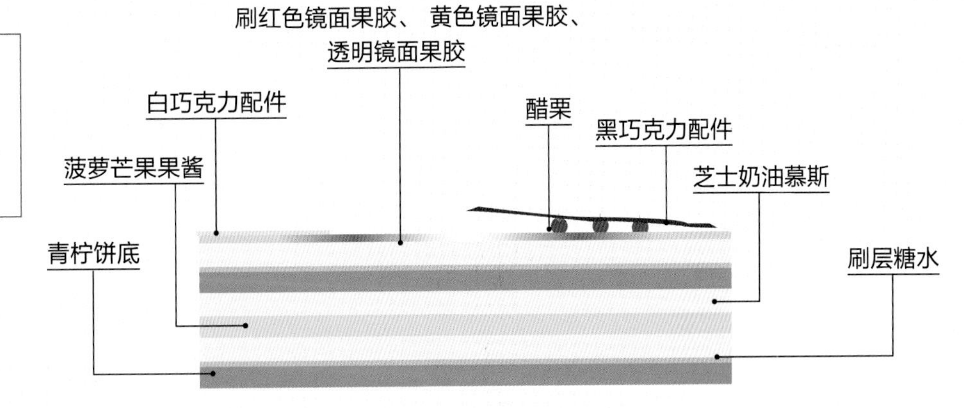

制作难点与要求

本款产品中的装饰手法很新颖，使用 3 种颜色的镜面果胶为原料，利用抹刀进行涂抹，做法简单方便。镜面果胶是可以直接食用的原材料，若颜色不够鲜艳，可加入色素调制后使用。

产品制作流程

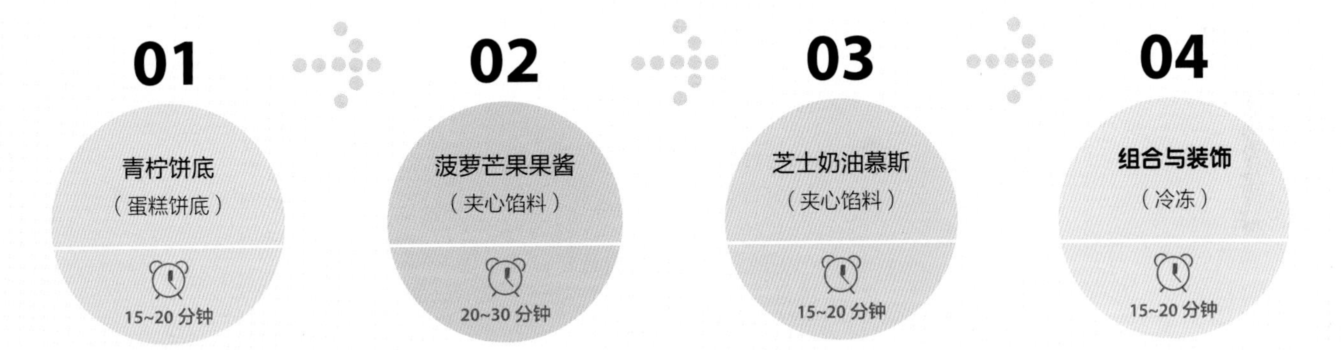

青柠饼底

配方

糖粉	430 克
扁桃仁粉	430 克
低筋面粉	110 克
青柠皮屑	4 个
全蛋	575 克
蛋白	380 克
幼砂糖	60 克
黄油	90 克

制作过程

准备：将黄油熔化成液态；粉类过筛。

1. 将扁桃仁粉、糖粉、低筋面粉和青柠皮屑放入厨师机中，中速搅拌，分次加入全蛋，快速搅打至顺滑。
2. 将蛋白和幼砂糖放入另一个厨师机中，搅打至中性状态。
3. 将“步骤 2”分次加入“步骤 1”中，用橡皮刮刀以翻拌的手法搅拌均匀。
4. 取一部分“步骤 3”加入液态黄油中，搅拌均匀，再倒回剩余的“步骤 3”中，用橡皮刮刀搅拌均匀。
5. 将面糊倒在铺有硅胶垫的烤盘中，用抹刀抹平，轻震，入风炉以 170℃烘烤 10 分钟。

菠萝芒果果酱

配方

配方	
黄油	100 克
速冻菠萝	715 克
速冻芒果	715 克
幼砂糖	300 克
NH 果胶粉	16 克
吉利丁片	10 克
冰水	适量

制作过程

准备：将吉利丁片加冰水浸泡至软；将黄油切块。

1. 将黄油放入锅中，加热熔化。
2. 加入速冻菠萝和速冻芒果，用橡皮刮刀搅拌，加热至水分蒸发。
3. 将幼砂糖和 NH 果胶粉混合物加入“步骤 2”中，用手持搅拌球搅拌均匀。
4. 倒入搅拌机中，搅拌至无颗粒状，再倒回锅中，加入泡好的吉利丁片，用手持搅拌球搅拌均匀。
5. 在铺有硅胶垫的烤盘中，放入底部包有保鲜膜的长方形慕斯圈，倒入“步骤 4”，轻震，用橡皮刮刀抹平，放入急冻柜冷冻成形。

芝士奶油慕斯

配方

配方	
水	165 克
幼砂糖	360 克
蛋黄	400 克
芝士奶油	580 克
打发淡奶油	980 克
吉利丁片	27 克
冰水	150 克

制作过程

准备：将吉利丁片加冰水浸泡；将芝士奶油软化。

1. 将幼砂糖和水放入锅中，加热煮至 121℃。
2. 将蛋黄放入厨师机中，边搅拌边加入煮好的“步骤 1”，打发至顺滑。
3. 将“步骤 2”加入软化好的芝士奶油中，用手持搅拌球搅拌均匀。
4. 加入泡好的吉利丁片，用均质机搅拌均匀。
5. 将“步骤 4”分次加入打发的淡奶油中，用手持搅拌球搅拌均匀备用。

组合与装饰

材料

材料	
糖水（水与糖按 2:1 混合煮沸）	适量
巧克力配件（黑、白）	适量
醋栗	适量
透明镜面果胶	适量
黄色镜面果胶	适量
红色镜面果胶	适量

7

组合过程

1. 取出青柠饼底，用长方形慕斯圈裁切出形状，在长方形慕斯圈中放入一层青柠饼底，在表面刷一层糖水。
2. 放入一层芝士奶油慕斯，用曲柄抹刀抹平。
3. 取出冷冻好的菠萝芒果果酱，放到芝士奶油慕斯上，用手轻轻压平。
4. 再放一层芝士奶油慕斯，用曲柄抹刀抹平。
5. 放一层青柠饼底，用手轻轻压平，表面刷一层糖水。
6. 再放一层芝士奶油慕斯，用曲柄抹刀抹平，放入急冻柜冷冻成形。
7. 取出“步骤 6”，将黄色镜面果胶和红色镜面果胶随意地挤在蛋糕表面，再均匀地淋一层透明镜面果胶，用曲柄抹刀刮平。
8. 用牛角刀将蛋糕切块，放到金底板上，在表面放上巧克力配件、醋栗装饰即可。

香橙软蛋糕

这款蛋糕是夏日必备，夹心层由绵软细腻的香橙饼底和酸甜可口的香橙果酱组合而成。切开后，无论颜色、层次、口感，都展现着它的清新气质。在橙黄色外皮的映衬下，让人完全沉浸在热带海洋般的清新气息中。

模 具

名称：长方形慕斯圈（阳极）

尺寸：长 57 厘米，宽 37 厘米，高 6 厘米

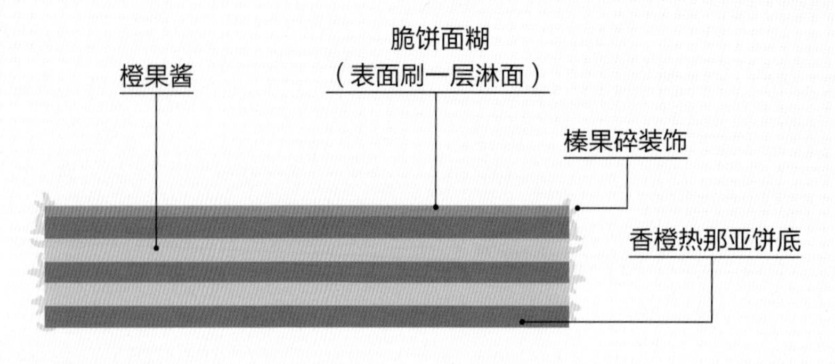

制作难点与要求

本款甜品的装饰手法很新颖，要灵活运用材料的特性，与产品相结合，最终呈现出新颖独特的外观，从而丰富视觉效果。

产品制作流程

淋面

配方

橙汁	300 克	幼砂糖（2）	300 克
NH 果胶粉	12 克	葡萄糖浆	300 克
幼砂糖（1）	150 克		

制作过程

1. 将橙汁放入锅中加热，再加入 NH 果胶粉和幼砂糖（1）的混合物，加热煮沸。
2. 加入幼砂糖（2）拌匀，最后加入葡萄糖浆煮沸，贴面盖上一层保鲜膜，置于室温备用。

脆饼面糊

配方

黄油	50 克
糖粉	50 克
蛋白	50 克
低筋面粉	50 克
黄色色素	适量
橙色色素	适量

制作过程

准备：将黄油加热熔化为液态；将粉类过筛。

1. 将熔化的黄油和糖粉混合拌匀，加入蛋白拌匀，最后加入低筋面粉，用手持搅拌球搅拌均匀。
2. 取一部分“步骤 1”加入黄色色素拌匀，再取一小部分“步骤 1”加入橙色色素拌匀。
3. 先将橙色面糊倒在硅胶垫上，用抹刀抹出花纹，再用黄色面糊填充抹平，放入冰箱冷藏备用。

香橙热那亚饼底

配方

全蛋	525 克
幼砂糖	375 克
盐	5 克
泡打粉	15 克
转化糖浆	30 克
低筋面粉	225 克
扁桃仁粉	150 克
橙皮屑	45 克
黄油	150 克

制作过程

准备：将黄油加热熔化成液态；低筋面粉、扁桃仁粉过筛。

1. 将全蛋、幼砂糖、盐、泡打粉和转化糖浆放入厨师机中，隔水加热搅拌至 60℃，再打发至顺滑。
2. 将“步骤 1”的面糊分成两份，一份加入黄油混合均匀，另一份加入低筋面粉和扁桃仁粉，混合均匀，再将两份面糊混合，加入橙皮屑拌匀。
3. 取出脆饼面糊，放上长方形慕斯圈，取一部分“步骤 2”倒在脆饼面糊的表面，用曲柄抹刀抹平，入风炉以 180℃烘烤 10 分钟。
4. 将剩余的“步骤 2”放入另一个长方形慕斯圈中抹平（2 块），入风炉以 180℃烘烤 10 分钟。

橙果酱

配方

橙皮	575 克
水	适量
橙汁（1）	600 克
梨果蓉	600 克
幼砂糖	300 克
NH 果胶粉	18 克
黄油	300 克
橙汁（2）	450 克
卡曼橘汁	300 克

制作过程

准备：将黄油切丁。

1. 将橙皮和水放入锅中，加热煮沸，将橙皮白色部分煮至半透明状。
2. 取出煮好的“步骤 1”，用网筛过滤掉水分，将橙皮倒入料理机中搅拌打碎。
3. 将橙汁（1）和梨果蓉放入锅中，加热煮沸，再加入 NH 果胶粉和幼砂糖的混合物，用手持搅拌球搅拌均匀，再次煮沸。
4. 离火，加入黄油，再加入橙汁（2）、卡曼橘汁拌匀，用均质机搅拌均匀，倒入“步骤 2”，拌匀。
5. 然后倒在铺有硅胶垫的烤盘中，在表面盖一层保鲜膜，放入冰箱冷藏降温。
6. 冷却后取出，用手持搅拌球搅拌均匀，备用。

组合与装饰

材料

榛子碎	适量

组合过程

1. 取出带脆饼面糊的香橙热那亚饼底（不脱模），在表面放上 500 克橙果酱，用曲柄抹刀抹平。
2. 放上一片香橙热那亚饼底，再倒入 500 克橙果酱抹平。
3. 再放上一片香橙热那亚饼底，用手轻轻压平，放入急冻柜冷冻成形。
4. 取出冻好的“步骤 3”，带脆饼面糊的一面朝上，用小刀辅助脱模，在表面用毛刷刷上淋面。
5. 将“步骤 4”切割成长条形，在四周刷上淋面，粘上榛子碎装饰即可。

柑橘之味蛋糕

口感细腻，酸甜细滑，带有香橙和青柠的清香。

扫一扫，
看高清视频

模具

名称：长方形慕斯圈

尺寸：长 32 厘米，宽 20 厘米，高 5 厘米

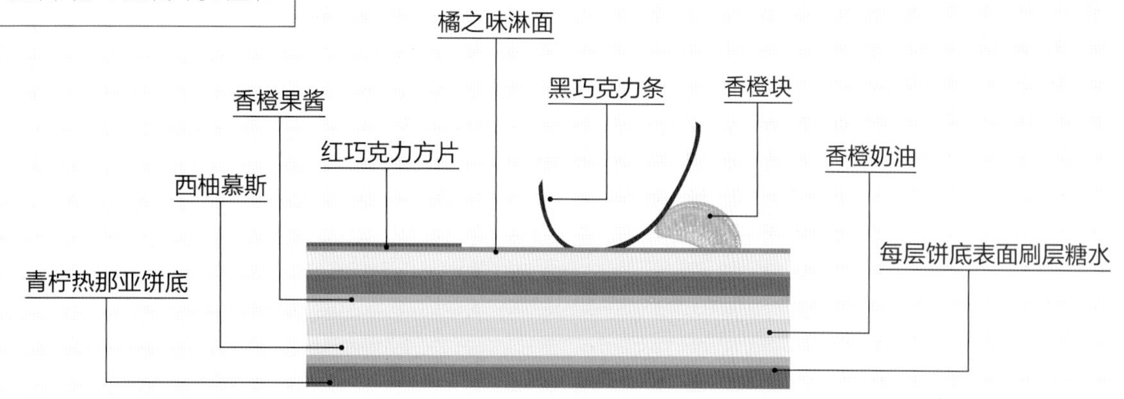

制作难点与要求

在制作西柚慕斯打发蛋白霜时，要提前将所有的材料和准备工作都做好，打发蛋白和熬煮糖浆需同步进行，熬糖浆的温度一般在 116~121℃。切忌糖浆熬好了，但蛋白还在打发中，这样等到蛋白打好后，糖浆的温度已经下降，会导致打出的蛋白状态过软。

产品制作流程

01 青柠热那亚饼底（蛋糕饼底） 20~25 分钟

02 香橙果酱（夹心馅料） 20~30 分钟

03 香橙奶油（夹心馅料） 20~30 分钟

04 橘之味淋面（淋面） 15~20 分钟

05 西柚慕斯（夹心馅料） 20~30 分钟

06 组合与装饰（冷冻） 20~30 分钟

青柠热那亚饼底

配方

扁桃仁泥	800 克
青柠皮屑	适量
盐	7 克
全蛋	1100 克
黄油	295 克
低筋面粉	170 克
泡打粉	7 克

制作过程

准备：将黄油切块。

1. 将扁桃仁泥、青柠皮屑、盐放入厨师机中，用扇形搅拌器搅拌均匀。
2. 慢速加入全蛋搅拌均匀，打至顺滑。
3. 将黄油放入锅中，煮至焦糖化，过筛，隔冰水降温。
4. 取一部分“步骤 2”加入到“步骤 3”中，用手持搅拌球搅拌均匀。
5. 将过筛的低筋面粉和泡打粉加入剩余的“步骤 2”中，用橡皮刮刀以翻拌的手法搅拌均匀。
6. 将“步骤 4”和“步骤 5”混合，用橡皮刮刀以翻拌的手法搅拌均匀。
7. 将“步骤 6”倒在铺有硅胶垫的烤盘上，用抹刀抹平，入风炉以 170℃烘烤 12 分钟。

香橙果酱

配方

水	1000 克
盐	3 克
香橙	30 克
橙子果蓉	450 克
幼砂糖	140 克
NH 果胶粉	2 克
君度酒	15 克
葡萄糖浆	40 克

制作过程

准备：将香橙切片。

1. 将水、盐和香橙片加入锅中，煮沸，捞出香橙片过一下冷水，再重新煮一次。取出香橙片，备用。
2. 将幼砂糖、NH 果胶粉、橙子果蓉、君度酒和葡萄糖浆放入锅中，用电磁炉加热。
3. 将“步骤 1”加入“步骤 2”中，搅拌均匀，煮至沸腾。
4. 离火，倒入粉碎机中，搅打至橙皮呈小颗粒状。
5. 将“步骤 4”倒回锅中，用电磁炉继续加热，煮至水分蒸发呈浓稠状，将果酱倒入烤盘中，冷却备用。

香橙奶油

配方

牛奶	450 克
淡奶油	450 克
蛋黄	215 克
幼砂糖	235 克
君度酒	45 克
香橙皮屑	适量
吉利丁片	14 克
冰水	70 克

制作过程

准备：将吉利丁片用冰水浸泡至软。

1. 将牛奶、淡奶油、一半的幼砂糖和香橙皮屑加入锅中，用电磁炉加热。
2. 将蛋黄和剩余的幼砂糖混合，用手持搅拌球搅拌至乳化发白。
3. 取一部分“步骤 1”加入“步骤 2”中，拌匀，再全部倒回锅中，加热煮至 83℃。
4. 加入泡好的吉利丁片、君度酒，用均质机搅拌均匀。
5. 在烤盘中铺上硅胶垫，放入底部包裹保鲜膜的长方形慕斯圈，倒入“步骤 4”，用曲柄抹刀抹平，放入急冻柜冷冻成形备用。

橘之味淋面

配方

材料	用量
镜面果胶	300 克
香橙皮屑	适量
柠檬皮屑	适量
青柠皮屑	适量

制作过程

1. 将镜面果胶放入锅中，用电磁炉加热。
2. 加入剩余所有材料，搅拌均匀。

西柚慕斯

配方

材料	用量
幼砂糖	280 克
水	80 克
蛋白	150 克
淡奶油	750 克
西柚果蓉	1000 克
吉利丁片	32 克
冰水	160 克

制作过程

准备：将吉利丁片用冰水浸泡，隔水熔化。

1. 将幼砂糖和水放入锅中，用电磁炉加热煮至 118℃。
2. 将蛋白放入厨师机中，快速打发，边搅拌边沿缸壁冲入“步骤 1”，打至鸡尾状，打好后倒在烤盘中降温。
3. 将淡奶油打发，将“步骤 2”和打发的淡奶油混合，用橡皮刮刀搅拌均匀。
4. 在熔化好的吉利丁片加入西柚果蓉，拌匀，再分次加入“步骤 3”中，用橡皮刮刀以翻拌的手法搅拌均匀。

组合与装饰

材料

材料	用量
糖水	适量
香橙块	适量
红色巧克力方片	适量
黑色巧克力条	适量

组合过程

1. 取出冷冻好的香橙奶油，脱模。
2. 取出青柠热那亚饼底，用长方形慕斯圈压出形状，在长方形慕斯圈中放入一层饼底。
3. 在饼底表面刷一层糖水，放一层香橙果酱，用曲柄抹刀抹平。
4. 放入西柚慕斯，用曲柄抹刀抹平，再放一层香橙奶油。
5. 再放一层西柚慕斯，用曲柄抹刀抹平，放一层香橙果酱，用曲柄抹刀抹平。
6. 放上一层青柠热那亚饼底，用刷子在表面刷一层糖水。
7. 最后铺一层西柚慕斯，用曲柄抹刀抹平，放入急冻柜冷冻成形。
8. 取出“步骤 7”，脱模，在表面均匀地淋上橘之味淋面。
9. 用牛角刀将蛋糕切块，放到金底板上，最后在表面放上香橙块、红色巧克力方片和黑色巧克力条即可。

干果片

浓郁的巧克力、营养美味的坚果、清新香甜的橙子奶油、酥脆的饼底……巧克力与坚果交织，口感酥脆细腻，让人回味无穷。

扫一扫，
看高清视频

模具

名称：矽利康硅胶材质的空心圆模
SAVARIN 160/1
尺寸：直径 16/8 厘米，高 40 厘米
容量：532 毫升
SAVARIN 180/1
尺寸：直径 18/6 厘米，高 5 厘米
容量：981 毫升

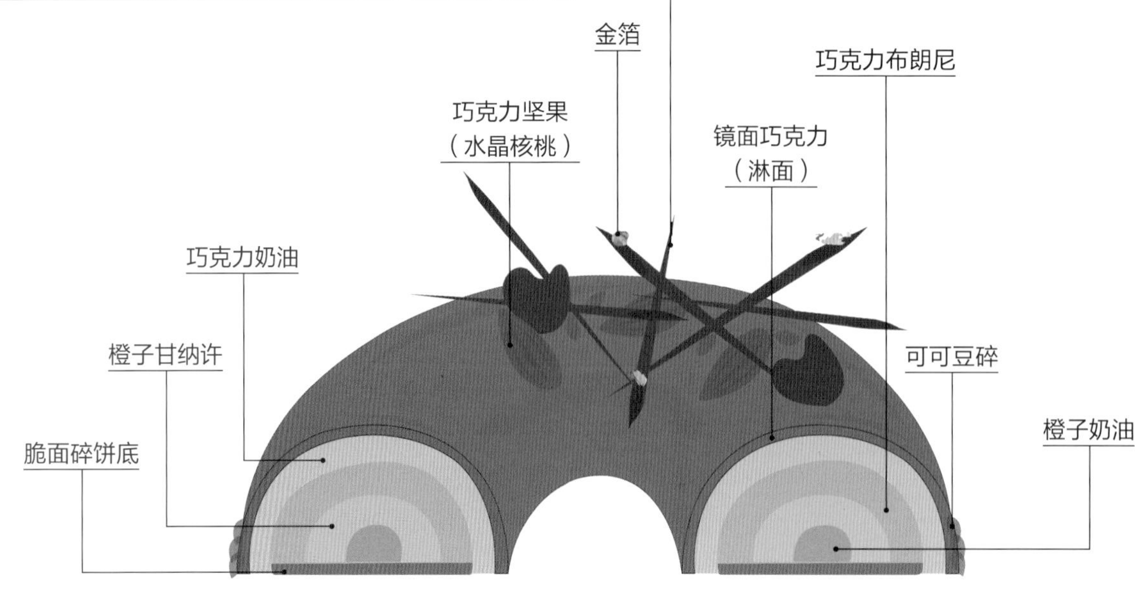

制作难点与要求

甘纳许的制作技巧

- 巧克力量的多少决定了甘纳许的软硬度，量越多硬度越大，巧克力风味越浓厚。
- 甘纳许中巧克力的比例越高，所含的可可微粒就越多，它们会吸收水分，产生粘连并饱涨，进而会分离，所以可可含量高的甘纳许会很不稳定，质地易变粗糙。
- 甘纳许中加入果泥、黄油类，可以作为夹心或酱料。果泥的香气和酒酸性物质遇热很容易挥发，所以注意保存并且使用温度不要太高。

产品制作流程

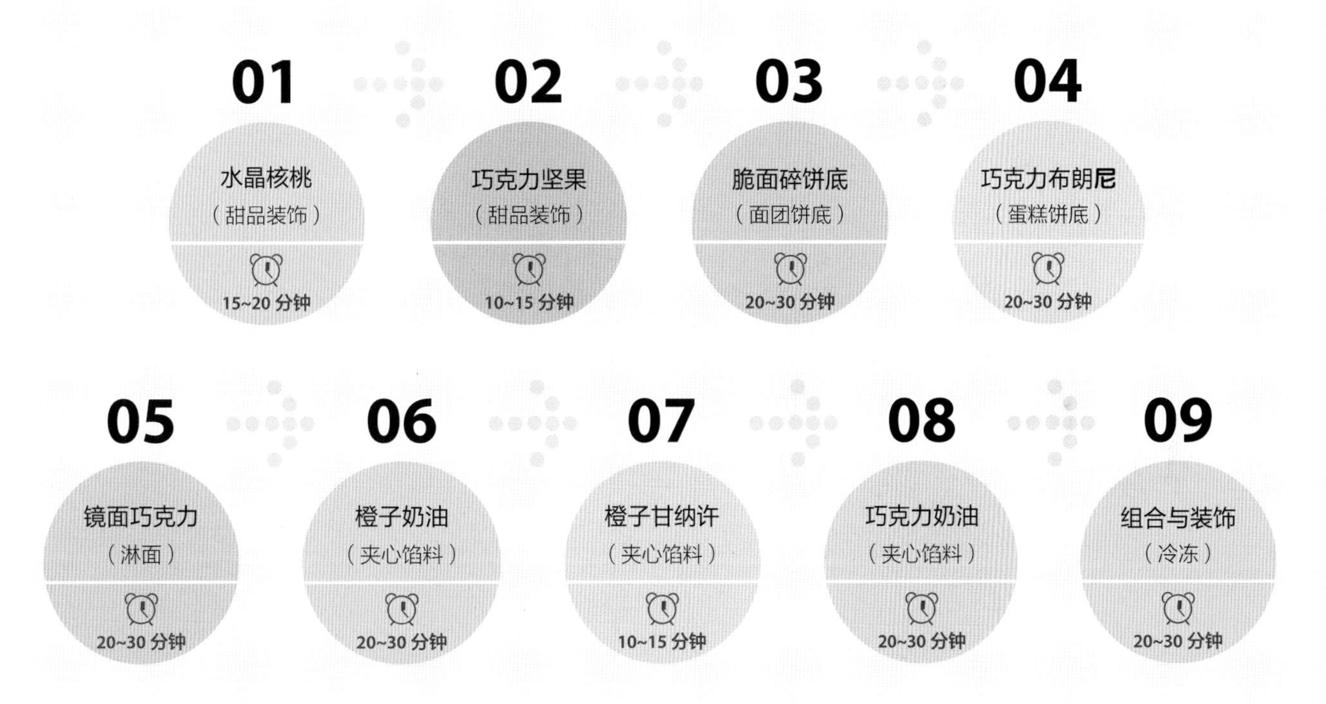

水晶核桃

配方

水	48 克
幼砂糖	104 克
烤核桃	200 克
橙皮屑	适量
可可脂	14 克

制作过程

1. 将水、幼砂糖放入锅中，加热煮至 140℃。
2. 放入烤核桃和橙皮屑，开小火，搅拌至糖反砂。
3. 加入可可脂，搅拌熔化，离火，降温冷却，备用。

巧克力坚果

配方

水晶核桃	210 克	可可粉	适量
黑巧克力	90 克		

制作过程

1. 将黑巧克力熔化，加入水晶核桃，搅拌均匀。
2. 将“步骤 1”倒在烤盘纸中，稍稍凝固后，在表面筛上可可粉即可。

脆面碎饼底

配方

黄油	170 克	黑巧克力	150 克
赤砂糖	170 克	黄油薄脆片	50 克
低筋面粉	140 克	粗红糖	10 克
盐	2 克	海盐	2 克
杏仁粉	170 克		

制作过程

准备：将黄油软化；将黑巧克力熔化。

1. 将黄油和赤砂糖放入厨师机中，搅拌均匀。
2. 加入低筋面粉、盐和杏仁粉，搅拌均匀。
3. 取出“步骤 2”，倒入烤盘中，均匀铺开，入风炉以 160℃烘烤 13 分钟。
4. 取出“步骤 3”，倒入厨师机中，搅拌碾碎。
5. 加入熔化好的黑巧克力，搅拌均匀。
6. 最后加入黄油薄脆片、粗红糖和海盐搅拌均匀。
7. 将“步骤 6”倒入烤盘纸中，用擀面棍擀薄，放入急冻柜冷冻。
8. 取出“步骤 7”，按照 SAVARIN 180/1 的模具尺寸，用圈模切出形状。

巧克力布朗尼

配方

全蛋	187 克	黑巧克力	117 克
幼砂糖	150 克	低筋面粉	50 克
黄油	112 克		

制作过程

准备：将黄油和黑巧克力混合熔化；低筋面粉过筛。

1. 将全蛋和幼砂糖放入厨师机中，打发至中性状态。
2. 加入低筋面粉，用手持搅拌球搅拌均匀。
3. 将熔化好的黄油和黑巧克力加入“步骤 2”中，搅拌均匀。
4. 倒入铺有硅胶垫的圈模中，入风炉以 160℃烘烤 14 分钟。
5. 出炉，脱模，按照 SAVARIN 160/1 的模具尺寸，用圈模切出形状。

镜面巧克力

配方

水	135 克	黑巧克力	100 克
葡萄糖浆	261 克	吉利丁粉	17 克
幼砂糖	157 克	冰水	119 克
镜面果胶	157 克	金粉	适量
牛奶巧克力	200 克		

制作过程

准备：将吉利丁粉加冰水浸泡。

1. 将水、葡萄糖浆和幼砂糖放入锅中，加热煮沸。
2. 离火，加入镜面果胶，用手持搅拌球搅拌均匀。
3. 加入泡好的吉利丁粉，搅拌均匀。
4. 加入适量金粉，用手持搅拌球搅拌均匀。
5. 将“步骤 4”倒入牛奶巧克力和黑巧克力的混合物中，搅拌溶化，用均质机搅拌均匀，贴面铺一层保鲜膜，备用。

橙子奶油

配方

橙子果酱	75 克	牛奶巧克力	96 克
橙汁	66 克	打发淡奶油	228 克
幼砂糖	39 克	吉利丁粉	6 克
橙皮屑	适量	冰水	30 克

制作过程

准备：将吉利丁粉加冰水浸泡至软。

1. 将橙子果酱、橙汁、幼砂糖和橙皮屑放入锅中，加热至 60℃左右。
2. 加入泡好的吉利丁粉，搅拌均匀。
3. 将“步骤 2”倒入牛奶巧克力中，搅拌溶化，用均质机搅拌均匀。
4. 分次加入打发淡奶油，用橡皮刮刀搅拌均匀。
5. 将“步骤 4”倒入 SAVARIN 160/1 的模具中至 6 分满，放入急冻柜冷冻成形备用。

橙子甘纳许

配方

淡奶油	125 克	黑巧克力	75 克
橙皮屑	适量	牛奶巧克力	250 克
橙子果酱	175 克		

制作过程

1. 将淡奶油、橙皮屑和橙子果酱加入锅中，加热煮沸。
2. 加入黑巧克力和牛奶巧克力，搅拌溶化，用均质机搅拌均匀。

巧克力奶油

配方

牛奶	342 克	黑巧克力	180 克
桂皮粉	1 克	牛奶巧克力	342 克
香草荚	1 根	打发淡奶油	576 克
咖啡豆	30 克	吉利丁粉	8 克
蛋黄	60 克	冰水	40 克
幼砂糖	18 克		

制作过程

准备：将吉利丁粉加冰水浸泡；香草荚取籽备用。

1. 将牛奶、桂皮粉、咖啡豆和香草籽放入锅中，加热煮沸，过滤。
2. 将蛋黄和幼砂糖混合，用手持搅拌球搅拌至乳化发白。
3. 取一部分“步骤 1”加入到“步骤 2”中拌匀，再全部倒回锅中加热煮至 83℃。
4. 加入泡好的吉利丁粉，搅拌均匀。
5. 将“步骤 4”倒入黑巧克力和牛奶巧克力的混合物中，搅拌溶化，用均质机搅拌均匀。
6. 分次加入打发淡奶油，用橡皮刮刀搅拌均匀备用。

组合与装饰

材料

可可豆碎	适量
巧克力配件	适量
金箔	适量

组合过程

1. 取出橙子奶油（不脱模），将橙子甘纳许加入模具中至 8 分满。
2. 将巧克力布朗尼放入“步骤 1”中，用手轻轻下压，放入急冻柜冷冻成形。
3. 将巧克力奶油倒入型号 SAVARIN 180/1 的模具中，至 7 分满。
4. 取出冻好的“步骤 2”，脱模，放入“步骤 3”中，用手轻轻下压，再倒入巧克力奶油（9 分满）。
5. 放入脆面碎饼底，用手轻轻下压，用抹刀将表面刮平，放入急冻柜冷冻成形。
6. 取出“步骤 5”，脱模，放到网架上，将镜面巧克力均匀地淋在慕斯表面，然后在底部围上一圈可可豆碎，放到金底板上。
7. 在蛋糕顶部的一边摆上巧克力配件、巧克力坚果和金箔即可。

本款产品主要将橙子作为主要原料，通过不同的方法制作出各具特色的饼底、果酱、奶油，每一处都聚集了橙子的风味。橙子的清香甘甜与所有食材相互融合，相得益彰。

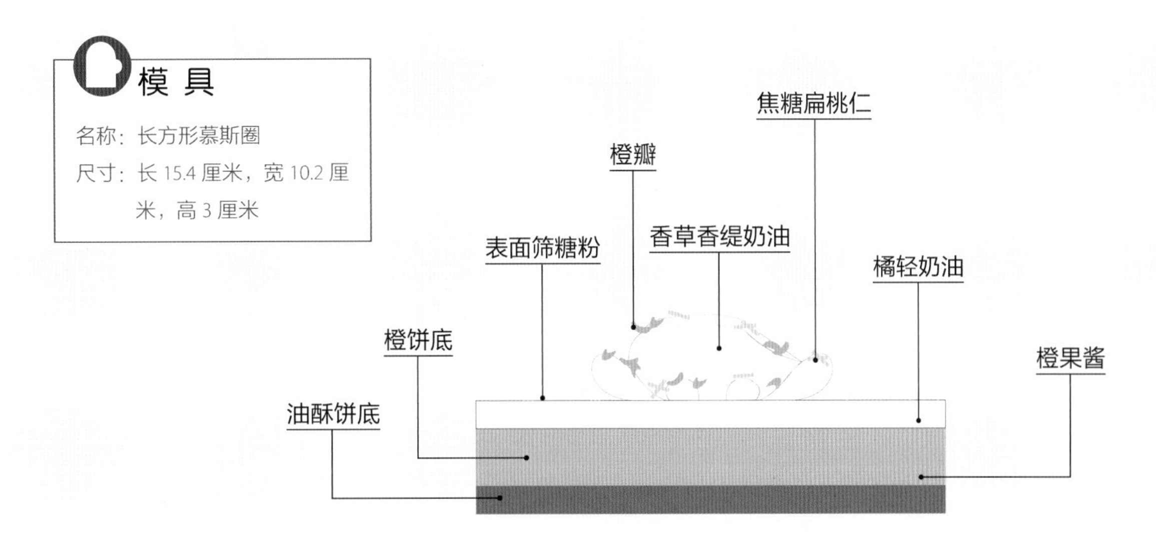

制作难点与要求

淡奶油无糖，可加调味剂进行打发，如砂糖、转化糖浆、葡萄糖浆、炼乳等，也可以在打发完成后加入果馅、果汁、抹茶、可可粉、咖啡等。粉类需要事先用热的液体溶解，冷却后，再和淡奶油混合。固体类物质可与淡奶油一起打发。在香缇奶油中加入不同的坚果、巧克力，可做涂面、刷酱、装饰、夹心等。

产品制作流程

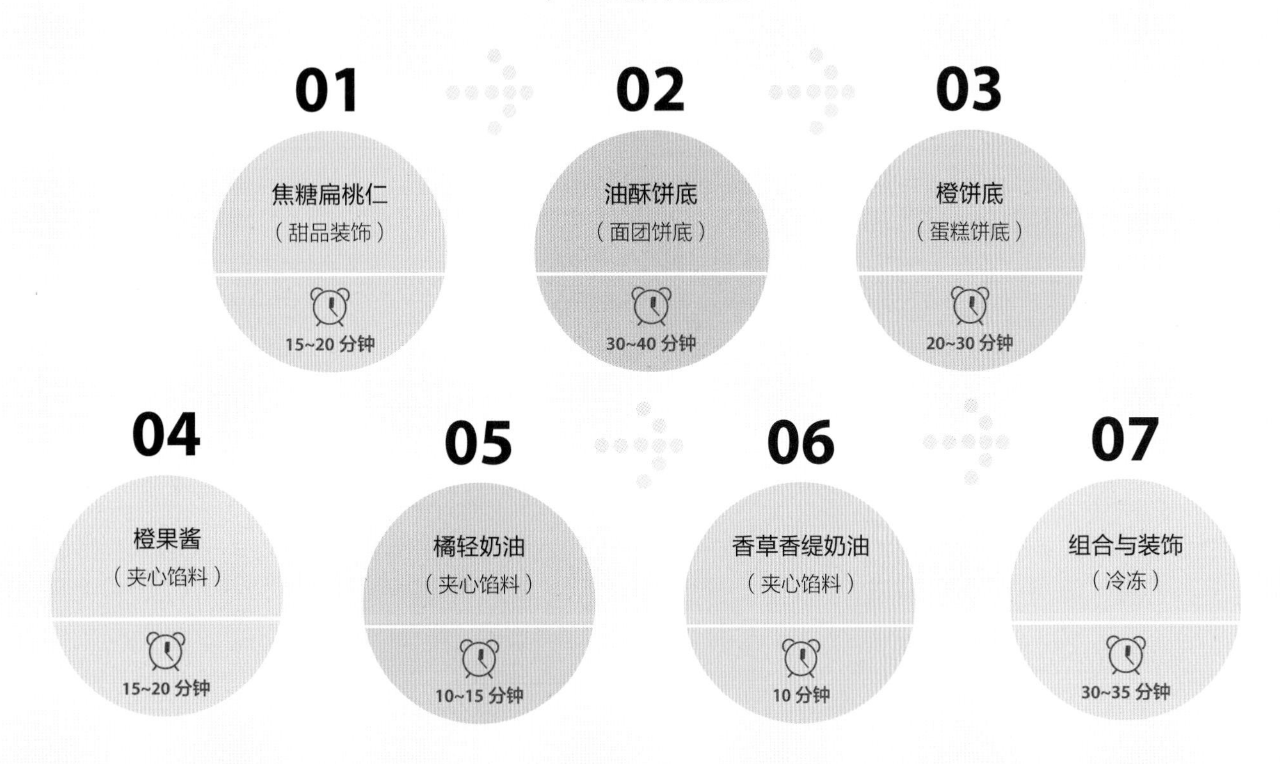

焦糖扁桃仁

配方

水	25 克
葡萄糖浆	13 克
细砂糖	25 克
扁桃仁片	200 克

制作过程

1. 将所有材料倒入盆中，搅拌均匀。
2. 混合均匀后倒入烤盘中铺开，入风炉以 145℃烘烤 15 分钟。

油酥饼底

配方

糖粉	64 克
盐	1 克
黄油	176 克
低筋面粉	140 克
玉米粉	20 克

制作过程

准备：将黄油软化成膏状。

1. 将糖粉、盐放入盆中，加入软化好的黄油，用手持搅拌球搅拌均匀。
2. 加入过筛的低筋面粉和玉米粉，搅拌均匀。
3. 将“步骤 2”倒入铺有烤盘纸的长方形慕斯圈中，用曲柄抹刀抹平，入风炉以 145℃烘烤 30 分钟。

橙饼底

配方

材料	用量	材料	用量
全蛋	210 克	低筋面粉	90 克
幼砂糖	150 克	扁桃仁粉	60 克
转化糖浆	12 克	橄榄油	60 克
盐	2 克	橙皮屑	18 克
泡打粉	6 克	糖粉	适量

制作过程

准备：将橄榄油加热；低筋面粉、扁桃仁粉混合过筛。

1. 将全蛋、幼砂糖、盐、泡打粉和转化糖浆放入厨师机中，隔水加热至 60℃，再打发至顺滑。
2. 将“步骤 1”的面糊分成两份，一份加入橄榄油混合均匀，另一份加入低筋面粉和扁桃仁粉混合均匀，再把两份面糊混合拌匀。
3. 将“步骤 2”倒入铺有烤盘纸的长方形慕斯圈中，用曲柄抹刀抹平，表面撒上橙皮屑，再筛糖粉，入风炉以 180℃烘烤 10 分钟。

橙果酱

配方

橙皮	575 克
水	适量
橙汁（1）	600 克
梨果蓉	600 克
幼砂糖	300 克
NH 果胶粉	18 克
黄油	300 克
橙汁（2）	450 克
卡曼橘汁	300 克

制作过程

准备：将黄油切丁。

1. 将橙皮和水放入锅中，加热煮沸，煮至橙皮白色部分呈半透明状。
2. 取出煮好的“步骤 1”，用网筛过滤掉水分，倒入搅拌机中搅拌打碎。
3. 将橙汁（1）和梨果蓉放入锅中，加热煮沸，再加入 NH 果胶粉和幼砂糖的混合物，用手持搅拌球搅拌均匀，再次煮沸。
4. 煮沸后离火，加入黄油，再加入橙汁（2）、卡曼橘汁拌匀，用均质机搅拌均匀，倒入“步骤 2”拌匀。
5. 将“步骤 4”倒在铺有硅胶垫的烤盘中，在表面盖一层保鲜膜，放入冰箱冷藏降温。
6. 冷却后取出，用手持搅拌球搅拌均匀，备用。

橘轻奶油

配方

配方	
蛋白	32 克
橘汁（1）	32 克
蛋白粉	6 克
幼砂糖	53 克
橘汁（2）	210 克
转化糖	35 克
橙果酱	88 克
淡奶油	175 克
吉利丁粉	9 克
冰水	45 克

制作过程

准备：将吉利丁粉加冰水浸泡。

1. 将蛋白、橘汁（1）、蛋白粉和幼砂糖混合拌匀，放入厨师机中打发，再加入泡好的吉利丁粉溶液，搅拌均匀。
2. 淡奶油放入厨师机中打发。
3. 将橘汁（2）、转化糖和橙果酱混合拌匀，倒入打发好的淡奶油中，搅拌均匀。
4. 最后将“步骤 2”倒入“步骤 1”中，用橡皮刮刀以翻拌的手法搅拌均匀。

香草香缇奶油

配方

配方	
淡奶油	585 克
水	46 克
香草酱	13 克
转化糖浆	33 克

制作过程

打发淡奶油，在快完成打发时，倒入水、香草酱和转化糖浆搅拌均匀，装入带有裱花嘴的裱花袋中，备用。

组合与装饰

材料

材料	
糖粉	适量
橙瓣	适量

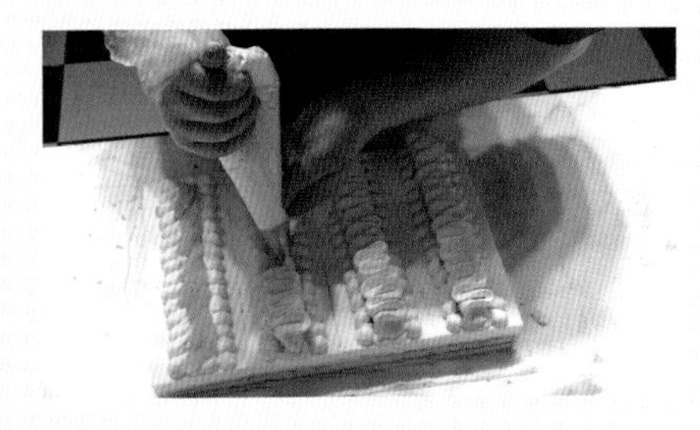

组合过程

1. 取出油酥饼底，在表面倒入 500 克橙果酱，用曲柄抹刀抹平。
2. 在“步骤 1”表面放上橙饼底，用手轻压，在表面倒上 500 克橙果酱，抹平，放入急冻柜冷冻成形。
3. 取出“步骤 2”，在表面倒入橘轻奶油，用曲柄抹刀抹平，放入急冻柜冷冻成形。
4. 取出“步骤 3”，切出所需尺寸，表面筛糖粉，挤上香草香缇奶油，用橙瓣装饰，最后在橙瓣上面挤上 S 形的香缇奶油，放上焦糖扁桃仁即可。

蓝莓树桩蛋糕

这款甜品选用了营养美味的蓝莓，经过加工制作后，不论外观还是口感，都别有一番风味，将它神秘的紫色呈现得淋漓尽致，从内到外带来了诸多奇妙。

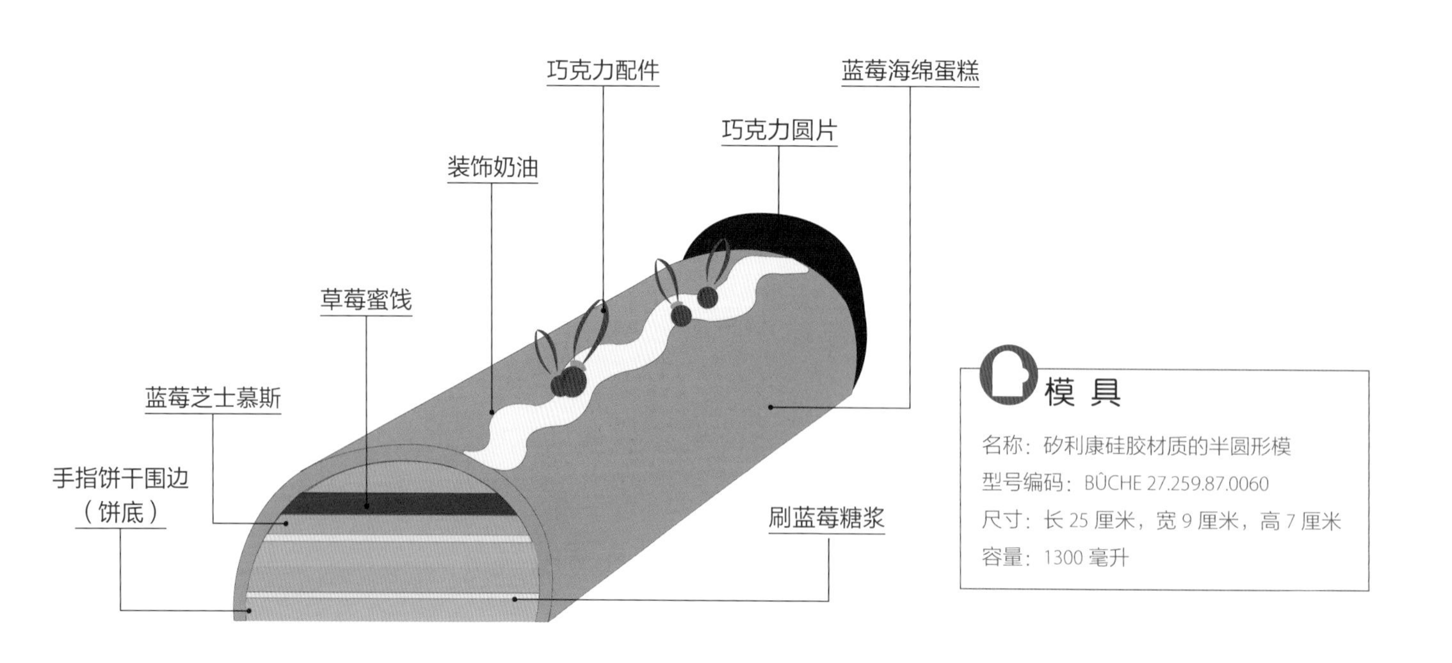

模 具

名称：矽利康硅胶材质的半圆形模

型号编码：BÛCHE 27.259.87.0060

尺寸：长 25 厘米，宽 9 厘米，高 7 厘米

容量：1300 毫升

制作难点与要求

在制作卡仕达奶油的过程中，非常容易焦糊，所有在加热过程中要一直搅拌，尤其是锅底，注意质地变化。从沸腾至冒泡，再到气泡稳定，表面顺滑有光泽。

产品制作流程

01 蓝莓海绵蛋糕（蛋糕饼底） 10~15 分钟

02 手指饼干围边（蛋糕饼底） 10~15 分钟

03 草莓蜜饯（夹心馅料） 15~30 分钟

04 蓝莓糖浆（浸入酱汁） 10~15 分钟

05 卡仕达奶油（夹心馅料） 10~15 分钟

06 蓝莓芝士慕斯（夹心馅料） 15~20 分钟

07 装饰奶油（甜品装饰） 10 分钟

08 组合与装饰（冷冻） 15~20 分钟

蓝莓海绵蛋糕

配方

蓝莓果蓉	400 克
蛋白	210 克
幼砂糖	160 克
蛋黄	130 克
低筋面粉	80 克
玉米粉	80 克
黄油	120 克

制作过程

准备：将黄油软化成液态；粉类过筛。

1. 将蓝莓果蓉放入锅中加热，煮至沸腾，收汁，冷却。
2. 将蛋白和幼砂糖放入厨师机中，打发至干性状态。
3. 将蛋黄和“步骤 1”分次加入“步骤 2”中，搅拌均匀。
4. 加入低筋面粉和玉米粉中，用橡皮刮刀以翻拌的手法搅拌均匀。
5. 加入黄油，搅拌均匀。
6. 倒入铺有硅胶垫的烤盘中，用曲柄抹刀抹平。
7. 入风炉，以 180℃烘烤 8 分钟。

手指饼干围边

配方

蛋白	350克
盐	4克
幼砂糖	200克
转化糖浆	20克
蛋黄	200克
低筋面粉	120克
玉米粉	120克
香草精	6克

制作过程

准备：粉类过筛。

1. 将蛋白、盐、幼砂糖和转化糖浆加入厨师机中，打发至干性状态。
2. 分次加入蛋黄，搅拌均匀。
3. 加入过筛的低筋面粉和玉米粉，用橡皮刮刀以翻拌的手法搅拌均匀。
4. 加入香草精，搅拌均匀。
5. 倒入铺有硅胶垫的烤盘中，用曲柄抹刀抹平。
6. 入风炉，以160℃烘烤11分钟。
7. 取出，用刀切出长方形条备用。

草莓蜜饯

配方

草莓果蓉	375克
葡萄糖浆	150克
幼砂糖	120克
NH果胶粉	15克
吉利丁粉	9克
冰水	45克

制作过程

准备：将吉利丁粉加冰水浸泡至软。

1. 将草莓果蓉和葡萄糖浆放入锅中，加热至80℃。
2. 加入幼砂糖和NH果胶粉的混合物，用手持搅拌球搅拌均匀。
3. 加入泡好的吉利丁粉，搅拌均匀。
4. 在烤盘中放入半圆形硅胶模，倒入草莓蜜饯至3分满，放入急冻柜中冷冻成形。

蓝莓糖浆

配方

蓝莓果蓉	200克
水	200克
幼砂糖	300克

制作过程

1. 将水和幼砂糖放入锅中，加热煮沸。
2. 加入蓝莓果蓉，搅拌均匀即可。

卡仕达奶油

配方

牛奶	500克
幼砂糖	125克
盐	1克
香草荚	半根
蛋黄	80克
玉米淀粉	35克
黄油	50克

制作过程

准备：将香草荚取籽；黄油软化。

1. 将牛奶、幼砂糖、盐和香草籽放入锅中，加热煮沸。
2. 将蛋黄和玉米淀粉混合，搅拌均匀。
3. 取一部分“步骤1”倒入“步骤2”中，再倒回锅中，小火边加热边搅拌，煮至浓稠。
4. 离火，加入黄油，用手持搅拌球搅拌均匀，备用。

蓝莓芝士慕斯

配方

蓝莓果蓉	90 克
奶油干酪	300 克
卡仕达奶油	300 克
打发淡奶油	210 克
意式蛋白霜	105 克
吉利丁粉	9 克
冰水	45 克

制作过程

准备：将吉利丁粉加冰水浸泡至软；将卡仕达奶油加热；意式蛋白霜的做法详见 P36 。

1. 将蓝莓果蓉放入锅中加热，放入泡好的吉利丁粉，搅拌均匀。
2. 将奶油干酪放入厨师机中，分次加入“步骤 1”搅拌均匀。
3. 将卡仕达奶油倒入“步骤 2”中，搅拌均匀。
4. 加入打发的淡奶油，搅拌均匀。
5. 再加入意式蛋白霜，用橡皮刮刀以翻拌的手法搅拌均匀备用。

装饰奶油

配方

淡奶油	500 克
幼砂糖	40 克
香草荚	半根

制作过程

准备：将香草荚取籽。

将所有材料放入厨师机中，打发至干性状态，装入裱花袋备用。

组合与装饰

材料

巧克力配件	适量
巧克力圆片	适量

组合过程

1. 取出蓝莓海绵蛋糕，用刀切出长方形条，放入半圆形模具中。
2. 在“步骤 1”中加蓝莓芝士慕斯至 3 分满，用曲柄抹刀抹平。
3. 取出冻好的草莓蜜饯，放入“步骤 2”的慕斯中，用手轻轻下压，再加入蓝莓芝士慕斯至 6 分满。
4. 取出手指饼干围边饼底，表面刷上蓝莓糖浆，取一块放入“步骤 3”的慕斯中间，压平，再加入蓝莓芝士慕斯至 9 分满。
5. 最后再放一块手指饼干围边饼底，压平，将表面用刮刀刮平，放入急冻柜冷冻至成形。
6. 取出“步骤 5”脱模，将装饰奶油挤在蛋糕顶部，呈 S 形的线条。
7. 在线条顶部摆上巧克力配件，在蛋糕两端贴上巧克力圆片即可。

1

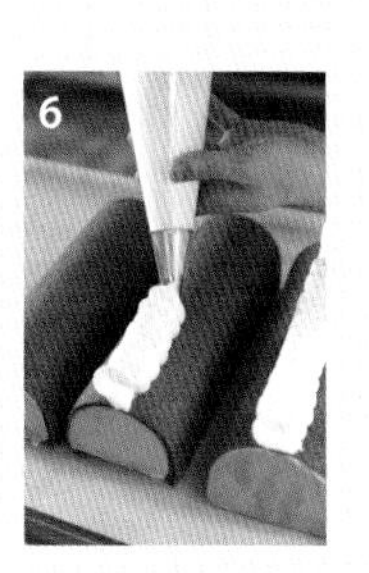
6

荔枝覆盆子蛋糕

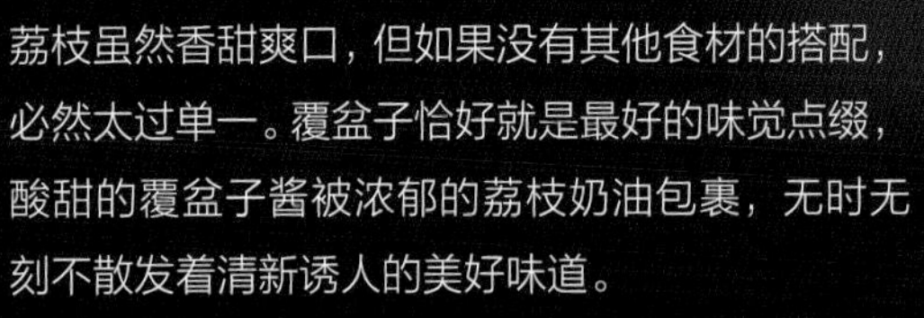

荔枝虽然香甜爽口，但如果没有其他食材的搭配，必然太过单一。覆盆子恰好就是最好的味觉点缀，酸甜的覆盆子酱被浓郁的荔枝奶油包裹，无时无刻不散发着清新诱人的美好味道。

模具

名称：6 英寸圆形圈模

尺寸：直径 15.2 厘米，

高 5 厘米

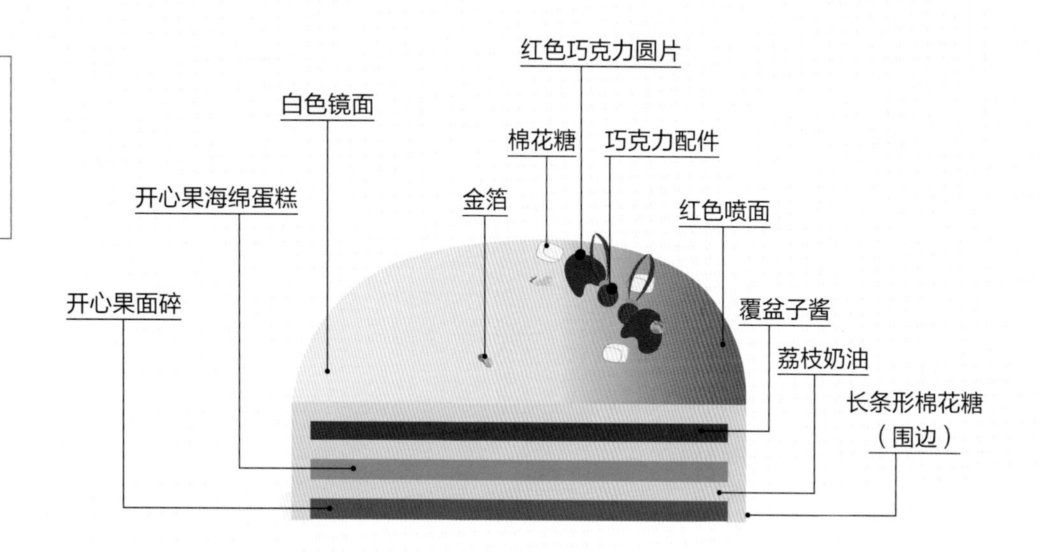

制作难点与要求

荔枝奶油的制作方法和卡仕达酱相同。卡仕达酱是甜点中最基础的一款夹心馅料，通过加入其他原料，可以做出各种“升级版”的卡仕达酱。

产品制作流程

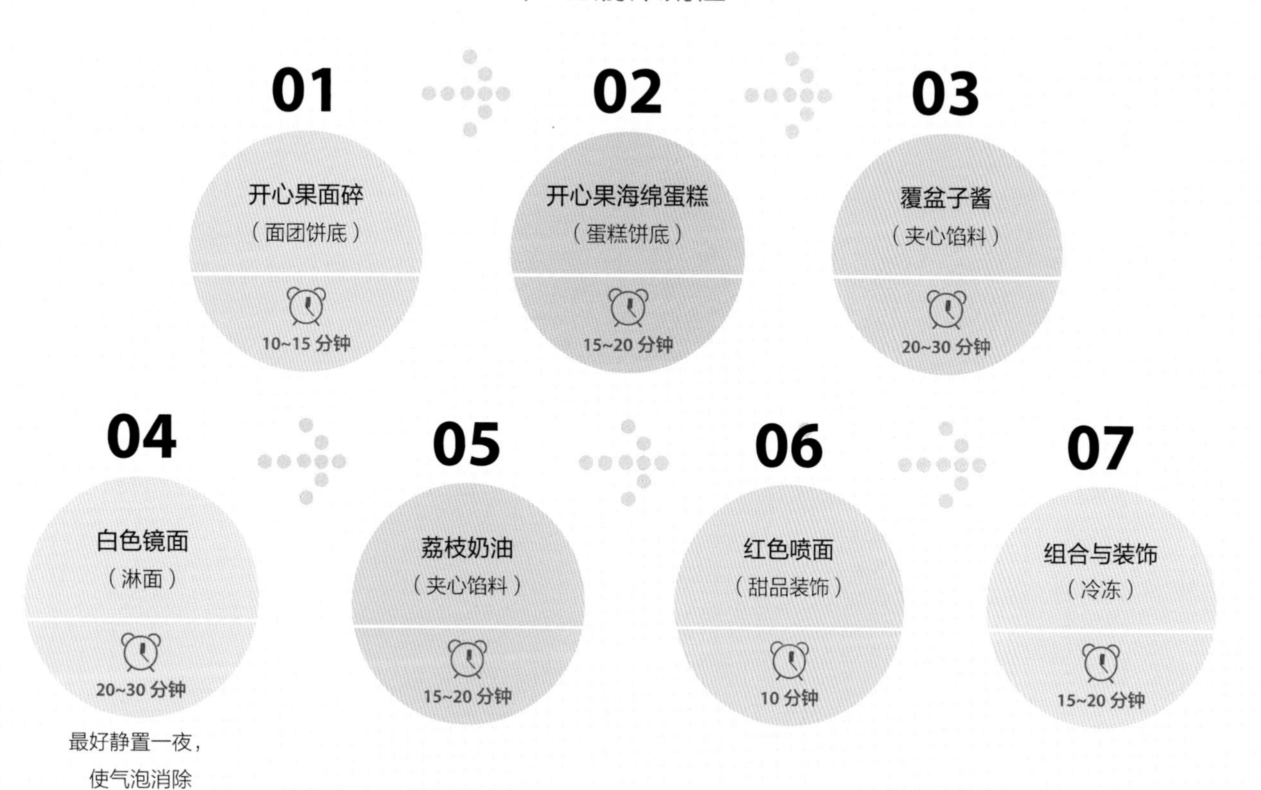

开心果面碎

配方

黄油	94 克
幼砂糖	94 克
低筋面粉	94 克
扁桃仁粉	90 克
开心果泥	15 克
可可脂碎	37 克

制作过程

准备：将黄油软化。

1. 将黄油、幼砂糖、低筋面粉、扁桃仁粉、开心果泥放入厨师机中，搅拌均匀。
2. 将“步骤 1”用擀面棍擀成面皮，用圈模压出圆形。
3. 入风炉，以 180℃烘烤 10 分钟。
4. 出炉，趁热在表面撒上可可脂碎。

开心果海绵蛋糕

配方

黄油	175 克
糖粉	287 克
转化糖浆	25 克
开心果泥	75 克
蛋白	287 克
扁桃仁粉	125 克
低筋面粉	125 克
泡打粉	5 克

制作过程

准备：将黄油软化；粉类过筛。

1. 将黄油、糖粉、转化糖浆和开心果泥放入厨师机中，搅拌均匀。
2. 分次加入蛋白，搅拌均匀。
3. 再加入扁桃仁粉，搅拌均匀。
4. 最后加入低筋面粉和泡打粉，搅拌均匀，装入裱花袋中。
5. 在铺有硅胶垫的烤盘中放入圈模，将“步骤 4”以绕圈的手法挤入圈模中至 3 分满。
6. 入风炉，以 150℃烘烤 10 分钟。

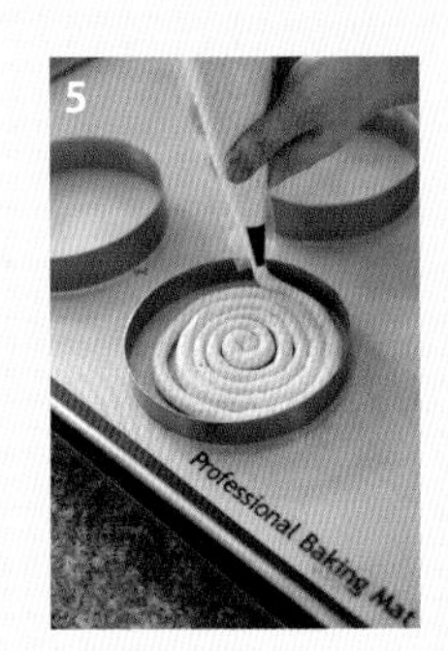

覆盆子酱

覆盆子果蓉	350 克
幼砂糖	90 克
NH 果胶粉	8 克

制作过程

1. 将覆盆子果蓉加入锅中，加热熔化。
2. 加入幼砂糖和 NH 果胶粉的混合物，用手持搅拌球搅拌均匀，加热煮沸，离火冷却。
3. 在烤盘中放入底部包有保鲜膜的圈模，将“步骤 2”倒入圈模中，放入急冻柜中冷冻成形。

白色镜面

配方

水	135 克	白巧克力	400 克
葡萄糖浆	260 克	吉利丁粉	17 克
幼砂糖	157 克	冰水	119 克
镜面果胶	157 克	白色色粉	适量

制作过程

准备：将吉利丁粉加冰水浸泡。

1. 将水、葡萄糖浆和幼砂糖放入锅中，加热煮沸。
2. 离火，加入镜面果胶，搅拌均匀。
3. 加入泡好的吉利丁粉，搅拌均匀。
4. 将“步骤 3”倒入白巧克力中，可用适量白色色粉进行调色，搅拌至溶化，用均质机搅拌均匀，贴面铺一层保鲜膜，备用。

荔枝奶油

配方

配方	
荔枝果蓉	750 克
香草荚	半根
蛋黄	225 克
玉米淀粉	60 克
幼砂糖	240 克
柠檬汁	90 克
白巧克力	150 克
打发淡奶油	750 克
吉利丁粉	24 克
冰水	120 克

制作过程

准备：将吉利丁粉加冰水浸泡；香草荚取籽。

1. 将荔枝果蓉和香草籽加入锅中，加热至 60℃。
2. 将蛋黄、玉米淀粉和幼砂糖混合，搅拌均匀。
3. 将“步骤 2”加入“步骤 1”中，小火加热，边加热边用手持搅拌球搅拌，做成卡仕达酱。
4. 将泡好的吉利丁粉和柠檬汁加入“步骤 3”中，搅拌均匀。
5. 将“步骤 4”倒入白巧克力中，搅拌至溶化，用均质机搅拌均匀，静置至常温状态。
6. 最后将打发淡奶油分次加入“步骤 5”中，用橡皮刮刀以翻拌的手法搅拌均匀。

红色喷面

配方

配方	
白巧克力	100 克
可可脂	100 克
红色色粉	适 量

制作过程

1. 用微波炉分别熔化白色巧克力、可可脂。
2. 将可可脂加到白巧克力中，拌匀后加红色色粉，用手持搅拌球拌匀。
3. 冷却至 40℃再使用。

组合与装饰

材料

材料	
红色喷面	适量
长条形棉花糖	1 根
棉花糖	适量
巧克力配件	适量
红色巧克力圆片	适量
金箔	适量

组合过程

准备：将红色喷面装入喷枪中。

1. 在烤盘中放入底部包有保鲜膜的圈模，将荔枝奶油倒入圈模中至 2 分满。
2. 取出覆盆子酱，脱模，放入“步骤 1”中，继续倒入荔枝奶油至 5 分满。
3. 取出开心果海绵蛋糕，放入“步骤 2”中，继续倒入荔枝奶油至 9 分满。
4. 取出开心果面碎，放入“步骤 3”中，用手轻轻下压，用抹刀将表面刮平，放入急冻柜冷冻成形。
5. 取出“步骤 4”，脱模，放到网架上，将白色镜面均匀地淋在慕斯表面。
6. 在“步骤 5”的表面喷上适量红色喷面，放到金底板上，在底部围上一根长条形棉花糖。
7. 最后在蛋糕顶部放上棉花糖、巧克力配件、红色巧克力圆片、金箔，进行装饰即可。

浓郁的奶油味总会带给人最纯真的幸福，将蛋白霜加入慕斯中，口感轻盈不甜腻，其中还夹杂着酸甜的芒果菠萝奶油，再搭配奢华的马卡龙做装饰，从内到外都散发着无限诱人的魅力。

扫一扫，
看高清视频

模具

名称：长方形慕斯圈（阳极）
尺寸：长 32 厘米，宽 20 厘米，高 5 厘米

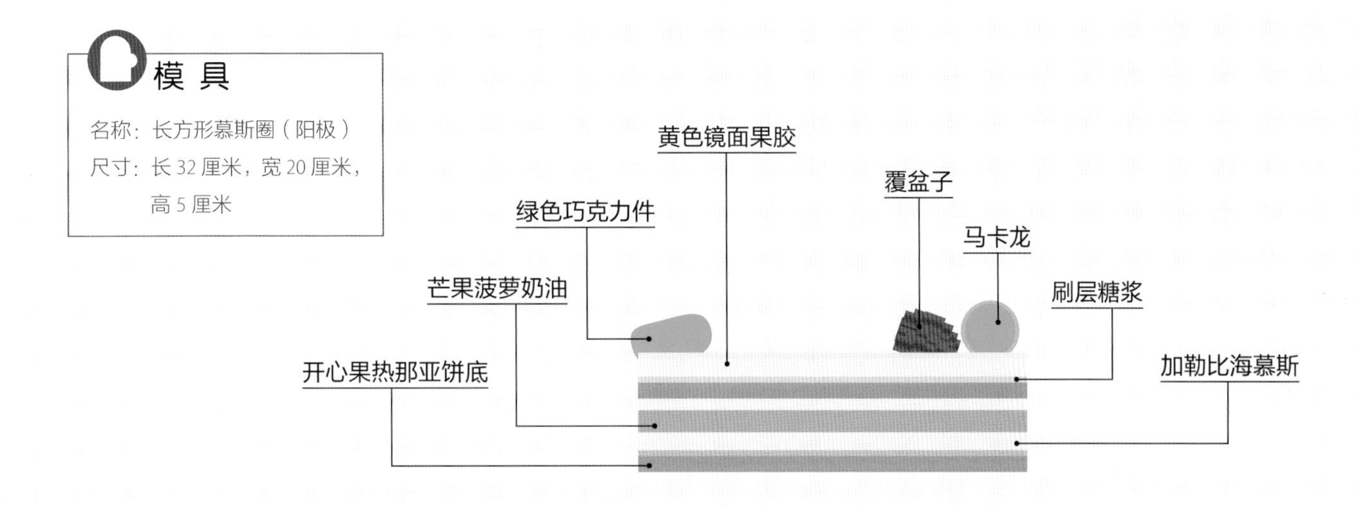

制作难点与要求

在没有温度计的情况下，如何判断糖浆是否熬煮到了理想温度？

通过气泡来判断：糖浆刚开始沸腾的时候，是没有黏性的，只有到了 110℃左右才开始具有黏性。随着加热的继续，水分会不断蒸发，糖浆的黏性也越来越强，这时候锅里的气泡也会变得越来越小，越来越均匀，这种状态的温度为 115~118℃。

产品制作流程

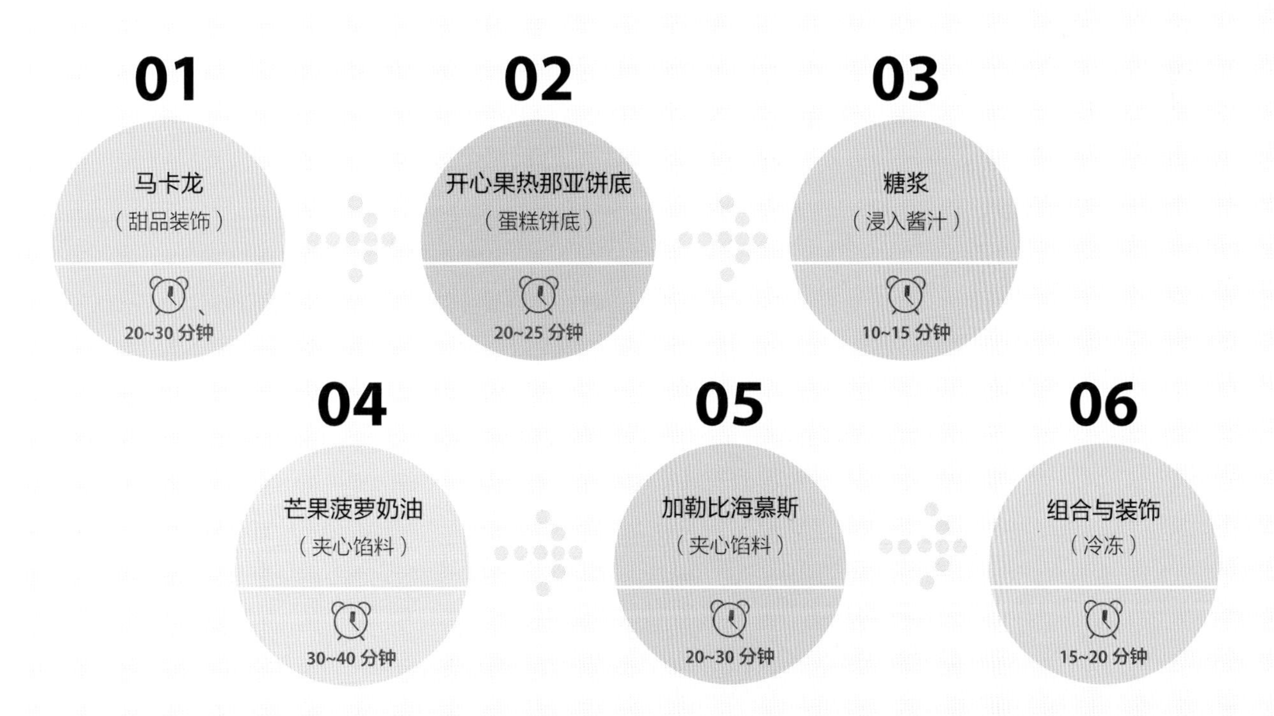

马卡龙

配方

扁桃仁粉	1200 克
绿色色粉	适量
蛋白（1）	220 克
幼砂糖	600 克
水	150 克
蛋白（2）	220 克

制作过程

1. 将扁桃仁粉、绿色色粉和蛋白（1）放入厨师机中，用扇形搅拌器搅拌均匀。
2. 将水和幼砂糖放入锅中，加热煮至 118℃。
3. 将蛋白（2）放入厨师机中，快速打发，将“步骤 2”沿缸壁慢慢冲入正在打发的蛋白中，搅拌至温度下降到 40℃。
4. 将“步骤 3”加入“步骤 1”中，用橡皮刮刀以翻拌的手法搅拌均匀。
5. 将“步骤 4”装入带有裱花嘴的裱花袋中，在铺有硅胶垫的烤盘上挤出直径为 3 厘米的圆形面糊。
6. 入烤箱，以上火 150℃、下火 150℃烘烤 10 分钟。

开心果热那亚饼底

配方

扁桃仁泥	780 克
绿色开心果泥	90 克
盐	8 克
全蛋	1070 克
黄油	300 克
T55 面粉	175 克
泡打粉	8 克

制作过程

准备：将黄油切块。

1. 将扁桃仁泥、绿色开心果泥、盐放入厨师机中，用扇形搅拌器搅拌均匀。
2. 慢速加入全蛋，搅拌均匀，打至顺滑。
3. 将黄油放入锅中，煮至焦糖化，过筛，隔冰水降温。
4. 取一半“步骤 2”加入“步骤 3”中，用手持搅拌球搅拌均匀。
5. 将过筛的 T55 面粉和泡打粉加入剩余的“步骤 2”中，用橡皮刮刀以翻拌的手法搅拌均匀。
6. 将“步骤 4”和“步骤 5”混合，用橡皮刮刀以翻拌的手法搅拌均匀。
7. 将面糊倒在铺有硅胶垫的烤盘上，用抹刀抹平。
8. 入风炉，以 170℃烘烤 12 分钟。

糖浆

配方

加勒比海水果果蓉	250 克
葡萄糖浆	125 克
水	50 克

制作过程

将所有材料混合放入锅中加热，煮沸后离火冷却。

芒果菠萝奶油

配方

材料	用量
菠萝果蓉	400 克
芒果果蓉	200 克
蛋黄	180 克
全蛋	225 克
幼砂糖	180 克
吉利丁片	10 克
冰水	50 克
黄油	225 克

制作过程

准备：将黄油切块；吉利丁片加冰水浸泡至软。

1. 将菠萝果蓉和芒果果蓉放入锅中加热。
2. 将蛋黄、全蛋和幼砂糖混合，用手持搅拌球搅拌至乳化发白。
3. 取一部分“步骤 1”加入“步骤 2”中，拌匀，再全部倒回锅中继续加热至 83℃。
4. 加入泡好的吉利丁片，用手持搅拌球搅拌均匀，隔冰水冷却降温至 38℃。
5. 加入黄油，用均质机搅拌均匀。
6. 在铺有硅胶垫的烤盘中放入底部包有保鲜膜的长方形慕斯圈，倒入一层“步骤 5”，轻震气泡，放入急冻柜冷冻成形。

加勒比海慕斯

配方

材料	用量
加勒比海水果果蓉	1200 克
打发淡奶油	1000 克
意式蛋白霜	400 克
吉利丁片	32 克
冰水	160 克

制作过程

准备：将吉利丁片加冰水浸泡；意式蛋白霜的做法详见 P36。

1. 将加勒比海水果果蓉放入锅中，加热煮沸，煮沸后离火冷却。
2. 将吉利丁片熔化，倒入“步骤 1”中搅拌均匀。
3. 将打发淡奶油和意式蛋白霜混合，用橡皮刮刀以翻拌的手法搅拌均匀。
4. 将“步骤 3”分次加入到“步骤 2”中，用手持搅拌球搅拌均匀。

组合与装饰

材料

材料	用量
绿色巧克力件	适量
覆盆子	适量
马卡龙	适量
黄色镜面果胶	适量

组合过程

1. 取出开心果热那亚饼底，用长方形慕斯圈压出形状，在长方形慕斯圈中放入一层饼底。
2. 在饼底表面刷一层糖浆，铺一层加勒比海慕斯，用曲柄抹刀抹平。
3. 取出冷冻好的芒果菠萝奶油，脱模，放入“步骤 2”中，用手轻轻压平。
4. 在芒果菠萝奶油上铺一层加勒比海慕斯，用曲柄抹刀抹平。
5. 取另一块开心果热那亚饼底放到加勒比海慕斯上，轻轻压平，刷一层糖浆。
6. 再铺一层加勒比海慕斯，用曲柄抹刀抹平，放入急冻柜冷冻成形。
7. 取出“步骤 6”，在表面均匀地淋上黄色镜面果胶。
8. 用牛角刀将蛋糕切块，在表面放上绿色巧克力件、覆盆子、马卡龙进行装饰即可。

茉莉花

茉莉花茶经过煮沸浸泡，香气已充分地融合在慕斯中，无时无刻不尽情绽放属于它的清新与香甜。

扫一扫，
看高清视频

模具

名称：圆形圈模

尺寸：直径 9 厘米，高 5 厘米

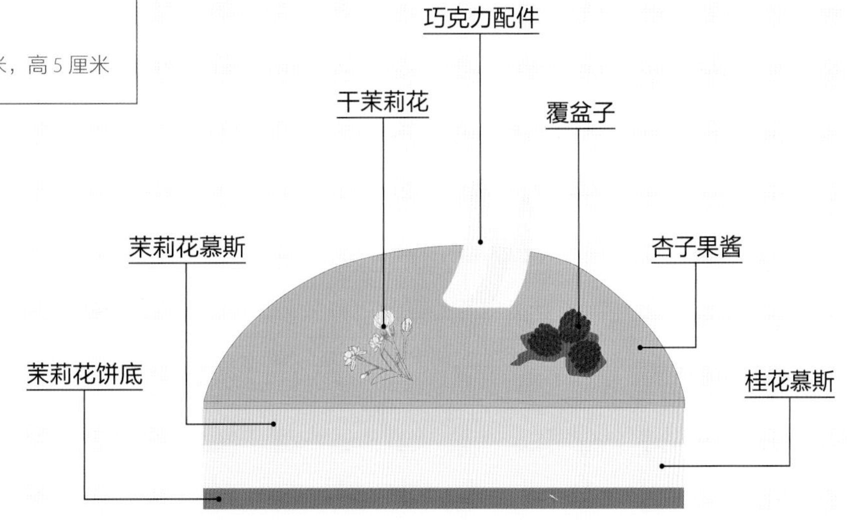

制作难点与要求

本款产品中，桂花慕斯中的桂花陈酒必须加吗？

酒类在慕斯中的主要作用是使慕斯更具有风味，不仅可以掩盖住胶体、鸡蛋的腥味，还具有提香的效果，能使慕斯更清香。当然，不同口味的酒表达出来的风味是不一样的。

常用的酒有薄荷利口酒、橙味力娇酒、朗姆酒等。

产品制作流程

巧克力装饰件

配方

白巧克力	适量

制作过程

将白巧克力隔水熔化，进行调温，倒在铺有烤盘纸的烤盘上，用勺子划出花纹，放入冰箱冷藏备用。

茉莉花饼底

配方

全蛋	540 克
幼砂糖	500 克
低筋面粉	400 克
黄油	80 克

制作过程

1. 将全蛋、幼砂糖放入厨师机中，隔水加热，用手持搅拌球边加热边搅拌至 40℃，再以中快速进行打发，打至发白、较浓稠的状态。
2. 将低筋面粉过筛后，加入“步骤 1”的面糊中，用橡皮刮刀以翻拌的手法搅拌均匀。
3. 将黄油隔水熔化，加入“步骤 2”的面糊中，用橡皮刮刀以翻拌的手法搅拌均匀。
4. 将面糊倒入铺有烤盘纸的烤盘中，用抹刀抹平，轻震，入烤箱以上火 200℃、下火 150℃烘烤 7 分钟。

茉莉花慕斯

配方

牛奶	440 克
干茉莉花	16 克
蛋黄	4 个
幼砂糖（1）	100 克
淡奶油	600 克
蛋白	40 克
幼砂糖（2）	80 克
吉利丁片	20 克
冰水	300 克

制作过程

准备：将吉利丁片提前用冰水浸泡；干茉莉花用开水浸泡。

1. 将泡好的干茉莉花和牛奶一起加入锅中，一边加热一边用橡皮刮刀搅拌，过滤出牛奶。
2. 将蛋黄和幼砂糖（1）混合，用手持搅拌球搅拌，打至乳化发白。
3. 取一部分“步骤 1”与“步骤 2”混合，用手持搅拌球搅拌均匀后，再加入剩余的“步骤 1”搅拌均匀。
4. 再倒回锅中，一边加热一边用橡皮刮刀搅拌，均匀后离火。
5. 加入泡好的吉利丁片，用橡皮刮刀搅拌均匀。
6. 过滤，隔冰水，用橡皮刮刀搅拌降温，冷却至浓稠状。备用。
7. 将淡奶油倒入厨师机中，打发至中性状态。备用。
8. 将蛋白快速打发至呈现鸡尾状。
9. 将幼砂糖（2）、50 克水放入锅中加热煮至 117℃，一边冲入“步骤 8”中一边快速搅拌，搅打至整体呈现顺滑的状态。
10. 将“步骤 9”加入“步骤 6”中，用橡皮刮刀以翻拌的手法搅拌均匀。
11. 取一部分打发的淡奶油加入到“步骤 10”中，用橡皮刮刀搅拌均匀后，再加入剩余的打发淡奶油，搅拌均匀。
12. 装入带有裱花嘴的裱花袋中，挤入圆形圈模中至 5 分满，放入急冻柜中冷冻备用。

桂花慕斯

配方

原料	用量
淡奶油（1）	75 克
白巧克力	200 克
淡奶油（2）	300 克
桂花陈酒	80 克
蛋黄	2 个
幼砂糖	50 克
吉利丁片	10 克
冰水	50 克

制作过程

准备：将吉利丁片提前用冰水浸泡。

1. 将淡奶油（1）倒入厨师机中，打发至干性状态。
2. 将白巧克力隔水熔化，加入没打发的淡奶油（2）和桂花陈酒，用手持搅拌球搅拌均匀。
3. 将蛋黄、幼砂糖混合，用手持搅拌球搅拌至乳化发白，隔水加热，一边加热一边搅拌至 60℃。
4. 将“步骤 2”加入“步骤 3”中，用手持搅拌球搅拌均匀。
5. 将泡好的吉利丁片隔水加热熔化，加入“步骤 4”中，隔冰水用橡皮刮刀边搅拌边冷却。
6. 取一部分“步骤 1”加入“步骤 5”中，用橡皮刮刀以翻拌的手法搅拌均匀，再加入剩余的“步骤 1”搅拌均匀，备用。

组合与装饰

材料

原料	用量
干茉莉花	适量
覆盆子	适量
杏子果酱	适量

组合过程

1. 取出茉莉花饼底，用圈模切出形状。
2. 取出茉莉花慕斯。将桂花慕斯装入带有裱花嘴的裱花袋中，挤在茉莉花慕斯上，挤至 9 分满。
3. 将切割好的茉莉花饼底放在桂花慕斯上，轻压，放入急冻柜中冷冻成形。
4. 取出，在茉莉花慕斯表面涂上一层杏子果酱，脱模，取出冷藏好的巧克力装饰件，插在慕斯上方，用干茉莉花和覆盆子进行装饰。

香草热带水果小蛋糕

整体效果艳丽诱人，以香草慕斯作为主体，搭配浓郁清新的热带水果冻，使整体口感更加丰富，每一口都与酸甜浓郁的夹心难舍难分，带给你多层次的味觉体验。

扫一扫，
看高清视频

模具

名称：不锈钢圆形圈模
型号编码：6 英寸
尺寸：直径 15.2 厘米，高 5 厘米
型号编码：7 英寸
尺寸：直径 17.8 厘米，高 5 厘米

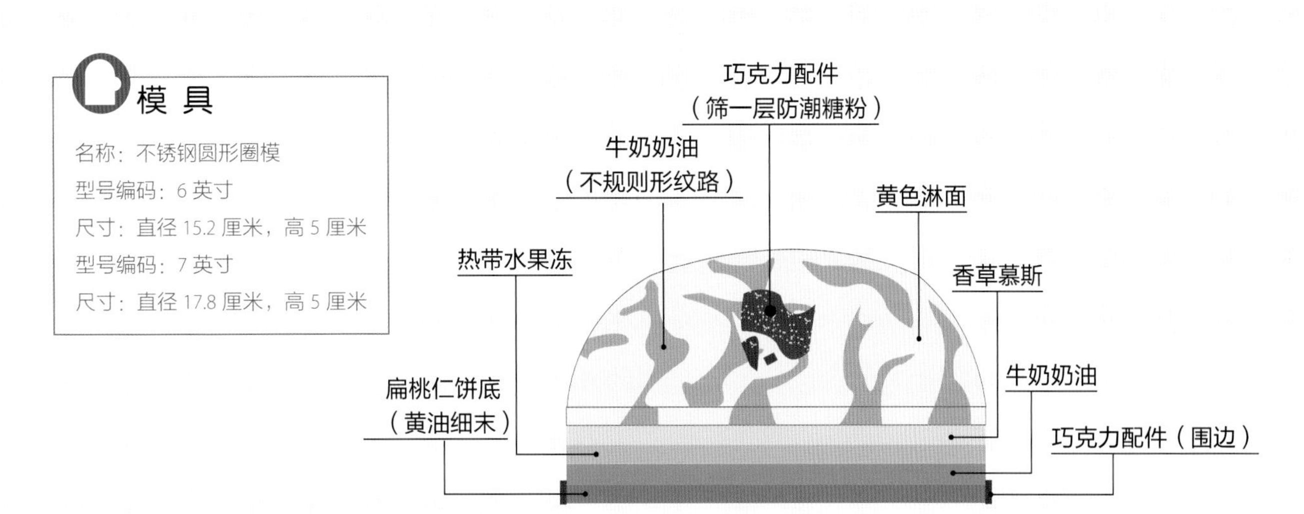

制作难点与要求

巧克力配件制作中调温的重要性

简单说来，调温是为了让巧克力中含的可可脂在最好的状态下结晶凝固，得到表面具有光泽的巧克力成品。处于不同温度的巧克力，结晶体会有所变化，尤其是在 16~35℃之间，巧克力非常敏感。

如果没有调温，巧克力表面会粗糙，缺乏光泽。通过调温，经过加热熔化、降温和再升温的过程，这样就可以得到光亮、柔顺、硬脆的巧克力，可以制作出各样不同的巧克力装饰配件。

产品制作流程

巧克力配件

配方

原料	用量
黑巧克力	适量

制作过程

1. 调温：取适量黑巧克力放入微波炉内加热至50℃完全熔化，再加入未熔化的巧克力，用均质机搅打均匀，使巧克力降温至30℃。
2. 配件一：将慕斯围边平铺在桌面上，用曲柄抹刀将调好温的巧克力均匀地抹在表面。
3. 将巧克力件横着从中间对半切开，取出围绕在7英寸圈模周围，冷藏备用。
4. 配件二：将慕斯围边平铺在桌面，用曲柄抹刀将调好温的巧克力均匀地抹在表面。
5. 将巧克力件横着从中间对半切开，表面再盖一层慕斯围边，用擀面棍卷起，冷藏备用。

黄色淋面

配方

原料	用量	原料	用量
幼砂糖	450克	葡萄糖浆	300克
香草荚	1根	吉利丁片	30克
水	120克	冰水	150克
黄色色淀	适量		

制作过程

准备：将香草荚用刀取籽；用冰水浸泡吉利丁片，备用。

1. 将幼砂糖、香草籽、水、黄色色淀和葡萄糖浆放入锅中，用手持搅拌球搅拌均匀，加热至煮沸。
2. 在量杯中放入浸软的吉利丁片，再加入“步骤1”，用均质机搅打均匀，贴面盖上一层保鲜膜，备用。

扁桃仁饼底

配方

原料	用量
蛋白	90克
幼砂糖	90克
全蛋	38克
蛋黄	75克
可可粉	8克
扁桃仁粉	60克
黄油	23克
可可酱砖	23克

制作过程

准备：将黄油和可可酱砖放入微波炉中，加热至呈液体状；将可可粉和扁桃仁粉混合过筛。

1. 将蛋白和幼砂糖放入厨师机内，快速打发。
2. 再加入蛋黄和全蛋，继续打发至中性状态。
3. 取少量“步骤2”放入黄油、可可酱砖液体中，用橡皮刮刀搅拌均匀。
4. 将过筛的可可粉、扁桃仁粉加入剩余的“步骤2”中，用橡皮刮刀以翻拌的手法搅拌均匀。
5. 将“步骤3”和“步骤4”混合，用橡皮刮刀以翻拌的手法搅拌均匀。
6. 将混合好的面糊称120克倒入底部铺有硅胶垫的6英寸圈模中。
7. 放入风炉中，以160℃烘烤10分钟，烤好后取出放入冰箱冷冻，备用。

黄油细末

配方

原料	用量	原料	用量
黄油	45克	扁桃仁片	30克
糖粉	30克	牛奶巧克力	53克
榛子粉	45克	榛子酱	83克
面粉	45克		

制作过程

准备：将牛奶巧克力熔化。

1. 将黄油、糖粉、榛子粉、面粉和扁桃仁片放入厨师机内，用扇形搅拌器搅拌均匀。
2. 将“步骤1”倒入铺有不粘垫的烤盘内，用手将面团压扁，放入风炉，以160℃烘烤15分钟。
3. 将烤好的“步骤2”、牛奶巧克力和榛子酱放入厨师机中，用扇形搅拌器搅拌均匀。

热带水果冻

配方

芒果果蓉	150 克	玉米淀粉	13 克
百香果果蓉	100 克	吉利丁片	10 克
幼砂糖	25 克	冰水	50 克

制作过程

准备：用冰水浸泡吉利丁片，备用。

1. 将芒果果蓉、百香果果蓉、幼砂糖和玉米淀粉放入锅中，加热至 40℃后，倒入量杯中。
2. 再加入浸软的吉利丁片，用均质机搅打均匀，备用。

牛奶奶油

配方

淡奶油	200 克
蛋黄	25 克
吉利丁片	3 克
冰水	15 克
牛奶巧克力	100 克

制作过程

准备：用冰水浸泡吉利丁片，备用。

1. 将淡奶油和蛋黄放入锅中，边加热边用手持搅拌球搅拌，加热煮沸。
2. 将“步骤 1”倒入装有浸软的吉利丁片和牛奶巧克力的量杯中，用均质机搅打均匀，备用。

香草慕斯

配方

淡奶油（1）	235 克
香草荚	2 根
吉利丁片	6 克
冰水	30 克
白巧克力	235 克
淡奶油（2）	500 克

制作过程

准备：用刀将香草荚取籽；用冰水浸泡吉利丁片，备用。

1. 将淡奶油（1）和香草籽放入锅中，用橡皮刮刀搅拌均匀，加热至煮沸。
2. 将浸软的吉利丁片和白巧克力放入量杯中。
3. 将“步骤 1”倒入“步骤 2”中，用均质机搅打均匀，隔水降温至 30℃。
4. 在厨师机中放入淡奶油（2），进行打发。
5. 将“步骤 4”加入到“步骤 3”中，用橡皮刮刀以翻拌的手法搅拌均匀，备用。

组合与装饰

材料

防潮糖粉	适量

组合过程

1. 将黄油细末放入扁桃仁饼底内，用勺子抹平，放入急冻柜冷冻 10 分钟。
2. 将 100 克牛奶奶油倒入“步骤 1”中，用橡皮刮刀抹平，继续放入急冻柜冷冻 10 分钟。
3. 将 100 克热带水果冻倒入“步骤 2”中，继续放入急冻柜冷冻 30 分钟，备用。
4. 将剩余的牛奶奶油用勺子以不规则形状甩在不粘垫上，再放上 7 英寸的圈模，放入急冻柜冷冻。
5. 取出冻好的“步骤 4”，倒入香草慕斯至五分满，圈模内圈周围均匀涂抹上香草慕斯，再放入急冻柜冷冻 20 分钟。
6. 取出“步骤 5”，将剩余的香草慕斯倒入圈模内。
7. 取出“步骤 3”，反扣在“步骤 6”中，放入急冻柜中，冷冻成形。
8. 取出，脱模，将蛋糕放在网架上，进行淋面（淋面温度 30℃）。
9. 在做好的巧克力配件二表面撒少许防潮糖粉，摆放在蛋糕表面。
10. 再取出巧克力配件一，拆除慕斯围边，围绕在蛋糕边缘装饰。

樱桃焦糖蛋糕

第一眼就被这款产品的美貌所吸引，亮丽的淋面与独特的巧克力装饰组合在一起，像隐藏在森林里一朵娇艳的鲜花。蛋糕周围用作点缀的巧克力饼底脆，真是令人赏心悦目。

扫一扫，
看高清视频

模具

名称：圆形圈模
型号编码：6 英寸
尺寸：直径 15.2 厘米，高 5 厘米
型号编码：7 英寸
尺寸：直径 17.8 厘米，高 5 厘米

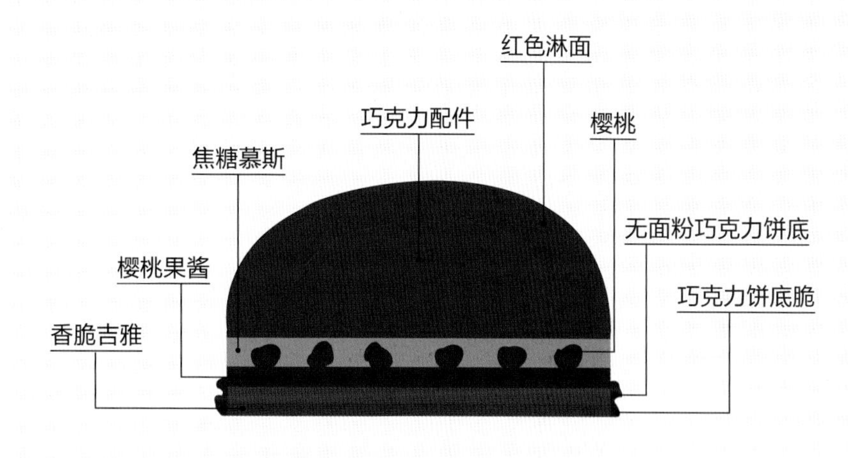

制作难点与要求

- 淋面前要注意和准备什么？
  在淋面前，首先保证慕斯必须冻得够硬，表面平整，可用刮刀将周围多余冰渣处理干净。准备火枪或热毛巾、网架、刮刀、圈模。
- 淋面的浓稠度对蛋糕外形有影响吗？
  淋面时的温度最好控制在 30~35℃之间，具体使用的温度需根据产品调整。
  一般情况下，淋面在制作完成后，需要在贴面覆上保鲜膜，放入冰箱中冷藏静置一夜，第二天取出后，可以放置在热水中加热至使用温度。如果不是立刻使用，可以放置在 40℃左右的热水中保持恒温，也可以用微波炉加热至使用的温度，然后拌匀、轻震出气泡就可以立刻使用。

产品制作流程

红色淋面

配方

原料	用量
水	150 克
幼砂糖	300 克
葡萄糖浆	300 克
红色色粉	4 克
炼乳	195 克
吉利丁片	22 克
冰水	110 克
53% 黑巧克力	300 克

制作过程

准备：用冰水浸泡吉利丁片，备用。

1. 将水、幼砂糖、葡萄糖浆和红色色粉放入锅中，加热至煮沸，关火。
2. 加入浸泡好的吉利丁和炼乳，用手持搅拌球搅拌均匀。
3. 将 53% 黑巧克力放入量杯中，再加入"步骤 2"，用均质机搅打均匀，贴面盖上一层保鲜膜，放置室温备用。

无面粉巧克力饼底

配方

原料	用量
蛋白	240 克
幼砂糖	240 克
蛋黄	160 克
可可粉	80 克

制作过程

1. 将蛋白和幼砂糖加入厨师机中，中快速进行打发。
2. 分次加入蛋黄，搅拌均匀，打发至中性状态。
3. 再加入过筛的可可粉，用橡皮刮刀以翻拌的手法搅拌均匀。
4. 将"步骤 3"倒入硅胶模具中，用曲柄抹刀抹平，放入风炉中，以 160℃烘烤 15 分钟。
5. 烤好后取出，冷却，用 6 英寸的圈模压出饼底备用，剩余饼底备用。

巧克力饼底脆

配方

原料	用量
无面粉巧克力饼底	200 克
蛋白	30 克
幼砂糖	45 克

制作过程

1. 取剩余的无面粉巧克力饼底放入风炉中，以 160℃烤干，取出放凉备用。
2. 将无面粉巧克力饼底捏碎，加入蛋白和幼砂糖，用橡皮刮刀混合搅拌均匀，再放入风炉中，以 160℃烘烤 10 分钟，即可。

香脆吉雅

配方

原料	用量
吉雅巧克力	300 克
芥花油	30 克
黄油薄脆片	120 克

制作过程

准备：在 6 英寸圈模内围上一圈慕斯围边备用。

1. 将吉雅巧克力放入盆中，隔水熔化。
2. 加入芥花油和黄油薄脆片，用橡皮刮刀搅拌均匀。
3. 取 120 克香脆吉雅放入 6 英寸圈模内，用勺子抹平，备用。

焦糖慕斯

配方

香草荚	3根
淡奶油（1）	310克
葡萄糖浆	115克
幼砂糖	310克
黄油	184克
吉利丁片	12克
冰水	60克
淡奶油（2）	800克

制作过程

准备：

将香草荚用刀取籽；黄油切成小块；用冰水浸泡吉利丁片，备用。

1. 将香草籽、淡奶油(1)加入锅中，加热至沸腾，关火，盖上盖子备用。
2. 将幼砂糖和葡萄糖浆倒入锅中，中火熬制成焦糖，边加热边用手持搅拌球搅拌，防止煳底。
3. 将“步骤1”慢慢加入“步骤2”中，用橡皮刮刀搅拌均匀，关火。
4. 用锥形网筛进行过滤。
5. 加入浸泡好的吉利丁片和黄油，用均质机搅打均匀，隔冰水降温至40℃。
6. 在厨师机内放入淡奶油（2），进行打发。
7. 将打发的“步骤6”加入“步骤5”中，用橡皮刮刀以翻拌的手法搅拌均匀，备用。

樱桃果酱

配方

转化糖浆	175克	NH果胶粉	17.5克
樱桃果蓉	450克	樱桃利口酒	37.5克
幼砂糖	100克	柠檬汁	10克

制作过程

1. 将樱桃果蓉和转化糖浆放入锅中，用橡皮刮刀搅拌，加热至煮沸。
2. 加入幼砂糖和NH果胶粉，边加入边用手持搅拌球搅拌均匀，煮至沸腾。
3. 将煮好的“步骤2”倒入量杯中。
4. 再加入柠檬汁和樱桃利口酒，用均质机搅打均匀，备用。

巧克力配件

配方

黑巧克力	适量
可可粉	适量

制作过程

1. 调温：取适量黑巧克力放入微波炉内加热至50℃使熔化，再加入未熔化的巧克力，用均质机搅打均匀，使巧克力降温至30℃。
2. 配件：将调好温的巧克力放在玻璃纸上，用喷枪喷出气体，将巧克力吹开，再在表面筛上可可粉，放入冰箱冷藏备用。

组合与装饰

材料

罐装樱桃（新鲜樱桃）	100克

组合过程

1. 将烤好的无面粉巧克力饼底放在香脆吉雅表面，用勺子抹平，放入急冻柜中冷冻。
2. 将250克樱桃果酱倒入“步骤1”中，表面放上樱桃（可用新鲜樱桃），再次放入急冻柜冷冻。
3. 取出“步骤2”，将表面修饰平整。
4. 将550克焦糖慕斯倒入底部铺有硅胶垫的7英寸圈模内。
5. 将“步骤3”反扣放进“步骤4”中，用抹刀将表面抹平，放入急冻柜冷冻成形。
6. 将红色淋面温度调整至30℃，淋在“步骤5”表面。
7. 将巧克力饼底脆粘在“步骤6”蛋糕四周，将巧克力配件摆放在表面，即可。

榛子咖啡卷

在“世界四大坚果”中，榛子不仅被人们食用的历史最悠久，营养价值也最高，有着“坚果之王”的称号。本款产品中融入了原汁原味的榛子，再与巧克力相结合，每品尝一口，除了顺滑浓郁，更多的便是属于榛子的独特味道。

扫一扫，
看高清视频

模 具

名称：6 英寸圆形圈模

尺寸：直径 15.2 厘米，高 5 厘米

名称：矽利康硅胶材质的 6 连圆形硅胶模

型号编码：CUPOLE01

尺寸：直径 8 厘米，高 2 厘米

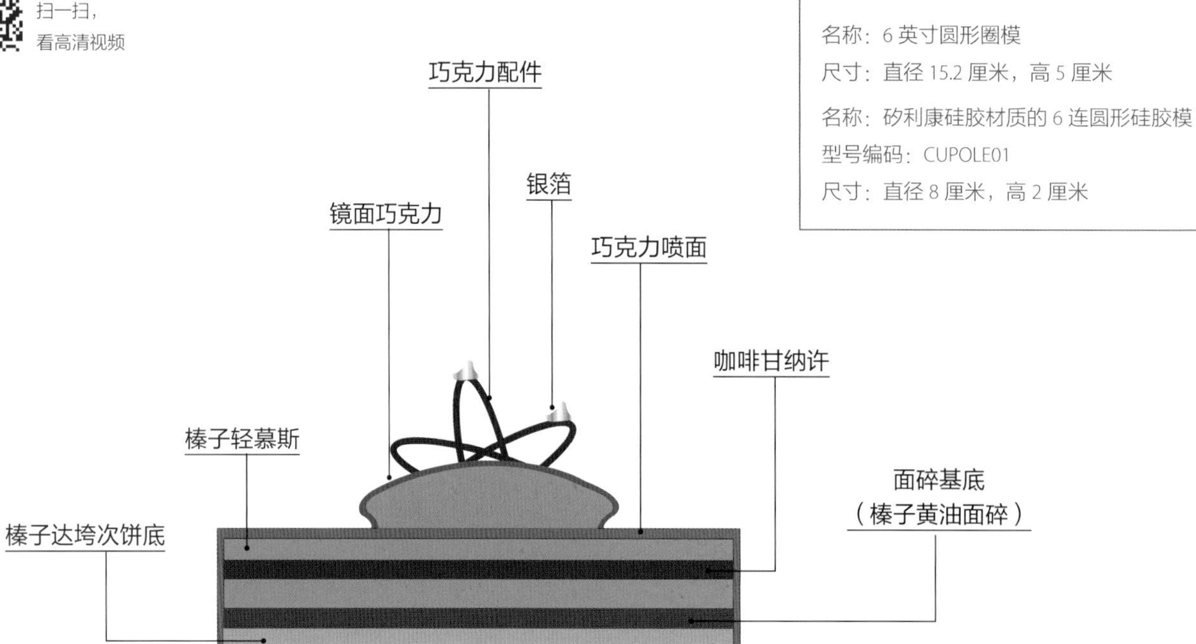

制作难点与要求

喷面技术要点

工具：喷砂枪 / 喷枪

喷面喷出的不是粉末，而是液体，是将巧克力和可可脂按 1∶1 的比例混合溶解，温度保持在 40℃左右，再倒入喷枪中进行喷洒。可加入可溶性色素来调色。

喷洒前，蛋糕需急冻冻硬，表面温度要很低。当喷上巧克力和可可脂混合物后，能迅速凝结成细小的颗粒，不停喷洒至覆盖整个面后，会呈现一层绒面的效果，层次感鲜明，整体效果比筛粉更加梦幻。

产品制作流程

镜面巧克力

配方

水	135 克	黑巧克力	100 克
葡萄糖浆	261 克	金粉	适量
幼砂糖	157 克	吉利丁粉	17 克
镜面果胶	157 克	冰水	119 克
牛奶巧克力	200 克		

制作过程

准备：将吉利丁粉加冰水浸泡。

1. 将水、葡萄糖浆和幼砂糖放入锅中，加热煮沸。
2. 离火，加入镜面果胶，用手持搅拌球搅拌均匀。
3. 加入泡好的吉利丁粉，搅拌均匀。
4. 加入金粉，用手持搅拌球搅拌均匀。
5. 将“步骤 4”倒入牛奶巧克力和黑巧克力的混合物中，搅拌至溶化，用均质机搅拌均匀，贴面铺一层保鲜膜，备用。

榛子黄油面碎

配方

黄油	120克
红糖	120克
低筋面粉	120克
榛子粉	120克
盐	2克

制作过程

1. 将所有材料放入厨师机中，搅拌均匀。
2. 将“步骤1”倒入烤盘中，均匀铺开，入风炉以160℃烘烤15分钟。

面碎基底

配方

牛奶巧克力	120克
可可脂	18克
榛子果仁糖	225克
榛子黄油面碎	450克

制作过程

准备：牛奶巧克力加热熔化。

1. 将牛奶巧克力和可可脂混合，加入榛子果仁糖，搅拌均匀。
2. 将榛子黄油面碎放入厨师机中，搅拌均匀。
3. 将“步骤1”倒入“步骤2”中，搅拌均匀。

榛子达垮兹饼底

配方

蛋白	150克
转化糖浆	150克
糖粉	45克
榛子粉	125克
低筋面粉	34克

制作过程

1. 将蛋白和转化糖浆放入厨师机中，打发至中性状态。
2. 将糖粉、榛子粉和低筋面粉过筛，混合拌匀。
3. 将“步骤2”加入“步骤1”中，用橡皮刮刀以翻拌的手法搅拌均匀，装入裱花袋中。
4. 在铺有硅胶垫的烤盘中放入6英寸圈模，将“步骤3”以绕圈的手法挤入圈模中。
5. 入风炉，以180℃烘烤12分钟。

咖啡甘纳许

配方

淡奶油	160克
牛奶	140克
咖啡豆	70克
转化糖浆	60克
牛奶巧克力	100克
黑巧克力	120克
黄油	60克
吉利丁粉	10克
冰水	50克

制作过程

准备：将黄油切丁；将吉利丁粉加冰水浸泡。

1. 将淡奶油、牛奶和咖啡豆放入锅中，加热煮沸，过滤。
2. 加入转化糖浆，继续加热煮沸。
3. 将“步骤2”倒入黑巧克力和牛奶巧克力的混合物中，搅拌溶化，用均质机搅拌均匀。
4. 加入黄油和泡好的吉利丁粉，用均质机搅拌均匀。
5. 在烤盘中放入底部包有保鲜膜的6英寸圈模，倒入“步骤4”，放入急冻柜冷冻成形。

榛子轻慕斯

配方

材料	用量
牛奶	180 克
占度亚榛果巧克力	135 克
榛子果仁糖	135 克
打发淡奶油	930 克
吉利丁粉	15 克
冰水	75 克

制作过程

准备：将吉利丁粉加冰水浸泡；将占度亚榛果巧克力切块。

1. 将牛奶加入锅中，加热煮至 60℃。
2. 加入泡好的吉利丁粉，搅拌均匀。
3. 将占度亚榛果巧克力和榛子果仁糖混合拌匀。
4. 将“步骤 2”倒入“步骤 3”中，搅拌至巧克力溶化，用均质机搅拌均匀。
5. 将打发淡奶油分次加入“步骤 4”中，用橡皮刮刀以翻拌的手法搅拌均匀，装入裱花袋中。
6. 取一部分“步骤 5”，挤入 6 连圆形硅胶模中，用曲柄抹刀将表面刮平，放入急冻柜冷冻成形，剩余的榛子轻慕斯备用。

巧克力喷面

配方

材料	用量
黑巧克力	60 克
可可脂	40 克

制作过程

将所有材料混合，隔水熔化，搅拌均匀备用。

组合与装饰

材料

材料	用量
巧克力配件	适量
银箔	适量

组合过程

1. 取出榛子达垮兹饼底（不脱模），加入面碎基底，用曲柄抹刀抹平，放入急冻柜冷冻成形。
2. 在烤盘中放入底部包有保鲜膜的 6 英寸圈模，倒入剩余的榛子轻慕斯至 5 分满。
3. 取出咖啡甘纳许，脱模，放入“步骤 2”的慕斯中，用手轻轻下压，继续加入榛子轻慕斯至 9 分满。
4. 取出“步骤 1”，脱模，放入“步骤 3”中，用手轻轻下压，用抹刀将表面刮平，放入急冻柜冷冻成形。
5. 取出冻好的“步骤 4”，脱模，将巧克力喷面用喷枪均匀地喷在慕斯表面，放到金底板上。
6. 取出在6连圆形硅胶模中冻好的榛子轻慕斯，脱模，放到网架上，将镜面巧克力均匀地淋在慕斯表面，用曲柄抹刀将慕斯放到“步骤 5”的中间位置。
7. 最后在慕斯顶部放上巧克力配件、银箔装饰即可。

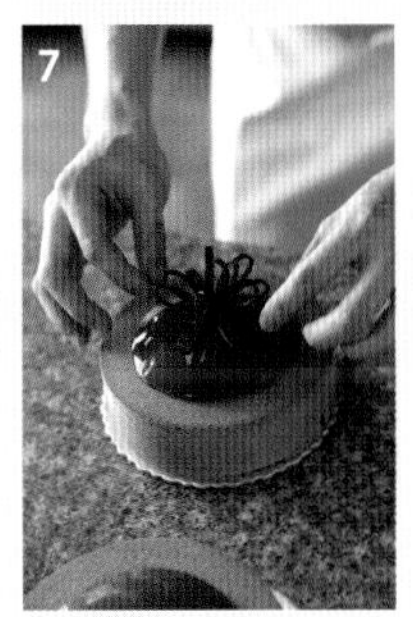

进阶级蛋糕

草莓开心果大蛋糕

它只是一块小小的蛋糕，却一出场就散发着与众不同的气息，绵软的草莓蛋糕底，夹着浓密的奶油和香甜的蛋白霜，装饰娇艳欲滴的草莓、开心果和颗粒分明的黑芝麻，如此可爱迷人，令人心动。

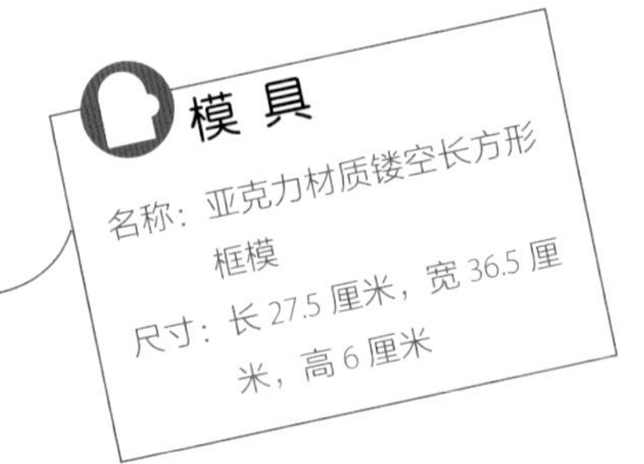

制作难点与要求

在卷蛋糕卷的时候，尽量选薄而坚韧的蛋糕纸，这样方便定形，也更利于操作。尽量减小蛋糕片的厚度，蛋糕片太厚不容易卷，易开裂。卷起的时候手法要轻柔一点，角度不要太弯曲，否则易开裂。

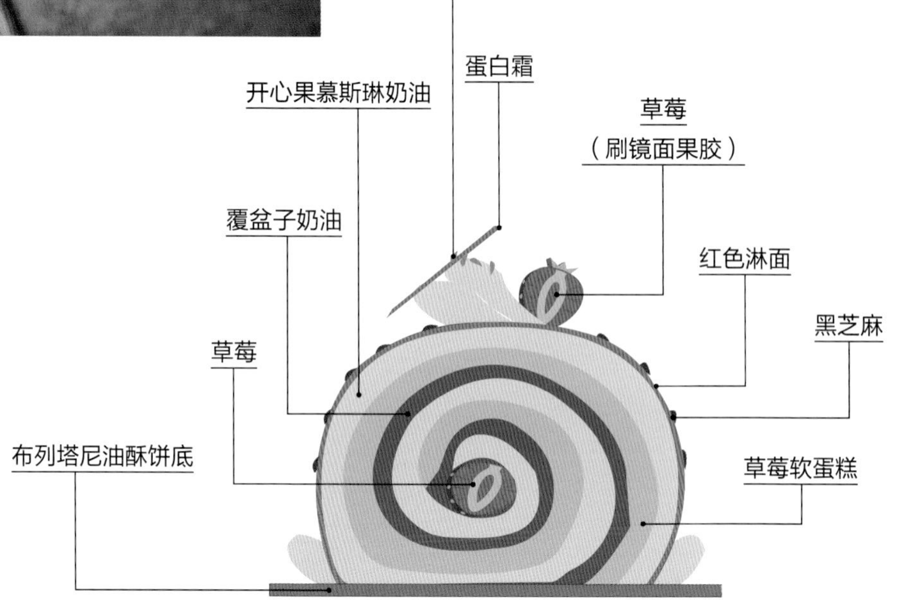

产品制作流程

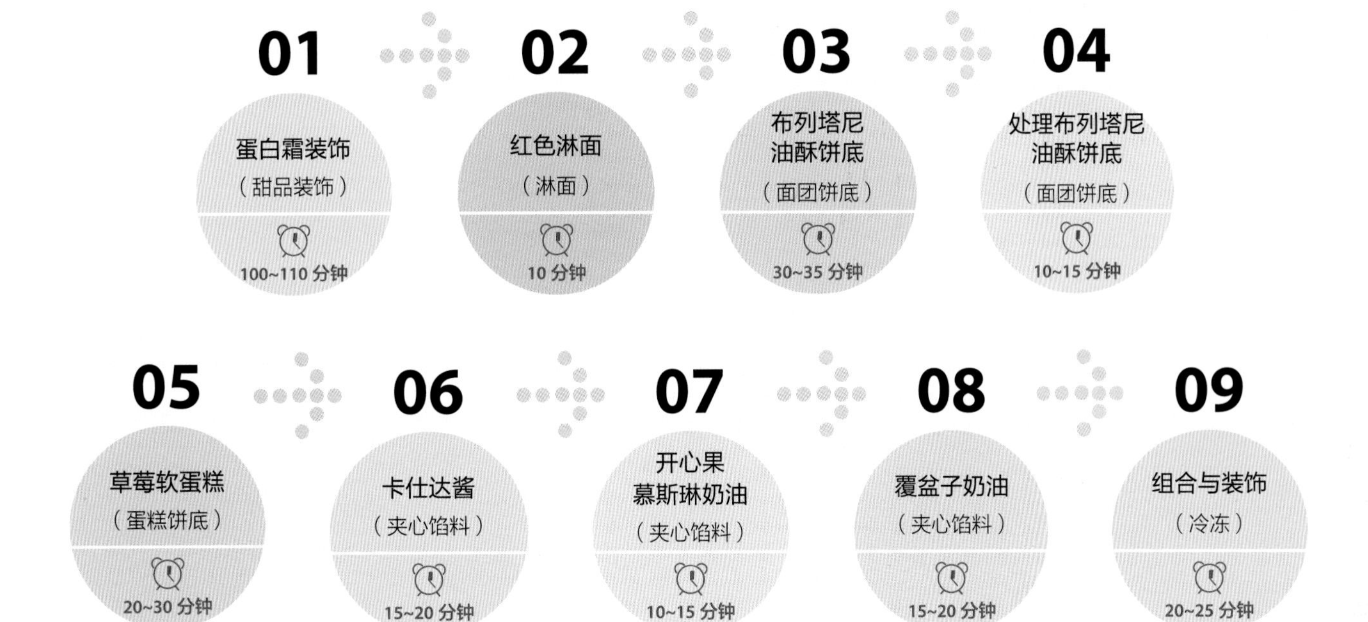

蛋白霜装饰

配方

幼砂糖	150 克
蛋白	75 克
红色色素	适量

制作过程

1. 在锅中放入蛋白、幼砂糖和红色色素，用手持搅拌球搅拌均匀，加热至 50℃。
2. 倒入厨师机内，打发至硬性发泡。
3. 将“步骤 2”装入带有小号圆形裱花嘴的裱花袋内。
4. 在铺有硅胶垫的烤盘中挤出细直长条，放入风炉，以 90℃烘烤 90 分钟，即可。

红色淋面

配方

水	100 克	炼乳	130 克
幼砂糖	100 克	吉利丁片	16 克
葡萄糖浆	200 克	冰水	80 克
红色色粉	1.5 克	白巧克力	200 克
白色色粉	1 克		

制作过程

准备：将吉利丁片放入冰水中浸泡至软。

1. 将所有材料（除白巧克力外）放入锅中，用手持搅拌球搅拌均匀，加热至煮沸。
2. 在量杯中放入白巧克力，将“步骤 1”冲入白巧克力中，用均质机搅打均匀，贴面盖上一层保鲜膜，置于室温备用。

布列塔尼油酥饼底

配方

材料	用量
蛋黄	80 克
幼砂糖	160 克
面粉	240 克
泡打粉	8 克
盐	适量
无盐黄油	160 克

制作过程

1. 将除蛋黄外的所有材料依次加入厨师机内，用扇形搅拌器中速搅拌均匀。
2. 分次加入蛋黄，搅拌均匀。
3. 取出“步骤 2”，铺在带有硅胶垫的烤盘内，用手掌压平。
4. 放入风炉，以 165℃烘烤 25 分钟，烤好后取出，置室温冷却备用。

处理布列塔尼油酥饼底

配方

材料	用量
布列塔尼油酥饼底	640 克
可可脂	224 克

制作过程

1. 将可可脂放入盆中，加热熔化。
2. 取出布列塔尼油酥饼底，用擀面棍压碎。
3. 将“步骤 1”加入“步骤 2”中，用橡皮刮刀搅拌均匀。
4. 倒入框模中铺平，表面盖上硅胶垫，用擀面棍擀压平整，放入冰箱冷藏，即可。

草莓软蛋糕

配方

材料	用量
蛋白	100 克
幼砂糖	26 克
绿色色粉	2 克
糖粉	124 克
扁桃仁粉	124 克
全蛋	170 克
蛋黄	20 克
开心果膏	40 克
土豆淀粉	26 克
黄油	90 克

制作过程

准备：将黄油切成小块。

1. 将蛋白、幼砂糖和绿色色粉放入厨师机内，中速打发至中性。
2. 在盆中放入剩余所有材料，用手持搅拌球搅拌均匀。
3. 将“步骤 1”加入“步骤 2”中，用橡皮刮刀以翻拌的手法搅拌均匀。
4. 将框模放在铺有硅胶垫的烤盘上，倒入“步骤3”，抹平。
5. 取下框模，放入风炉，以 160℃烘烤 8 分钟，烤好后取出，放入急冻柜急速降温 5 分钟。

卡仕达酱

配方

材料	用量
全脂牛奶	460 克
香草荚	2 根
蛋黄	120 克
细砂糖	120 克
玉米淀粉	40 克

制作过程

1. 将香草荚取籽和牛奶一起加入锅中，加热煮沸。
2. 将蛋黄、细砂糖、玉米淀粉混合，用手持搅拌球搅拌均匀。
3. 取一部分“步骤 1”倒入“步骤 2”中，再倒回锅中，用小火边加热边搅拌，煮至浓稠。
4. 倒入铺有保鲜膜的烤盘内，表面再包一层保鲜膜，放进冰箱冷藏，备用。

开心果慕斯琳奶油

配方

黄油	660 克
开心果泥	360 克
卡仕达酱	760 克

制作过程

准备：将黄油切成小块，放置室温软化。

1. 将黄油倒入厨师机内，微微打发。
2. 加入开心果泥，搅拌均匀。
3. 再加入卡仕达酱，搅拌均匀。

覆盆子奶油

配方

覆盆子果蓉	600 克
幼砂糖	85 克
玉米淀粉	12 克
NH 果胶粉	6 克
黄油	120 克
吉利丁片	14 克
冰水	70 克

制作过程

准备：将吉利丁片放入冰水中浸泡至软。

1. 将覆盆子果蓉倒入锅内，加热至 40℃。
2. 在盆中放入幼砂糖、玉米淀粉和 NH 果胶粉，用手持搅拌球混合均匀。
3. 将“步骤 2”加入到“步骤 1”中，边加入边用手持搅拌球搅拌均匀，煮至浓稠。
4. 将“步骤 3”倒入量杯中，加入黄油和吉利丁片，用均质机搅打均匀，备用。

组合与装饰

装饰

新鲜草莓	适量
黑芝麻	适量
镜面果胶	适量
开心果	适量

组合

1. 取出草莓软蛋糕，放上框模，倒入覆盆子奶油，抹平，放入冰箱冷藏定形。
2. 取出冻好的“步骤 1”，放上框模，倒入开心果慕斯琳奶油，用抹刀抹平，用小刀将框模四周划开，取下框模。
3. 将草莓对半切开，放在“步骤 2”边缘一端，摆放整齐。
4. 将“步骤3”卷起来，表面裹上保鲜膜塑形，放入急冻柜冷冻成形。
5. 取出冻好的“步骤4”，将红色淋面淋在蛋糕表面，表面撒少量黑芝麻。用刀将蛋糕两端切除，修饰整齐。
6. 取出布列塔尼油酥饼底，进行裁切，作为底座。
7. 将蛋糕摆放在布列塔尼油酥饼底上。
8. 将剩余的开心果慕斯琳奶油装入带有锯齿裱花嘴的裱花袋内，在蛋糕与饼底的接口处挤上开心果慕斯琳奶油。
9. 在蛋糕顶部挤上开心果慕斯琳奶油，摆放蛋白霜装饰和草莓，草莓表面用毛刷刷上镜面果胶，再摆放开心果装饰，即可。

红宝石蛋糕

这款蛋糕整体呈现在眼前时，第一眼就被奢华亮丽的淋面所吸引，就像一颗闪亮的红宝石，绚丽夺目，里面便是浓浓的巧克力蛋糕和香草慕斯，它的浓情蜜意，适合送给最爱的人。

制作难点与要求

哪些方法可以去除淋面中的小气泡？

在制作淋面的时候，免不了会出现一些大小不一的气泡，可以在淋面制作完成后，将均质机插入淋面底部，进行消泡。要注意，在消泡的过程中，一定不能将均质机提起来，如果刀口接触到空气，里面的气泡只会越搅越多。

除了用均质机进行消泡，也可以用网筛进行消泡，将淋面用网筛过滤到另一个干净的容器中，贴面铺一层保鲜膜，静置一夜，内部的小气泡会浮上来粘到保鲜膜表面，第二天揭开后，气泡就会很自然地消除，使用时加热到适当的温度即可。

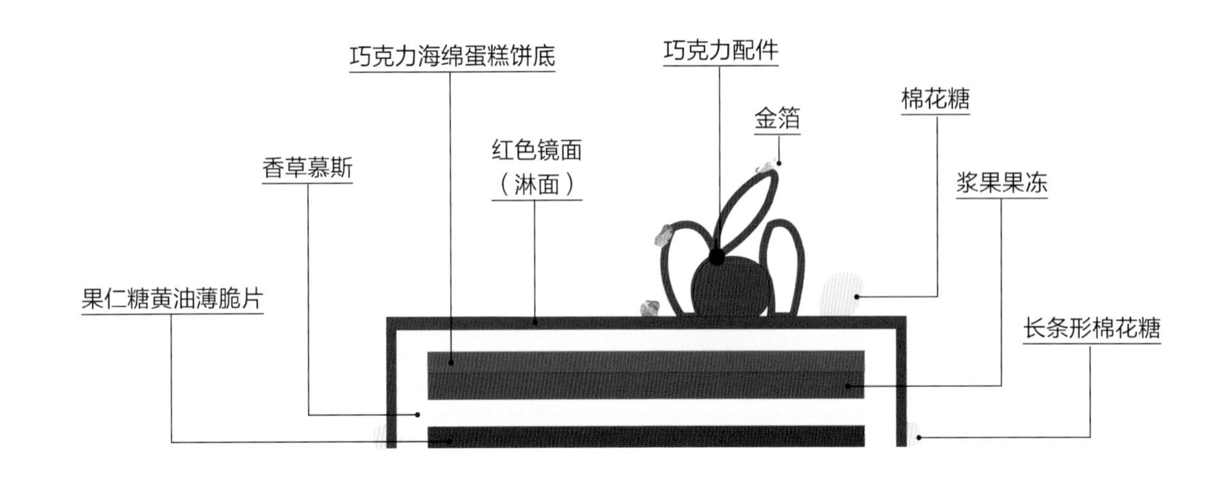

产品制作流程

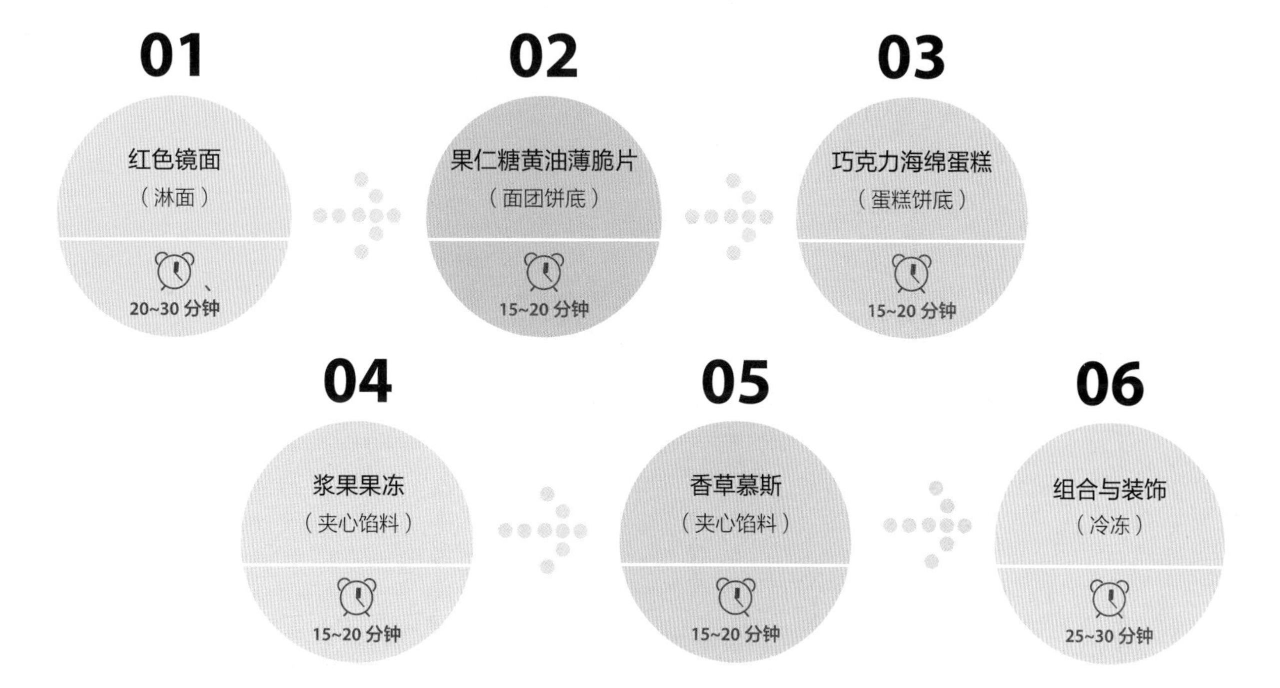

红色镜面

配方

水	135 克
幼砂糖	157 克
葡萄糖浆	261 克
红色色膏	适量
镜面果胶	150 克
黑巧克力	300 克
吉利丁粉	17 克
冰水	102 克

制作过程

准备：将吉利丁粉加冰水浸泡，备用。

1. 将水和幼砂糖放入锅中，煮至沸腾。
2. 加入葡萄糖浆，搅拌均匀，再次煮沸。
3. 加入红色色膏，搅拌均匀。
4. 加入镜面果胶，搅拌均匀。
5. 加入泡好的吉利丁粉，搅拌均匀。
6. 将“步骤 5”倒入黑巧克力中，搅拌溶化，用均质机搅打均匀，贴面铺一层保鲜膜，备用。

果仁糖黄油薄脆片

配方

黑巧克力	50 克
果仁酱	150 克
黄油薄脆片	130 克

制作过程

1. 将黑巧克力熔化，加入果仁酱，搅拌均匀。
2. 加入黄油薄脆片，搅拌均匀。
3. 在铺有烤盘纸的烤盘中放入圈模，倒入“步骤 2”，用勺子压平，取下模具，放入冰箱冷藏定形，备用。

巧克力海绵蛋糕

配方

扁桃仁膏	370 克
幼砂糖	65 克
全蛋	415 克
低筋面粉	80 克
泡打粉	5 克
可可粉	37 克
可可酱砖	75 克
黄油	112 克

制作过程

准备：将黄油熔化。

1. 将扁桃仁膏和幼砂糖放入厨师机中，边搅拌边加入全蛋，搅拌均匀。
2. 加入过筛的低筋面粉、泡打粉和可可粉，用橡皮刮刀以翻拌的手法搅拌均匀。
3. 将可可酱砖和黄油混合，搅拌均匀，加入“步骤 2”中，用橡皮刮刀搅拌均匀。
4. 在铺有硅胶垫的烤盘中倒入面糊，用曲柄抹刀抹平，入风炉以 180℃烘烤 10 分钟。
5. 出炉冷却，用圈模压出形状，备用。

浆果果冻

配方

黑莓果蓉	200 克	幼砂糖	15 克
覆盆子果蓉	100 克	吉利丁粉	8 克
草莓果蓉	130 克	冰水	40 克

制作过程

准备：将吉利丁粉加冰水浸泡。

1. 将黑莓果蓉、覆盆子果蓉、草莓果蓉放入锅中，加热熔化。
2. 加入幼砂糖，用手持搅拌球搅拌均匀，煮至 80℃。
3. 离火，加入泡好的吉利丁粉，搅拌均匀备用。

香草慕斯

配方

牛奶	150 克	吉利丁粉	8 克
淡奶油	120 克	冰水	40 克
香草荚	半根	打发淡奶油	135 克
蛋黄	120 克	意式蛋白霜	120 克
幼砂糖	90 克		

制作过程

准备：将吉利丁粉加冰水提前浸泡；香草荚取籽；意式蛋白霜的做法详见 P38。

1. 将牛奶、淡奶油和香草籽放入锅中，加热煮至 60℃。
2. 将蛋黄和幼砂糖混合，用手持搅拌球搅拌至乳化发白。
3. 取一部分“步骤 1”加入“步骤 2”中拌匀，再全部倒回锅中加热至 83℃。
4. 离火，放入泡好的吉利丁粉，搅拌均匀，隔冰水降温至 20℃。
5. 加入打发淡奶油，用橡皮刮刀以翻拌的手法搅拌均匀。
6. 加入打好的意式蛋白霜，用橡皮刮刀以翻拌的手法搅拌均匀，备用。

组合与装饰

材料

长条形棉花糖	适量
巧克力配件	适量
棉花糖	适量
金箔	适量

组合过程

1. 在烤盘中放入底部包有保鲜膜的圈模，倒入浆果果冻，再放入巧克力海绵蛋糕饼底，放入急冻柜冷冻成形，备用。
2. 在烤盘中放入底部包有保鲜膜的圈模，倒入香草慕斯至 5 分满。
3. 取出“步骤 1”，饼底朝下，放入“步骤 2”中，再注满香草慕斯，放上果仁糖黄油薄脆片，放入急冻柜中冷冻成形。
4. 取出冻好的“步骤 3”，脱模，放到网架上，将红色镜面均匀地淋在慕斯表面，放到金底板上。
5. 在“步骤 4”的底部围上一圈长条形棉花糖，在顶部插入巧克力配件，放上棉花糖、金箔装饰即可。

巧克力酸奶慕斯

酸酸甜甜的百香果果冻自信地裸露在外面，展现着它的魅力，似舞台中的主角，散发着耀眼的光芒，周围的酸奶慕斯似它的观众，将它紧紧包围。

扫一扫，
看高清视频

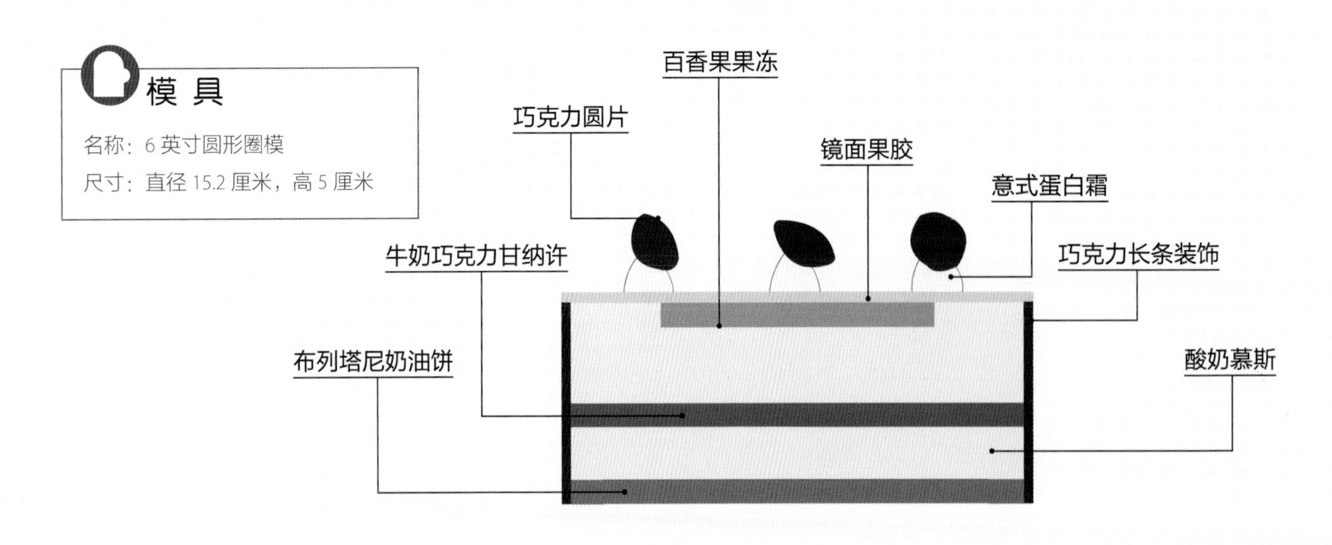

产品制作流程

布列塔尼奶油饼

配方

幼砂糖	160 克
黄油	160 克
蛋黄	80 克
低筋面粉	225 克
泡打粉	15 克

制作过程

准备：将黄油软化；粉类过筛。

1. 将幼砂糖和黄油放入厨师机中，搅打至发白。
2. 加入蛋黄，搅拌均匀。
3. 加入低筋面粉和泡打粉，用橡皮刮刀搅拌均匀。
4. 取出面团，放在两张油纸中间，用擀面棍擀成厚约 3 厘米的面皮，用圈模压出形状。
5. 入风炉以 180℃烘烤 10 分钟。

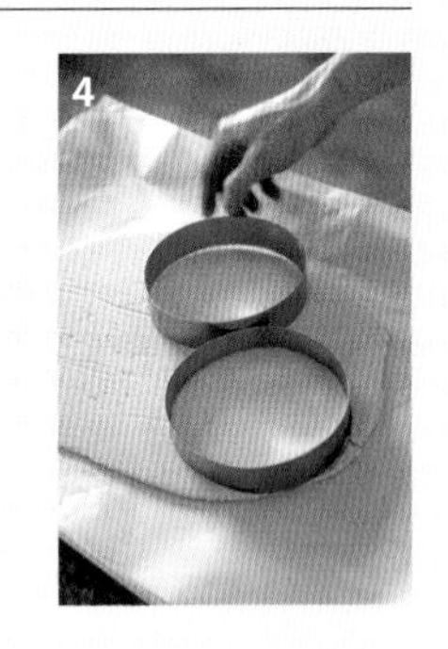

百香果果冻

配方

百香果果蓉	500 克
幼砂糖	160 克
吉利丁粉	18 克
冰水	72 克

制作过程

准备：将吉利丁粉加冰水浸泡。

1. 将百香果果蓉和幼砂糖放入锅中，加热煮至 60℃。
2. 加入泡好的吉利丁粉，搅拌均匀。
3. 最后在烤盘中放入底部包有保鲜膜的圈模，倒入“步骤 2”，放入急冻柜冷冻成形。

牛奶巧克力甘纳许

配方

牛奶	170 克
淡奶油	35 克
牛奶巧克力	320 克
黄油	105 克

制作过程

准备：将黄油软化。

1. 将牛奶和淡奶油加入锅中，加热煮沸。
2. 倒入牛奶巧克力中，搅拌均匀至牛奶巧克力溶化。
3. 将黄油放入量杯中，加入“步骤 2”，用均质机搅拌均匀。
4. 在烤盘中放入底部包有保鲜膜的圈模，将“步骤 3”倒入圈模中至 5 分满，放入急冻柜冷冻成形。

酸奶慕斯

配方

酸奶	375 克
打发淡奶油	375 克
意式蛋白霜	80 克
吉利丁粉	20 克
冰水	100 克

制作过程

准备：意式蛋白霜的做法详见 P38。将吉利丁粉加冰水浸泡。

1. 将酸奶放入锅中，隔水加热。
2. 放入泡好的吉利丁粉，用手持搅拌球搅拌均匀。
3. 分次加入打发淡奶油，用手持搅拌球搅拌均匀。
4. 加入意式蛋白霜，用橡皮刮刀以翻拌的手法搅拌均匀，装入裱花袋。

组合与装饰

材料

镜面果胶	适量
巧克力长条装饰	1 片
巧克力圆片	适量
意式蛋白霜	适量

4

组合过程

准备：意式蛋白霜的做法详见 P38。

1. 取出百香果果冻，脱模，用直径 10 厘米的圈模压出形状。
2. 在烤盘中放入一端包有保鲜膜的圈模，将“步骤 1”放入圈模中间位置。
3. 将酸奶慕斯挤入“步骤 2”中至 3 分满，放入牛奶巧克力甘纳许，轻轻下压，继续挤入酸奶慕斯至 9 分满。
4. 取出布列塔尼奶油饼，放在“步骤 3”中，轻轻下压，将表面刮平，放入急冻柜冷冻成形。
5. 取出“步骤 4”，在表面抹一层镜面果胶，放到金底板上，在侧面围上巧克力长条装饰。
6. 在顶部用意式蛋白霜挤出适量圆球，在圆球顶部粘上巧克力圆片即可。

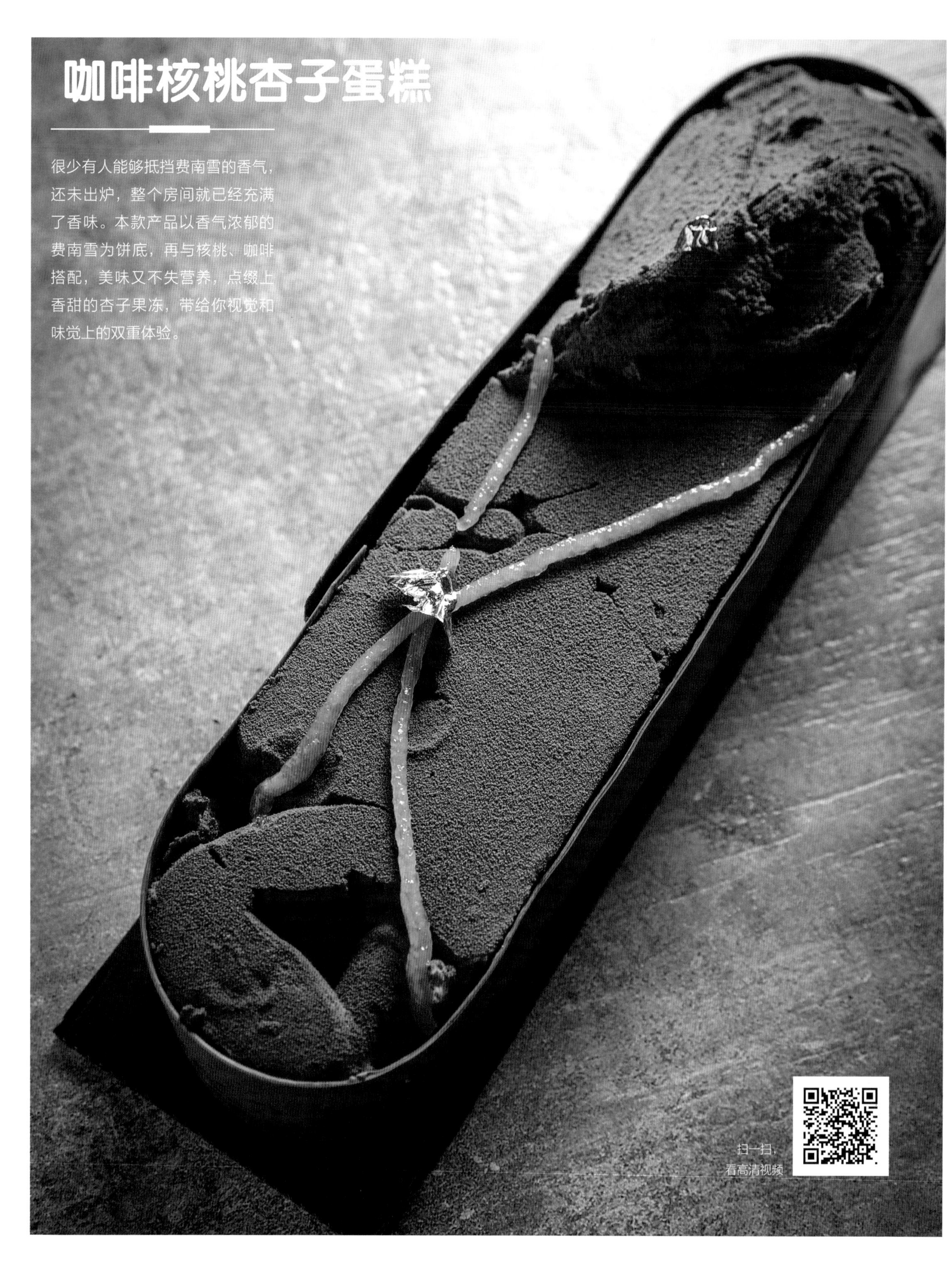

咖啡核桃杏子蛋糕

很少有人能够抵挡费南雪的香气，还未出炉，整个房间就已经充满了香味。本款产品以香气浓郁的费南雪为饼底，再与核桃、咖啡搭配，美味又不失营养，点缀上香甜的杏子果冻，带给你视觉和味觉上的双重体验。

扫一扫，
看高清视频

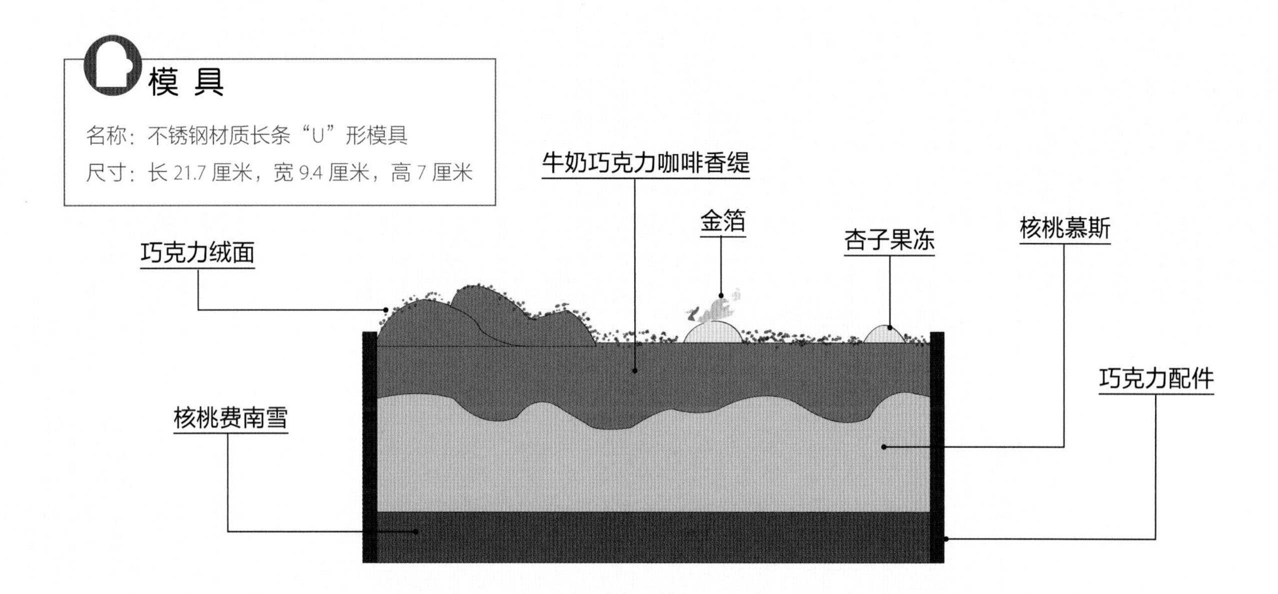

制作难点与要求

制作核桃酱时，熬制出好的焦糖是关键。焦糖甜中略带苦，有焦煳的香气，是一种很独特的材料。在甜点制作中，可以用来做表面装饰、蛋糕烘烤、慕斯等，增加风味和特色。在熬制过程中需注意以下几点。

- 熬制焦糖时用铜锅、不锈钢锅或熬糖专用锅，一定不能用质地轻薄的锅，防止煳底。
- 加热沸腾后，建议改中火或小火，这样可以更容易掌握糖浆温度和状态的变化。
- 煮至想要的焦糖颜色和状态时，需立即离火。

产品制作流程

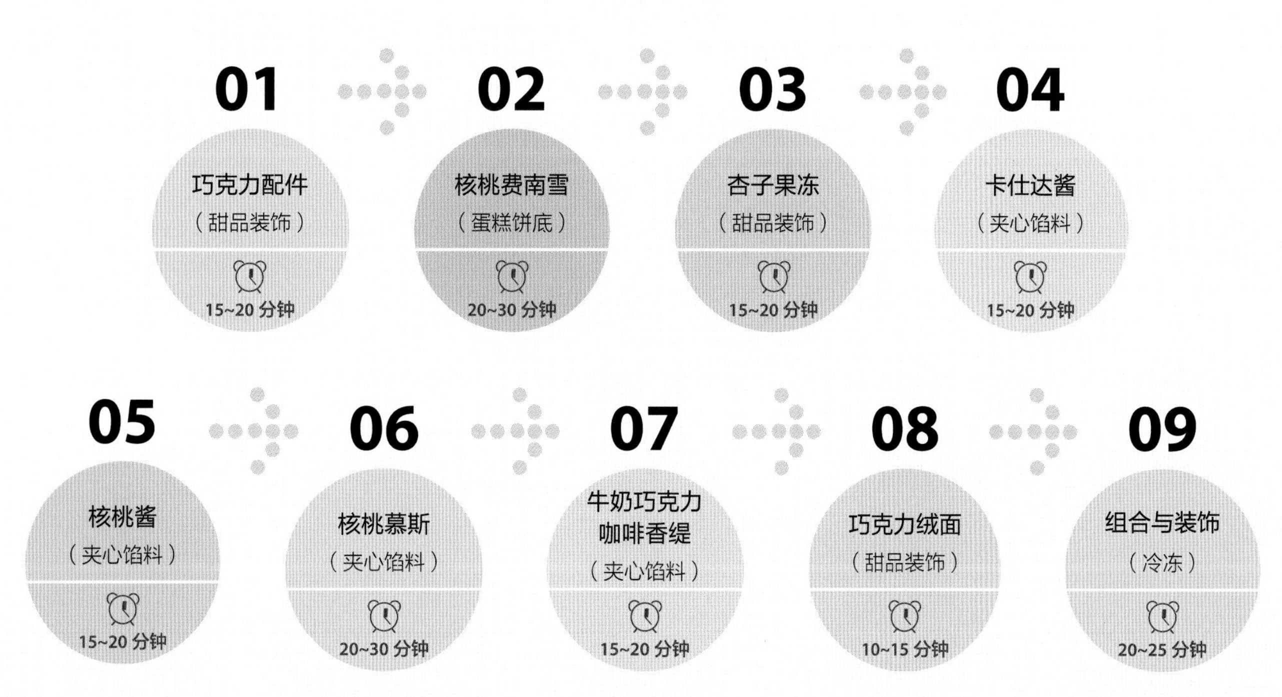

巧克力配件

配方

牛奶巧克力	适量
可可粉	适量

制作过程

1. 调温：取适量牛奶巧克力放入微波炉内加热至 50℃，巧克力熔化，再加入未熔化的牛奶巧克力，用均质机搅打均匀，使巧克力降温至 30℃。
2. 制作配件：根据模具周长裁切慕斯围边。将慕斯围边平铺在桌面上，表面不规则地撒上一层可可粉。
3. 倒上牛奶巧克力，用抹刀抹平。
4. 待巧克力快凝固时将其反贴在模具周围，用胶带粘住，放入冰箱冷藏。

核桃费南雪

配方

黄油	162 克	T55 面粉	115 克
幼砂糖	261 克	泡打粉	7.5 克
核桃	120 克	蛋白	245 克
盐	2 克	转化糖浆	30 克

制作过程

准备：将黄油切成小块。

1. 将黄油放入锅内，加热至焦黄色，备用。
2. 将剩余所有材料放入厨师机内，用扇形搅拌器搅拌打发。
3. 加入“步骤 1”，边加入边用扇形搅拌器充分搅拌均匀至顺滑。
4. 倒入底部包有保鲜膜的长条“U”形模具中，至 5 分满。
5. 放入风炉，以 170℃烘烤 15 分钟，即可。

杏子果冻

配方

杏子果蓉	80 克
幼砂糖	25 克
NH 果胶粉	4 克

制作过程

1. 将杏子果蓉放入锅中，加热至 40℃。
2. 将幼砂糖和 NH 果胶粉放入盆中混合，加入“步骤 1”中，用手持搅拌球搅拌均匀，加热至沸腾后置室温冷却备用。

卡仕达酱

配方

牛奶	460 克
香草荚	2 根
蛋黄	120 克
细砂糖	120 克
玉米淀粉	40 克

制作过程

1. 将香草荚取籽和牛奶混合加热煮沸。
2. 将蛋黄、细砂糖、玉米淀粉混合，用手持搅拌球搅拌均匀。
3. 取一部分“步骤 1”倒入“步骤 2”中，再倒回锅中，小火边加热边搅拌，煮至浓稠。
4. 倒入铺有保鲜膜的烤盘中，表面再包一层保鲜膜，放进冰箱冷藏，备用。

核桃酱

配方

幼砂糖	200 克
核桃	200 克

制作过程

1. 将幼砂糖少量多次倒入锅内，加热熬制成焦糖。
2. 将核桃加入“步骤 1”中，搅拌均匀，倒入硅胶垫上自然冷却。
3. 将冷却的“步骤 2”放入搅拌机中，打成粉末状，备用。

核桃慕斯

配方

淡奶油	735 克
速溶咖啡	7.5 克
水	15 克
卡仕达酱	625 克
核桃酱	315 克
吉利丁片	6 克
冰水	30 克

制作过程

准备：用冰水将吉利丁片浸泡至软。

1. 将淡奶油放进厨师机中，打至湿性状态，冷藏备用。
2. 将速溶咖啡与水混合搅拌均匀，倒入隔水加热熔化的吉利丁片中，搅拌均匀。
3. 取出卡仕达酱搅拌均匀，加入“步骤 2”搅拌均匀。
4. 加入核桃酱，搅拌均匀。
5. 分次加入“步骤 1”，用橡皮刮刀以翻拌的手法搅拌均匀，备用。

牛奶巧克力咖啡香缇

配方

咖啡豆	90 克
淡奶油（1）	750 克
吉利丁片	10 克
冰水	50 克
牛奶巧克力	345 克
淡奶油（2）	345 克

制作过程

准备：用冰水将吉利丁片浸泡至软。

1. 将咖啡豆装入裱花袋中，用擀面棍碾碎，放入锅中与淡奶油（1）一起加热煮沸。
2. 包上保鲜膜放置 5 分钟，加入浸泡变软的吉利丁片，充分搅拌均匀。
3. 过滤，倒入牛奶巧克力中，用均质机搅打均匀，放入冰箱冷藏至 4℃。
4. 取出“步骤 3”，放入厨师机内，打软。
5. 加入淡奶油（2），搅拌均匀，装入带有圆形裱花嘴的裱花袋内，备用。

巧克力绒面

配方

黑巧克力	200 克
可可脂	100 克

制作过程

将可可脂和黑巧克力放入盆中，隔水熔化，用均质机搅打均匀，备用。

组合与装饰

材料

金箔	适量

组合过程

1. 将核桃慕斯装入裱花袋中，挤入核桃费南雪中，用勺子抹平。
2. 将牛奶巧克力咖啡香缇装入带有圆形裱花嘴的裱花袋中，以不规则形状挤入“步骤 1”中，反扣在铺有硅胶垫的烤盘上，用抹刀将边缘多余部分抹去，放入急冻柜冷冻成形。
3. 取出“步骤 2”，脱模，在牛奶巧克力咖啡香缇表面的一端，用抹刀抹一块牛奶巧克力咖啡香缇（不需要抹开），放入急冻柜冷冻成形。
4. 取出“步骤 3”，用喷枪在表面喷上巧克力绒面。
5. 取出巧克力配件，围在咖啡核桃杏子蛋糕周围。
6. 将杏子果冻装入裱花袋内，在蛋糕表面交叉挤出长条，放金箔装饰即可。

绵软之至

创意十足的巧克力花、双层组合的蛋糕造型、清新爽口的口味搭配，都是本款产品的亮点之处。在阳光的照耀下，傲然挺立，浓郁的芳香扑面而来，让人深深地陶醉其中。

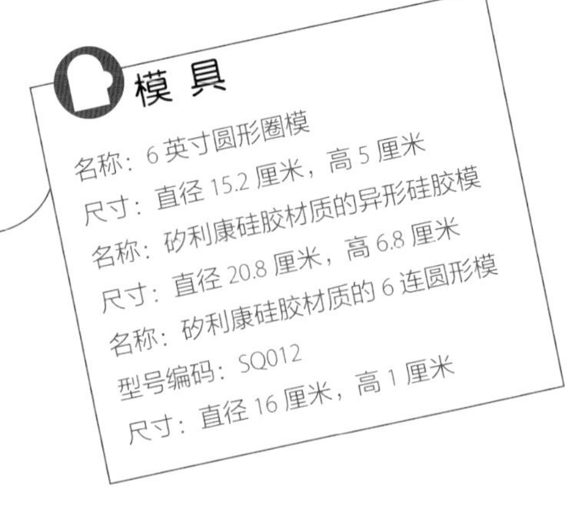

模 具

名称：6 英寸圆形圈模
尺寸：直径 15.2 厘米，高 5 厘米
名称：矽利康硅胶材质的异形硅胶模
尺寸：直径 20.8 厘米，高 6.8 厘米
名称：矽利康硅胶材质的 6 连圆形模
型号编码：SQ012
尺寸：直径 16 厘米，高 1 厘米

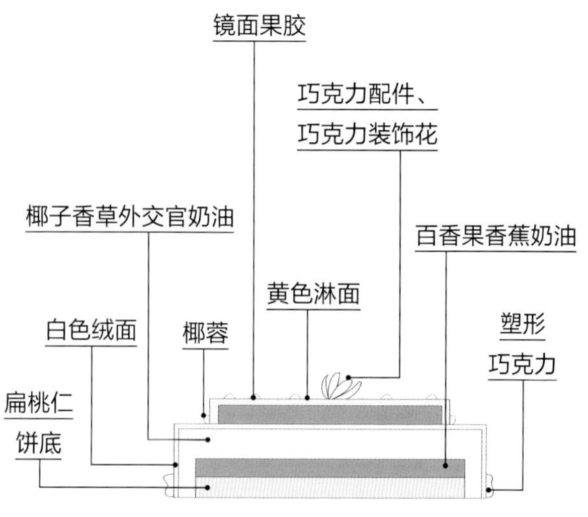

制作难点与要求

各式各样的巧克力件成为蛋糕表面装饰的首选，或灵动，或沉稳，或形象生动，或抽象内蕴，在制作巧克力配件前，都会经过调温。不同巧克力调温所需的温度也不同，如下表。

巧克力种类	熔化温度	冷却温度	回火温度
黑巧克力	45~50℃	28~29℃	31~32℃
牛奶巧克力	40~45℃	27~28℃	30~31℃
白巧克力	40℃	24~25℃	27~28℃

产品制作流程

步骤	名称	类别	时间
01	塑形巧克力	（甜品装饰）	10~15 分钟
02	巧克力配件	（甜品装饰）	10~15 分钟
03	巧克力装饰花	（甜品装饰）	20~30 分钟
04	黄色淋面	（淋面）	20~30 分钟
05	扁桃仁饼底	（蛋糕饼底）	20~30 分钟
06	百香果香蕉奶油	（夹心馅料）	15~20 分钟
07	椰子香草外交官奶油	（夹心馅料）	45~50 分钟
08	白色绒面	（甜品装饰）	10~15 分钟
09	组合与装饰	（冷冻）	25~30 分钟

塑形巧克力

配方

白巧克力	150 克
葡萄糖浆	100 克

制作过程

将白巧克力放入盆中隔水熔化，再加入葡萄糖浆，用橡皮刮刀搅拌均匀，冷却备用。

巧克力配件

配方

白巧克力	适量
香草荚	半根
白色色粉	适量
幼砂糖	适量

制作过程

准备：将香草荚用刀取籽。

1. 调温：取适量白巧克力放入微波炉内加热至 50℃，白巧克力熔化。
2. 加入香草籽、白色色粉和未熔化的白巧克力，用均质机搅打均匀，使巧克力降温至 30℃。
3. 配件：取少许“步骤 2”过筛，装入用烤盘纸卷成的细裱内。
4. 将幼砂糖放入盆中，在幼砂糖表面挤出弯曲的线条，再撒一层幼砂糖，放冰箱冷藏即可。

巧克力装饰花

配方

白巧克力	适量
香草荚	半根
白色色粉	适量
冷凝剂	适量

制作过程

准备：将香草荚用刀取籽。

1. 取适量白巧克力放入微波炉内加热至50℃，白巧克力熔化。
2. 加入香草籽、白色色粉和未熔化的白巧克力，用均质机搅打均匀，使巧克力降温至30℃。
3. 取少许“步骤2”过筛，装入用烤盘纸卷成的细裱内。
4. 在玻璃纸上挤出圆点，将玻璃纸竖起来，使巧克力自然下垂，放置在桌面定形晾干成花瓣。
5. 将调好温的白色巧克力倒入半球模内，共制作3个，冷却凝固后取出，拼粘在一起（上面是一个完整的圆球，下面是半圆）。
6. 在“步骤5”整个圆球表面粘上一层调好温的白色巧克力，取出，用冷凝剂在表面喷出凹凸不平的面。
7. 取出花瓣，用小刀将底部切整齐。
8. 在花瓣底部粘上调好温的白巧克力，拼粘在底托上。一片一片地拼粘，共两层，第二层花瓣在第一层花瓣夹缝处。

黄色淋面

配方

水	100克	炼乳	130克
幼砂糖	200克	吉利丁片	14克
葡萄糖浆	200克	冰水	70克
黄色色粉	2克	白巧克力	200克
白色色粉	3克		

制作过程

准备：用冰水浸泡吉利丁片至变软，备用。

1. 将水、幼砂糖、葡萄糖浆、白色色粉、黄色色粉加入锅中，用手持搅拌球搅拌均匀，加热煮沸。
2. 加入吉利丁片和炼乳，用手持搅拌球搅拌均匀。
3. 将白巧克力放入量杯中，冲入“步骤2”。用均质机搅打均匀，贴面铺一层保鲜膜，放在室温下静置。
4. 使用前用均质机充分搅打，加热至30℃即可。

扁桃仁饼底

配方

蛋白	168克
转化糖浆	168克
幼砂糖	60克
扁桃仁粉	150克
低筋面粉	50克

制作过程

1. 将蛋白和转化糖浆放入厨师机内，中速搅拌打发至硬性发泡。
2. 将幼砂糖、扁桃仁粉和低筋面粉过筛，备用。
3. 将“步骤2”分3次加入打发的“步骤1”中，用橡皮刮刀以翻拌的手法搅拌均匀。
4. 将“步骤3”分成每份200克，装入6英寸圈模内，用勺子抹平，放入风炉以160℃烘烤15分钟。
5. 取出，放入冰箱冷却，不脱模。

百香果香蕉奶油

配方

百香果果蓉	660克
香蕉果蓉	252克
幼砂糖	90克
NH果胶粉	18克
吉利丁片	14克
冰水	70克

制作过程

准备：用冰水浸泡吉利丁片至变软，备用。

1. 在锅内放入百香果果蓉和香蕉果蓉，加热至40℃。
2. 将幼砂糖和NH果胶粉放入盆中，用手持搅拌球混合搅拌均匀。
3. 将“步骤2”加入“步骤1”中，边加入边用手持搅拌球搅拌均匀，加热至沸腾。
4. 在量杯中加入泡软的吉利丁片，加入“步骤3”，用均质机充分搅打均匀。

椰子香草外交官奶油

配方

椰子果蓉	1170 克
香草荚	5 根
无盐黄油	60 克
蛋黄	260 克
幼砂糖	208 克
玉米淀粉	94 克
吉利丁片	10 克
冰水	50 克
淡奶油	405 克

制作过程

准备:

1. 香草荚取籽，无盐黄油切成小块。
2. 用冰水浸泡吉利丁片至软，备用。
3. 淡奶油打发至中性发泡，备用。

做法:

1. 在锅中放入香草籽、椰子果蓉和无盐黄油，加热煮沸。
2. 在盆中放入蛋黄、幼砂糖和玉米淀粉，用手持搅拌球搅拌均匀。
3. 取一部分“步骤 1”倒入“步骤 2”中，再倒回锅中，用小火边加热边搅拌，煮至浓稠。
4. 加入泡软的吉利丁片，用手持搅拌球搅拌均匀。
5. 倒入铺有保鲜膜的烤盘内，抹平，表面盖上一层保鲜膜，放入冰箱冷藏约 30 分钟。
6. 加入打发的淡奶油，用橡皮刮刀以翻拌的手法搅拌均匀，备用。

白色绒面

配方

白色色淀	适量
可可脂	100 克
白巧克力	200 克

制作过程

将白色色淀、可可脂和白巧克力放入盆中隔水熔化，用均质机搅打均匀，备用。

组合与装饰

材料

椰蓉	适量
镜面果胶	适量

组合过程

1. 取 150 克百香果香蕉奶油倒入扁桃仁饼底内，放入急冻柜冷冻定形。
2. 将剩余的百香果香蕉奶油倒入 6 连圆形模中，放入急冻柜冷冻定形。
3. 将 530 克椰子香草外交官奶油倒入异形硅胶模中。
4. 将冷冻好的“步骤 1”脱模，倒扣在“步骤 3”中，用曲柄抹刀将表面抹平，放入急冻柜冷冻定形。
5. 取出“步骤 4”，脱模，将白色绒面用喷枪均匀地喷在慕斯表面。
6. 将“步骤 5”放到金底板上，放入冰箱冷藏。
7. 取出“步骤 2”，脱模，在表面淋上一层黄色淋面，再用抹刀将表面抹平。边缘粘上椰蓉，放在“步骤 6”顶部。
8. 将塑形巧克力捏软，压实，放在花边硅胶模具中，用小刀切除表层多余部分，围在慕斯底部。
9. 慕斯表面摆放巧克力装饰花，巧克力配件斜着 45 度角粘在巧克力花底部，在表面挤适量镜面果胶作为点缀，即可。

魔法奇缘

浓情巧克力慕斯搭配黄色柠檬芒果奶油夹心，口感不再单一，让整个甜品变得清新诱人。如果用几个词语概括本款产品，那么神秘、魔幻、奢华、浪漫就是它的专属标签。

模 具

名称：矽利康硅胶材质的空心圆模

型号编码：SAVARIN 160/1

尺寸：直径 16.8 厘米，高 4 厘米

容量：532 毫升

型号编码：SAVARIN 180/1

尺寸：直径 18.6 厘米，高 5 厘米

容量：981 毫升

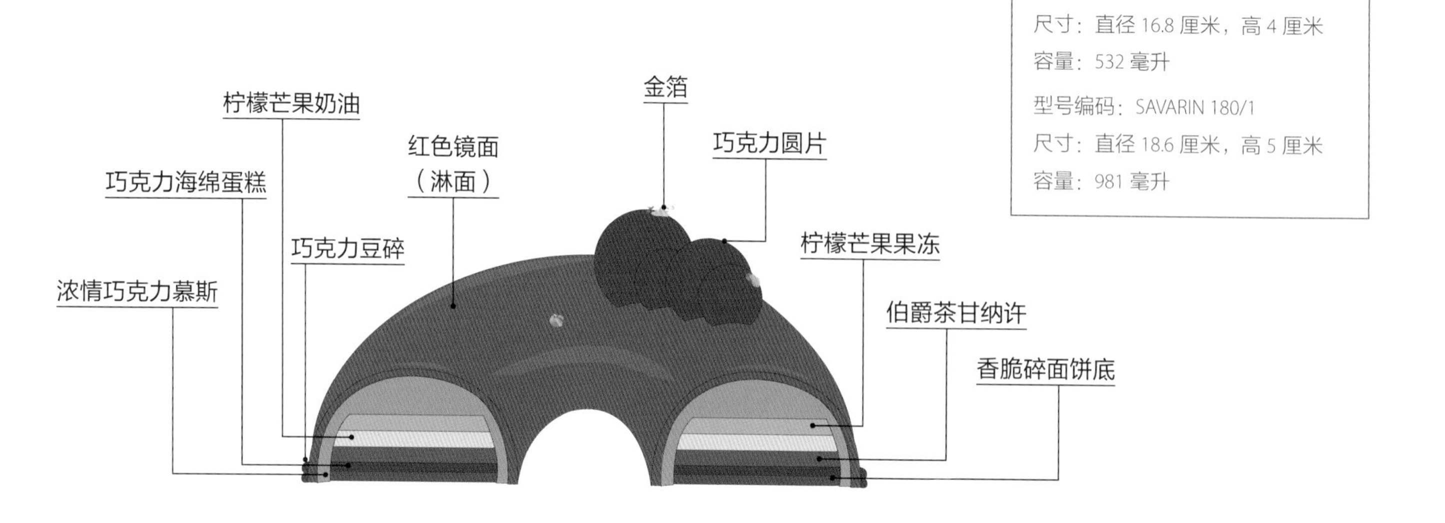

制作难点与要求

淋面中加入吉利丁有何作用？没有吉利丁可用什么替代？

吉利丁是动物胶的一种，动物胶还包括明胶、鱼胶。吉利丁具有强大的吸水特性和凝固功能，淋面中没有添加面粉或其他淀粉来做凝固料，主要就是靠吉利丁的吸水特性来凝结成形。可用结兰胶、琼脂、果胶等一些天然凝固剂来代替吉利丁，但是在使用不同凝固剂的时候，要根据这些凝固剂的凝固力来适当减少或增加用量，不然做出来的淋面很难达到使用状态。

产品制作流程

步骤	名称	类别	时间
01	红色镜面	（淋面）	20~30 分钟
02	香脆碎面饼底	（面团饼底）	20~30 分钟
03	巧克力海绵蛋糕	（蛋糕饼底）	15~20 分钟
04	伯爵茶甘纳许	（夹心馅料）	10~15 分钟
05	柠檬芒果果冻	（夹心馅料）	15~20 分钟
06	柠檬芒果奶油	（夹心馅料）	15~20 分钟
07	浓情巧克力慕斯	（夹心馅料）	15~20 分钟
08	组合与装饰	（冷冻）	20~25 分钟

红色镜面

配方

水	135 克
幼砂糖	157 克
葡萄糖浆	261 克
红色色膏	适量
镜面果胶	150 克
黑巧克力	300 克
吉利丁粉	17 克
冰水	102 克

制作过程

准备：提前将吉利丁粉加冰水浸泡。

1. 将水和幼砂糖放入锅中，煮至沸腾。
2. 加入葡萄糖浆，搅拌均匀，再次煮沸。
3. 加入红色色膏，搅拌均匀。
4. 加入镜面果胶，搅拌均匀。
5. 加入泡好的吉利丁粉，搅拌均匀。
6. 将“步骤 5”倒入黑巧克力中，搅拌熔化，用均质机搅拌均匀，贴面铺一层保鲜膜，置于室温备用。

香脆碎面饼底

配方

黄油	170 克
赤砂糖（1）	170 克
扁桃仁粉	170 克
低筋面粉	140 克
盐	2 克
黑巧克力	150 克
黄油薄脆片	50 克
赤砂糖（2）	10 克
海盐	2 克

制作过程

1. 将黄油、赤砂糖（1）、扁桃仁粉、低筋面粉、盐一起加入厨师机中，搅拌均匀。
2. 将“步骤 1”铺在烤盘中，放入烤箱中烤至上色。
3. 取出，放入厨师机中，加入熔化的黑巧克力，搅拌均匀。
4. 加入黄油薄脆片、赤砂糖（2）、海盐，搅拌均匀。
5. 倒在烤盘纸上，再盖一张烤盘纸，用擀面棍擀薄，再用圈模压出形状，放入急冻柜冷冻成形。
6. 取出冻好的“步骤 5”，按照型号 SAVARIN 180/1 的模具尺寸进行裁切。

巧克力海绵蛋糕

配方

扁桃仁膏	370 克
幼砂糖	65 克
全蛋	415 克
低筋面粉	80 克
泡打粉	5 克
可可粉	37 克
可可酱砖	75 克
黄油	112 克

制作过程

准备：将黄油熔化。

1. 将扁桃仁膏和幼砂糖放入厨师机中，边搅拌边加入全蛋，搅拌均匀。
2. 加入过筛的低筋面粉、泡打粉和可可粉，用橡皮刮刀以翻拌的手法搅拌均匀。
3. 将可可酱砖和黄油混合，搅拌均匀，加入“步骤 2”中，用橡皮刮刀搅拌均匀。
4. 在铺有硅胶垫的烤盘中倒入面糊，用曲柄抹刀抹平，入风炉以 180℃烘烤 10 分钟。
5. 出炉冷却，按照型号 SAVARIN 160/1 的模具尺寸进行裁切。

伯爵茶甘纳许

配方

牛奶	128 克
伯爵茶叶	30 克
山梨糖醇	24 克
右旋葡萄糖	13 克
牛奶巧克力	150 克
黑巧克力	50 克
黄油	77 克

制作过程

准备：将黄油软化成膏状。

1. 将牛奶和伯爵茶叶放入锅中煮沸，过滤。
2. 加入山梨糖醇和右旋葡萄糖的混合物，搅拌均匀。
3. 将牛奶巧克力和黑巧克力放入量杯中，加入“步骤 2”，搅拌均匀。
4. 加入黄油，用均质机搅拌均匀，备用。

柠檬芒果果冻

配方

柠檬汁	45 克
芒果果蓉	130 克
幼砂糖	50 克
NH 果胶粉	2 克

制作过程

1. 将柠檬汁和芒果果蓉放入锅中，加热熔化。
2. 加入幼砂糖和 NH 果胶粉的混合物，搅拌均匀，煮至沸腾。
3. 将“步骤 2”倒入型号 SAVARIN 160/1 的模具中至 3 分满，放入急冻柜冷冻成形，备用。

柠檬芒果奶油

配方

柠檬汁	28 克
芒果果蓉	122 克
全蛋	55 克
蛋黄	45 克
幼砂糖	45 克
黄油	55 克
吉利丁粉	2 克
冰水	10 克

制作过程

准备：提前将吉利丁粉加冰水浸泡；将黄油切块。

1. 将柠檬汁和芒果果蓉放入锅中，加热熔化，煮至沸腾。
2. 将全蛋、蛋黄和幼砂糖混合，用手持搅拌球打至乳化发白。
3. 取一部分“步骤 1”加入“步骤 2”中拌匀，再全部倒回锅中继续加热至 83℃。
4. 离火，加入黄油，搅拌均匀。
5. 加入泡好的吉利丁粉，用均质机搅拌均匀。

浓情巧克力慕斯

配方

牛奶	153 克
淡奶油	153 克
蛋黄	30 克
幼砂糖	30 克
黑巧克力	330 克
打发淡奶油	525 克

制作过程

1. 将牛奶和淡奶油放入锅中，加热至 60℃。
2. 将蛋黄和幼砂糖混合，用手持搅拌球打至乳化发白。
3. 取一部分“步骤 1”加入“步骤 2”中拌匀，再全部倒回锅中，继续加热至 83℃。
4. 将“步骤 3”倒入黑巧克力中，搅拌溶化，用均质机搅拌均匀。
5. 将“步骤 4”隔冰水降温，分次加入打发淡奶油，用橡皮刮刀以翻拌的手法搅拌均匀。

组合与装饰

材料

巧克力豆碎	适量
巧克力圆片（不同大小）	适量
金箔	适量

组合过程

1. 取出冻好的柠檬芒果果冻（不脱模），倒入柠檬芒果奶油至 5 分满，放入急冻柜冷冻成形。
2. 取出，倒入伯爵茶甘纳许至 7 分满，放上巧克力海绵饼底，轻轻按压，放入急冻柜冷冻成形。
3. 将浓情巧克力慕斯倒入型号为 SAVARIN 180/1 的模具中，轻轻震平。
4. 取出冻好的“步骤 2”，放入“步骤 3”中，再放上香脆碎面饼底，放入急冻柜冷冻成形。
5. 取出冻好的“步骤 4”脱模，放到网架上，将红色镜面均匀地淋在慕斯表面。
6. 在慕斯底部粘上一圈巧克力豆碎，放到金底板上，在表面摆放巧克力圆片，放上金箔装饰即可。

柠檬开心果挞

酥脆的挞底，配合香醇的开心果杏仁奶油，顶部还有酸甜的柠檬冻、香草慕斯进行点缀，一款小小的柠檬开心果挞却隐藏着这么多宝贝，颜值和口味并存，会带给你不一样的惊喜哦。

扫一扫，
看高清视频

模具

名称：挞圈
尺寸：直径 6 厘米，高 2 厘米
名称：矽利康硅胶材质的 15 连半球模
型号编码：SF005 Half~Sphere
尺寸：直径 4 厘米，高 2 厘米
名称：矽利康硅胶材质的 6 连半球模
型号编码：SF003 Half~Sphere
尺寸：直径 6 厘米，高 3 厘米

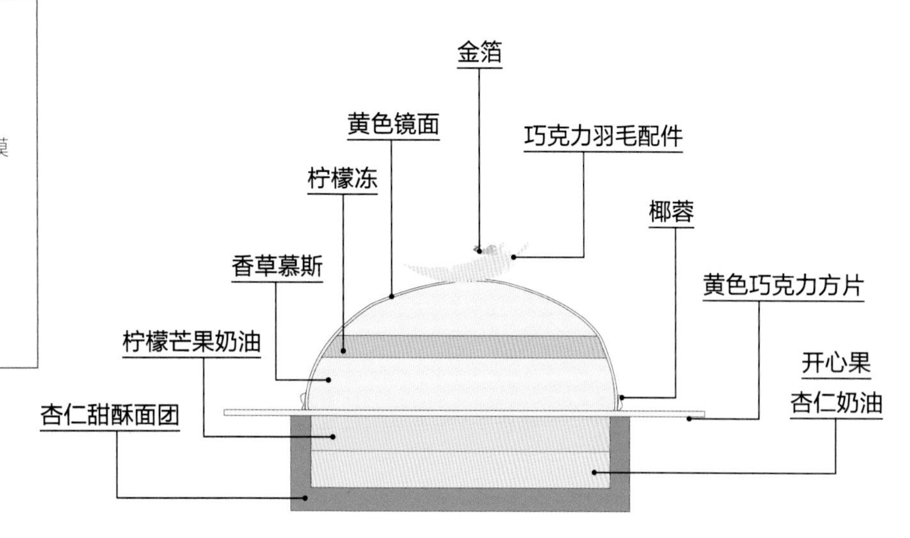

制作难点与要求

为什么制作挞派皮用糖粉，而不用细砂糖？
使用糖粉烘烤出的挞派比较光滑，口感酥脆，而且挞派的面团含水量较少，砂糖不易溶于水，所以用糖粉会很容易与油脂融合，也不易出现颗粒状。

产品制作流程

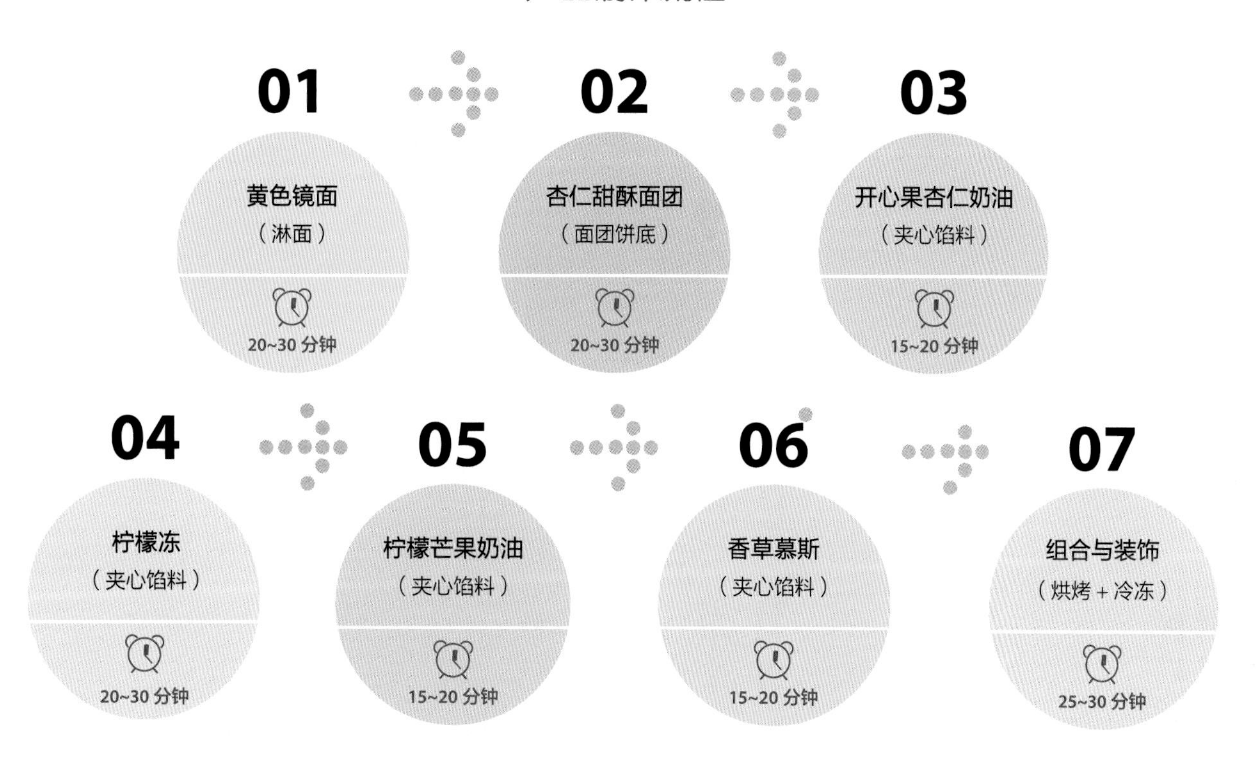

黄色镜面

配方

水	119 克
幼砂糖	157 克
葡萄糖浆	261 克
镜面果胶	157 克
白巧克力	400 克
吉利丁粉	17 克
冰水	135 克
黄色色膏	适量

制作过程

准备：将吉利丁粉加冰水浸泡。

1. 将水、幼砂糖和葡萄糖浆放入锅中，加热煮沸。
2. 离火，加入镜面果胶和泡好的吉利丁粉拌匀。
3. 加入白巧克力搅拌溶化，最后加入黄色色膏，用均质机搅拌均匀，贴面铺一层保鲜膜备用。

杏仁甜酥面团

配方

黄油	155 克
糖粉	100 克
低筋面粉	260 克
盐	2 克
扁桃仁粉	35 克
全蛋	50 克

制作过程

准备：将黄油软化。

1. 将黄油、糖粉、低筋面粉、盐和扁桃仁粉加入厨师机中，用扇形搅拌器搅拌均匀。
2. 加入全蛋，搅拌均匀。
3. 取出面团，放在烤盘纸上，表面再垫一张烤盘纸，用擀面棍将面团擀成约 3 毫米厚，放入冰箱冷藏，使其能更好地裁切。
4. 取出，用圈模压出圆形面片，用手指轻轻将面片嵌入已抹油的挞圈中。
5. 入烤箱，以上火 160℃、下火 170℃，烘烤至表面上色。

开心果杏仁奶油

配方

黄油	100 克
开心果泥	30 克
全蛋	100 克
糖粉	100 克
杏仁粉	100 克

制作过程

准备：将黄油软化；粉类过筛。

1. 将黄油和开心果泥放入厨师机中，搅拌均匀。
2. 分次加入全蛋，用手持搅拌球搅拌均匀。
3. 加入糖粉和杏仁粉搅拌均匀，装入裱花袋，备用。

柠檬冻

配方

柠檬汁	45 克
芒果果蓉	130 克
幼砂糖	50 克
NH 果胶粉	2 克

制作过程

1. 将柠檬汁和芒果果蓉放入锅中，加热熔化。
2. 加入幼砂糖和 NH 果胶粉的混合物，搅拌均匀，煮至沸腾。
3. 将“步骤 2”装入滴壶中，挤入 15 连半球硅胶模中，放入急冻柜冷冻成形。

柠檬芒果奶油

配方

材料	用量
柠檬汁	28 克
芒果果蓉	122 克
全蛋	55 克
蛋黄	45 克
幼砂糖	45 克
黄油	55 克
吉利丁粉	2 克
冰水	10 克

制作过程

准备：提前将吉利丁粉加冰水浸泡；将黄油切块。

1. 将柠檬汁和芒果果蓉放入锅中，加热熔化，煮至沸腾。
2. 将全蛋、蛋黄和幼砂糖混合，用手持搅拌球打至乳化发白。
3. 取一部分“步骤 1”加入“步骤 2”中拌匀，再全部倒回锅中继续加热至 83℃。
4. 离火，加入黄油，搅拌均匀。
5. 加入泡好的吉利丁粉，用均质机搅拌均匀。

香草慕斯

配方

材料	用量
牛奶	150 克
淡奶油	120 克
香草荚	半根
蛋黄	120 克
幼砂糖	90 克
吉利丁粉	8 克
冰水	40 克
意式蛋白霜	120 克
打发淡奶油	135 克

制作过程

准备：将吉利丁粉加冰水提前浸泡；意式蛋白霜的做法详见 P38。

1. 将牛奶、120 克淡奶油和香草籽放入锅中，加热煮至 60℃。
2. 将蛋黄和幼砂糖混合，用手持搅拌球搅拌至乳化发白。
3. 取一部分“步骤 1”加入“步骤 2”中拌匀，再全部倒回锅中加热至 83℃。
4. 离火，放入泡好的吉利丁粉，搅拌均匀，隔冰水降温至 20℃。
5. 加入打发的淡奶油，用橡皮刮刀以翻拌的手法搅拌均匀。
6. 加入打好的蛋白霜，用橡皮刮刀以翻拌的手法搅拌均匀，备用。

组合与装饰

材料

材料	用量
椰蓉	适量
黄色巧克力方片	适量
巧克力羽毛	适量
金箔	适量

组合过程

1. 将开心果杏仁奶油挤入挞壳中，入风炉以 160℃烘烤 10 分钟，出炉冷却，备用。
2. 将香草慕斯注入 6 连半球硅胶模中（8 分满），放入柠檬冻，再注满香草慕斯，放入急冻柜冷冻成形。
3. 取出冻好的“步骤 2”，放在网架上，将黄色镜面均匀地淋在慕斯表面。
4. 在“步骤 3”的底部粘一圈椰蓉，放到黄色巧克力方片上。
5. 取出“步骤 1”，将柠檬芒果奶油挤在表面，挤满后用抹刀将表面抹平。
6. 将“步骤 4”放到“步骤 5”上方，最后在顶部放上巧克力羽毛、金箔装饰即可。

2

6

扫一扫，
看高清视频

桃子和覆盆子

本款产品拥有满满的少女心，以粉色为主色调，完美呈现了桃子与覆盆子的颜色，将最本真的味道发挥出来，还有柔嫩顺滑的桃子布丁，带来初恋般的感觉。

模具

名称：圆形圈模

尺寸：直径 18 厘米，高 3 厘米

名称：矽利康硅胶材质的 6 连圆形模

型号编码：SQ012

尺寸：直径 16 厘米，高 1 厘米

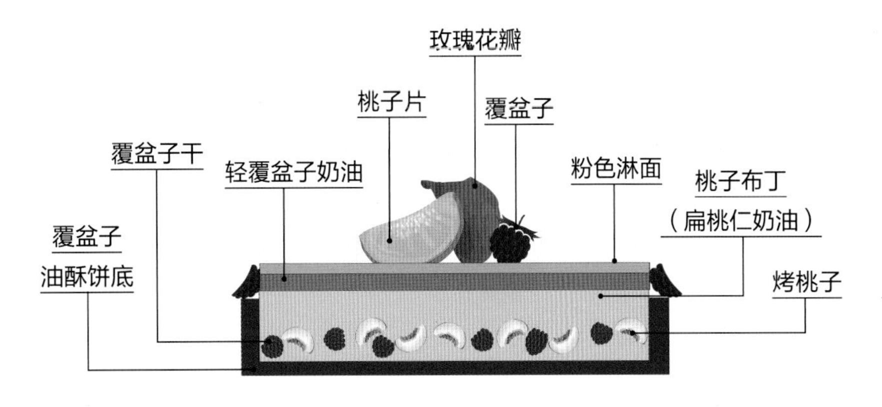

制作难点与要求

- 判断淋面状态有什么技巧？

  用勺子背面蘸取淋面，观察覆盖状态：如果覆盖效果好，表示此时正是淋面的最佳状态，并记录此状态的温度，下次使用时隔水加热至此温度即可直接使用了；如果呈现流淌状，勺子上只有薄薄的一层，表示温度偏高，需要继续降温；如果过于浓稠，表示温度太低。

- 淋面是否能重复使用？

  可以重复使用，前提是需要用保鲜膜密封且放入冰箱冷藏的环境下，可以保存 1 个月，不过回收使用的次数最好不要超过 3 次，因为在回收的同时会把其中的慕斯浆料或其他的浆料回收进去，从而影响淋面的质量，光泽度会大大降低。在每一次使用前要保证淋面的温度是适合淋面的，一般在 30~35℃之间，在达到温度的同时，要保证淋面的黏稠度适宜，如果太稠则不能使用。

产品制作流程

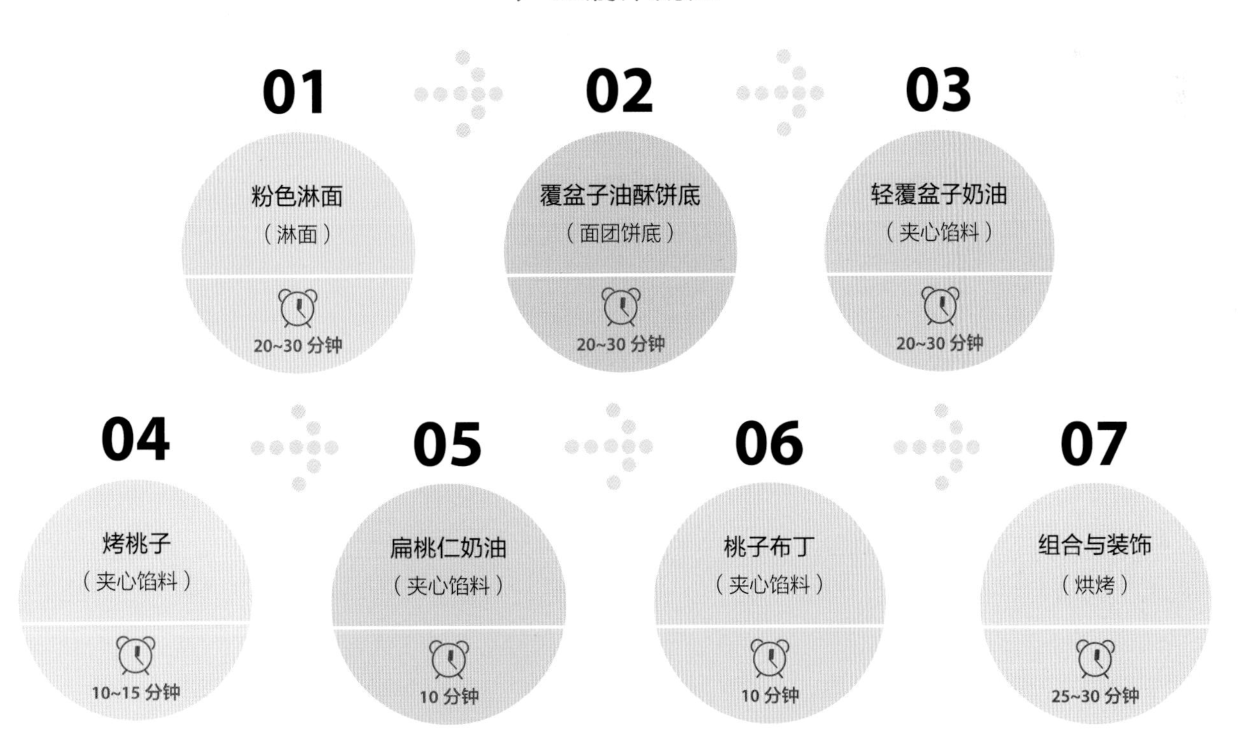

粉色淋面

配方

材料	用量
水	100 克
幼砂糖	100 克
香草荚	半根
葡萄糖浆	20 克
红色色粉	1.5 克
白色色粉	1.5 克
炼乳	130 克
吉利丁片	16 克
冰水	80 克
白巧克力	200 克

制作过程

准备：将香草荚用刀取籽；吉利丁片加冰水浸泡至变软。

1. 将水、幼砂糖、香草籽、葡萄糖浆、白色色粉、红色色粉倒入锅内，用手持搅拌球搅拌均匀，加热煮沸，关火。
2. 加入炼乳和吉利丁片，用手持搅拌球搅拌均匀。
3. 将白巧克力放入量杯中，冲入“步骤 2”，用均质机充分搅打均匀，贴面铺一层保鲜膜，置于室温冷却，备用。

覆盆子油酥饼底

配方

材料	用量
无盐黄油	120 克
盐	2 克
幼砂糖	60 克
低筋面粉	240 克
红色色粉	1 克
全蛋	60 克
覆盆子干	60 克

制作过程

准备：将无盐黄油切成小块，置于室温软化；低筋面粉过筛。

1. 将无盐黄油、盐、幼砂糖、低筋面粉和红色色粉放入厨师机内，用扇形搅拌器搅拌均匀。
2. 加入全蛋，边加入边用扇形搅拌器搅拌成团。
3. 再加入捏碎的覆盆子干，用扇形搅拌器搅拌均匀。
4. 取出“步骤 3”，放在烤盘纸上，表面再盖一张烤盘纸，用擀面棍擀成 3 毫米的厚度，裁切成长条。
5. 将“步骤 4”围绕在圈模内壁中。
6. 再裁切出一个圆形，放在圈模底部，放入冰箱冷冻 10 分钟。
7. 入风炉，以 160℃烘烤 15 分钟，即可。

轻覆盆子奶油

配方

材料	用量
覆盆子果蓉	400 克
玉米淀粉	28 克
幼砂糖（1）	144 克
幼砂糖（2）	52 克
蛋白	128 克
吉利丁片	12 克
冰水	60 克
覆盆子利口酒	20 克

制作过程

准备：吉利丁片加冰水浸泡至变软。

1. 将覆盆子果蓉倒入锅内，加热至 40℃。
2. 加入玉米淀粉和幼砂糖（1），用手持搅拌球搅拌均匀，加热至浓稠。
3. 将煮好的“步骤 2”倒入量杯中，加入吉利丁片，用均质机搅拌均匀。
4. 再加入覆盆子利口酒，用均质机搅打均匀。
5. 将“步骤 4”倒入盆中，用橡皮刮刀搅拌，降温至 30℃。
6. 将幼砂糖（2）和蛋白放入厨师机中，打发至中性发泡。
7. 将“步骤 6”加入“步骤 5”中，用橡皮刮刀以翻拌的手法搅拌均匀。
8. 将“步骤 7”倒入 6 连圆形模中，放入急冻柜冷冻定形，备用。

烤桃子

配方

材料	用量
幼砂糖	50 克
蜂蜜	24 克
无盐黄油	40 克
新鲜桃子	300 克

制作过程

准备：将新鲜桃子去皮，切成小丁。

1. 将幼砂糖、蜂蜜加入锅中，用橡皮刮刀搅拌，加热熬制成焦糖。
2. 加入无盐黄油，用橡皮刮刀搅拌，加热至熔化后，关火。
3. 再加入桃子丁，用橡皮刮刀搅拌均匀，备用。

扁桃仁奶油

配方

材料	用量
无盐黄油	40 克
扁桃仁粉	40 克
幼砂糖	40 克
全蛋	24 克

制作过程

准备：将无盐黄油放入盆中，隔水熔化。

将扁桃仁粉、幼砂糖、全蛋和熔化的无盐黄油放入盆中，用手持搅拌球混合搅拌均匀，备用。

桃子布丁

配方

材料	用量
全蛋	160 克
幼砂糖	90 克
扁桃仁奶油	135 克
桃子果蓉	200 克
桃子利口酒	60 克

制作过程

将全蛋、幼砂糖、扁桃仁奶油、桃子果蓉和桃子利口酒放入盆中，用手持搅拌球混合搅拌均匀，备用。

组合与装饰

材料

材料	用量
新鲜覆盆子	适量
新鲜桃子	半个
玫瑰花瓣	适量
覆盆子干	适量
镜面果胶	适量
黑色丝带	1 根

组合过程

1. 将烤桃子平铺在烤好的覆盆子油酥饼底中，在表面撒上适量的覆盆子干。
2. 将桃子布丁倒入“步骤 1”中，入风炉以 160℃烘烤 15 分钟，烤好后脱模，置于室温冷却。
3. 取出轻覆盆子奶油，将粉色淋面加热至 30℃，淋在轻覆盆子奶油上，用抹刀抹平。
4. 将“步骤 3”放在烤好的“步骤 2”表面。
5. 在覆盆子油酥饼底底部围上一圈黑色丝带，将新鲜覆盆子对半切开，围绕在轻覆盆子奶油周围一圈。
6. 用刀将桃子切块，用火枪将表面烤焦，放在轻覆盆子奶油上，再放上一瓣玫瑰花瓣和一个新鲜覆盆子。
7. 最后在玫瑰花瓣上挤上镜面果胶作为装饰。

甜菜覆盆子蛋糕

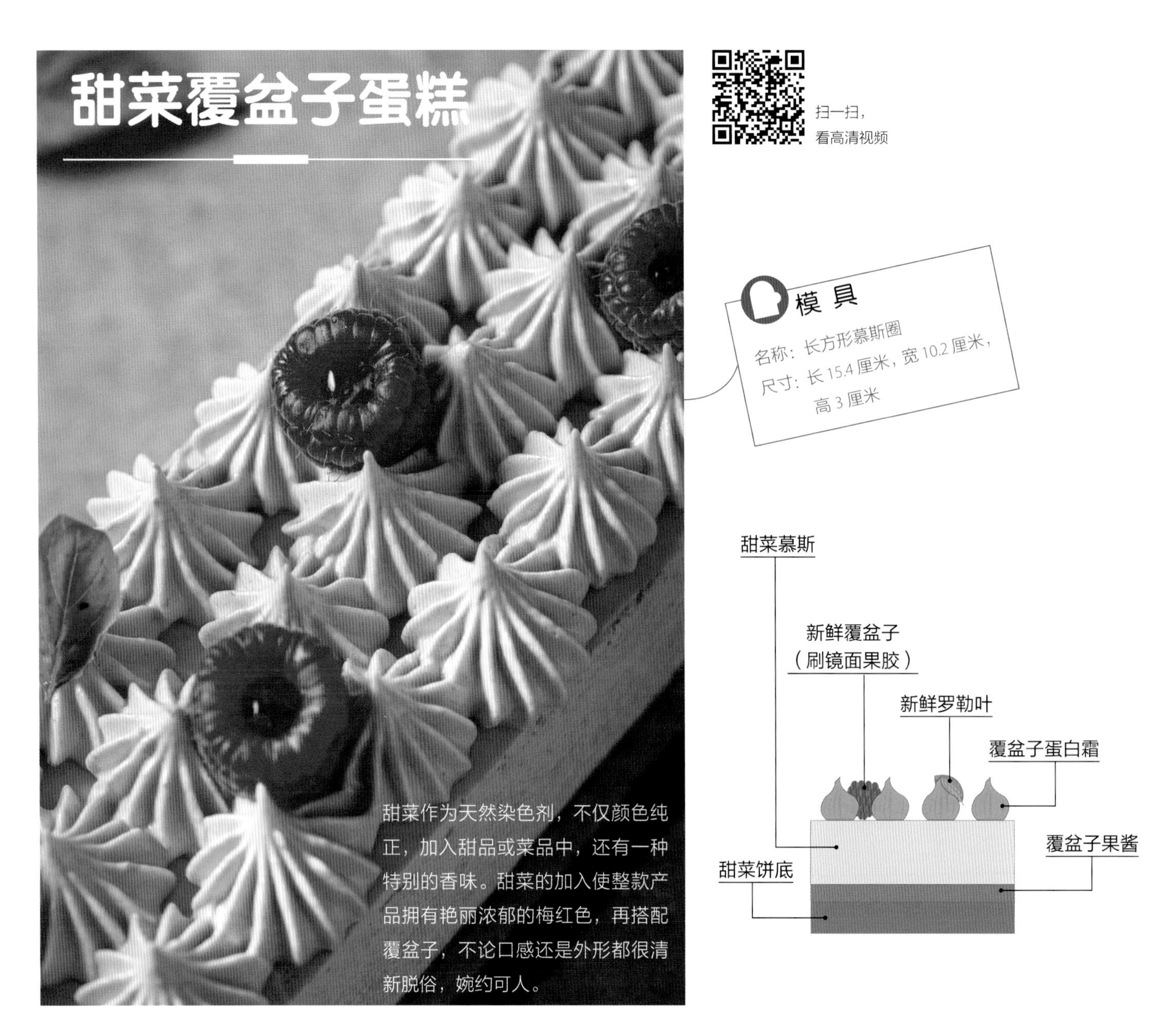

甜菜作为天然染色剂，不仅颜色纯正，加入甜品或菜品中，还有一种特别的香味。甜菜的加入使整款产品拥有艳丽浓郁的梅红色，再搭配覆盆子，不论口感还是外形都很清新脱俗，婉约可人。

制作难点与要求

本款产品中使用的覆盆子蛋白霜为意式蛋白霜，除了意式蛋白霜，还有法式蛋白霜和瑞士蛋白霜，每种蛋白霜的做法和特点都有区别，同样最终呈现的风味也会不同。

意式蛋白霜的做法参见 P38。

法式蛋白霜是在蛋白中添加细砂糖进行打发的基本制法，口感轻盈松脆。虽然气泡稍粗大，但入口即化，多用于与面糊混合后一起烘烤或加入奶油中使用。

瑞士蛋白霜是在蛋白中添加约两倍的砂糖，以边隔水加热边打发的方法制作完成。黏性和韧性最强，口感绵密且具光泽。打好的蛋白霜气泡结实且稳定，泡沫柔滑细腻，所以挤出的形状不易在烘烤过程中变形、破裂，适用于烘烤后做装饰配件。

产品制作流程

甜菜饼底

配方

50% 扁桃仁膏	450 克
全蛋	312 克
低筋面粉	36 克
甜菜粉	36 克
橄榄油	100 克
无盐黄油	36 克
覆盆子果蓉	20 克

制作过程

准备：将 50% 扁桃仁膏放入微波炉中，加热至软化；将黄油熔化成液体；粉类过筛。

1. 将全蛋和 50% 扁桃仁膏放入厨师机内，以中速搅拌打发至顺滑。
2. 将低筋面粉和甜菜粉放入盆中，用手持搅拌球搅拌均匀，分两次加入“步骤 1”中，用橡皮刮刀以翻拌的手法搅拌均匀。
3. 在盆中放入橄榄油、黄油和覆盆子果蓉，用手持搅拌球搅拌均匀。
4. 将“步骤 3”加入“步骤 2”中，用手持搅拌球搅拌均匀。
5. 倒入长方形慕斯圈中，用抹刀抹平，放入风炉，以 160℃烘烤 15~20 分钟。
6. 取出，不脱模。

覆盆子果酱

配方

覆盆子果蓉	750 克
幼砂糖	75 克
玉米淀粉	20 克
NH 果胶粉	15 克
吉利丁片	12 克
冰水	60 克

制作过程

准备：用冰水浸泡吉利丁片至软，备用。

1. 将覆盆子果蓉倒入锅内，加热至 40℃。
2. 在盆中放入幼砂糖、玉米淀粉和 NH 果胶粉，用手持搅拌球搅拌均匀。
3. 将“步骤 2”加入“步骤 1”中，边加入边用手持搅拌球搅拌均匀，煮至浓稠。
4. 在量杯中加入吉利丁片，倒入煮好的“步骤 3”，用均质机搅打均匀，备用。

覆盆子蛋白霜

配方

水	75 克
幼砂糖	600 克
覆盆子果蓉	120 克
红色色淀	1 克
蛋白	300 克

制作过程

1. 将水、幼砂糖、覆盆子果蓉和红色色淀加入锅中，用橡皮刮刀搅拌，煮至 121℃。
2. 将蛋白放入厨师机中，打发至中性发泡。
3. 将煮好的“步骤 1”沿缸壁慢速冲入“步骤 2”中，边加入边打发，打至鸡尾状。
4. 装入带有锯齿裱花嘴的裱花袋内，备用。

甜菜慕斯

配方

甜菜	300 克
水	200 克
白巧克力	650 克
吉利丁片	30 克
冰水	150 克
淡奶油	750 克

制作过程

准备：吉利丁片加冰水浸泡至软，备用；将甜菜切成块。

1. 将甜菜和水放入量杯中，用均质机搅打均匀，成为甜菜果蓉。
2. 将“步骤 1”倒入盆中，加热至煮沸。
3. 加入吉利丁片，用手持搅拌球搅拌均匀。
4. 将白巧克力放在量杯中，倒入“步骤 3”，用均质机搅打均匀。
5. 将淡奶油倒入厨师机内，打发至中性发泡。
6. 将“步骤 5”分次加入“步骤 4”中，用橡皮刮刀以翻拌的手法搅拌均匀，备用。

组合与装饰

材料

新鲜覆盆子	适量
新鲜罗勒叶	适量
镜面果胶	适量

组合过程

1. 取出甜菜饼底，倒上覆盆子果酱，用曲柄抹刀抹平，放入急冻柜中冷冻成形。
2. 取出“步骤 1”，倒入甜菜慕斯，继续放入急冻柜中冷冻成形。
3. 取出“步骤 2”，用刀切出所需尺寸，在表面挤满覆盆子蛋白霜圆球，圆球表面拔出尖。
4. 在表面放上适量的新鲜覆盆子与新鲜罗勒叶。
5. 最后在覆盆子表面挤上适量的镜面果胶，即可。

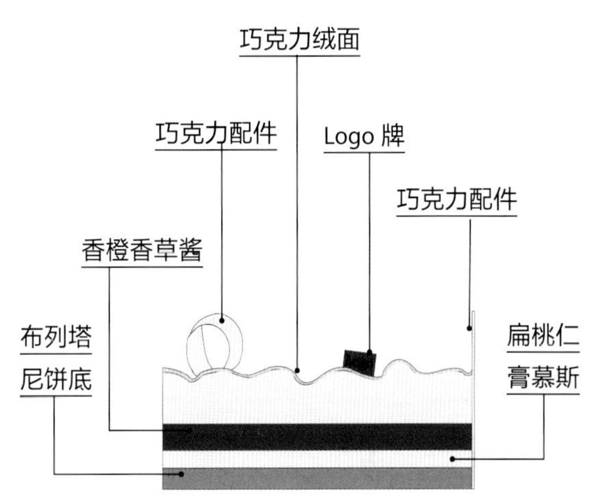

制作难点与要求

本款产品的独特之处在于整体的装饰手法，在甜点装饰中常用的装饰手法都是通过点、线、面、体来表现的。

- 点包括规则点、无规则点，多用粉、膏、果泥、水果、坚果、奶油霜来表现。
- 线包括面上线、立体线，线多用粉、膏、巧克力、糖浆 / 霜、拉糖等来表现。
- 面包括蛋糕表面（顶面、侧面），以及多用粉、淋面、奶油（霜）、巧克力涂层来表现点的面化、线的面化等。
- 体是指蛋糕的空间立体，多用巧克力件、拉糖、翻糖等来创造立体，增大空间，精巧且富有想象。

产品制作流程

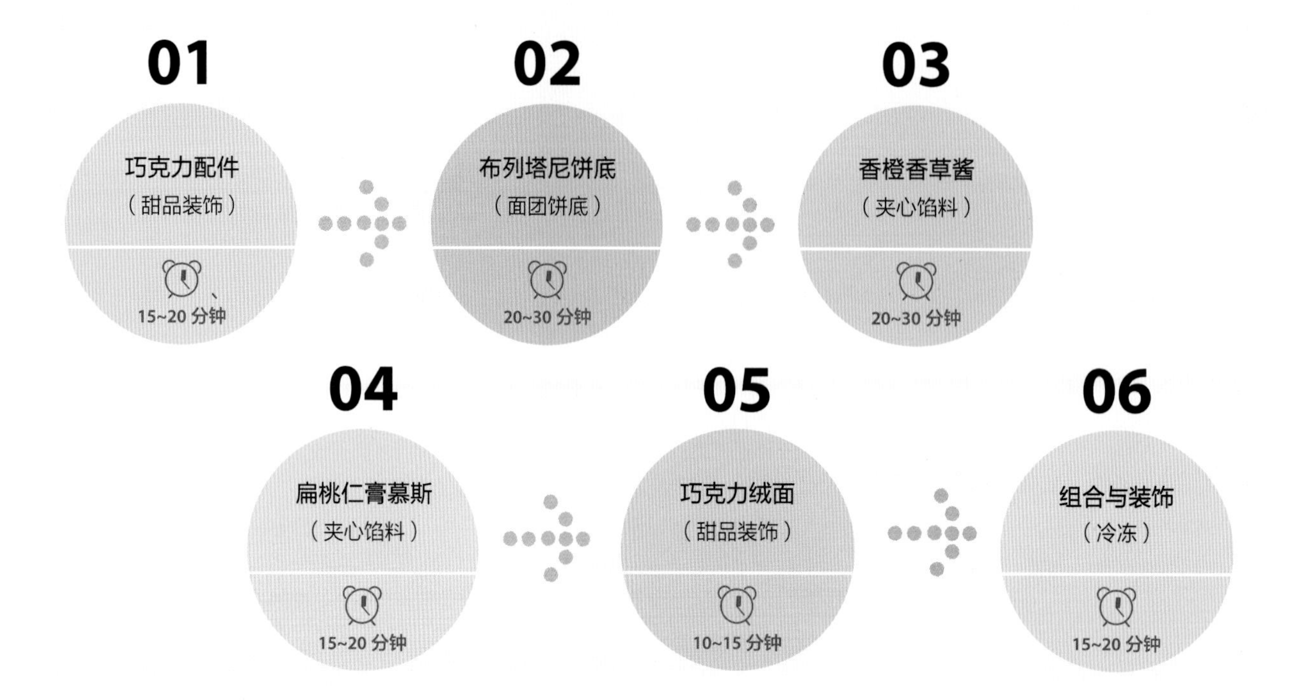

巧克力配件

配方

材料	用量
白巧克力	适量
白色色粉	适量

制作过程

1. 调温：取适量白巧克力放入微波炉内加热至 50℃，白巧克力熔化。加入白色色粉和未熔化的白巧克力，用均质机搅打均匀，使巧克力降温至 30℃。
2. 配件一：将调好温的白巧克力放在玻璃纸上，表面再放一张玻璃纸，用擀面棍擀开，用刀背在表面划出长方形，放入冰箱冷藏，备用。
3. 配件二：剪 3 条慕斯围边，平铺在桌面上，倒上白巧克力，用抹刀将表面抹平，待表面稍微凝固后，用圆筒辅助将其卷起，放入冰箱冷藏（取出的时候要小心，易碎）。

布列塔尼饼底

配方

材料	用量
无盐黄油	144 克
幼砂糖	104 克
盐	1 克
低筋面粉	145 克
泡打粉	10 克
蛋黄	52 克

制作过程

准备：将无盐黄油切成小块，置于室温软化；粉类过筛。

1. 将除蛋黄外的所有材料依次加入厨师机中，用扇形搅拌器中速搅拌均匀。
2. 分次加入蛋黄，用扇形搅拌器混合均匀。
3. 将“步骤 2”倒入铺有硅胶垫的长方形框模中，用软刮板抹平；然后放入风炉以 170℃烘烤 15 分钟。
4. 将烤好的布列塔尼饼底用勺子将表面抹平（排除气泡），置于室温冷却。

香橙香草酱

配方

香橙果蓉	640 克
香草荚	1 根
幼砂糖	195 克
NH 果胶粉	30 克
柠檬汁	8 克

制作过程

准备：将香草荚用刀取籽。

1. 将香橙果蓉和香草籽放入锅中，加热至煮沸。
2. 在盆中放入幼砂糖和 NH 果胶粉，用手持搅拌球混合均匀。
3. 将“步骤 2”倒入“步骤 1”中，边加入边用手持搅拌球搅拌均匀，加热至煮沸。
4. 再加入柠檬汁，倒入量杯中，用均质机充分搅打均匀。
5. 将“步骤 4”倒入底部包有保鲜膜的长方形框模中，放入急冻柜，备用。

扁桃仁膏慕斯

配方

淡奶油	550 克
吉利丁片	15 克
冰水	75 克
牛奶	480 克
66% 扁桃仁膏	235 克

制作过程

准备：将 66% 扁桃仁膏切成小块；用冰水浸泡吉利丁片至软，备用。

1. 将淡奶油放入厨师机内，打发至中性发泡，冷藏备用。
2. 在量杯内放入牛奶和 66% 扁桃仁膏，用均质机搅打均匀。
3. 加入熔化的吉利丁片，用均质机搅打均匀，倒入盆中。
4. 将打发好的“步骤 1”加入到“步骤 3”中，用手持搅拌球充分搅拌均匀，备用。

巧克力绒面

配方

白色色淀	适量
可可脂	100 克
白巧克力	200 克

制作过程

将白色色淀、可可脂和白巧克力放入盆中，隔水熔化，用均质机充分搅打均匀，备用。

组合与装饰

材料

巧克力 Logo 牌	1 个

组合过程

1. 将扁桃仁膏慕斯倒入布列塔尼饼底上，用橡皮刮刀抹平。
2. 取出香橙香草酱，用刀将边缘修整齐，放入“步骤 1”中。
3. 在“步骤 2”表面再倒一层扁桃仁膏慕斯，用抹刀抹平，放入急冻柜冷冻成形。
4. 取出冻好的“步骤 3”，将剩余的扁桃仁膏慕斯装入裱花袋内，在表面挤上不规则的扁桃仁膏慕斯线条，放入急冻柜冷冻成形。
5. 取出“步骤 4”，脱模，用刀切出所需尺寸。用喷枪在表面喷上巧克力绒面，放在裁切好的底板上。
6. 取一片巧克力配件一贴在香橙扁桃仁膏的一侧，在表面斜着摆放巧克力配件二，再放上巧克力 Logo 牌装饰。

鲜活之乐

清新的柠檬饼底、爽口的柠檬罗勒奶油、亮丽的黄色淋面、绿油油的绒面，视觉上仿佛看到了春天的到来，万物复苏，它们都破土而出，舒展它那幼嫩的绿叶。口感上清新爽口，甜而不腻，细细品味更有罗勒的清香，让人神魂颠倒。

扫一扫，
看高清视频

模具

名称：圆形圈模

尺寸：直径 18 厘米，高 3 厘米

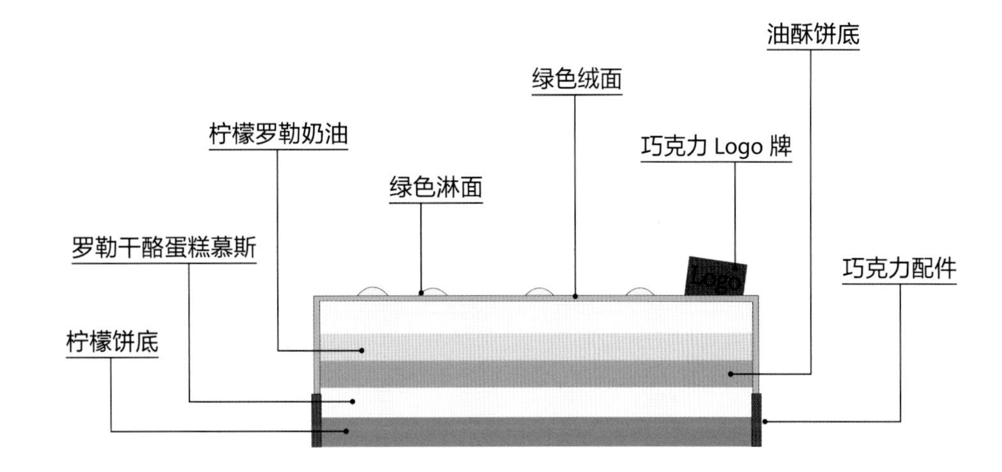

制作难点与要求

油酥饼底制作注意事项

- 面粉使用前必须过筛，过筛能够清除面粉加工过程中混进的杂物，保证面粉的干净安全。同时，在过筛过程中，面粉内能充入部分气体，使面粉形成微小的颗粒，去除面粉中的硬块。调制面团时，更便于操作，使产品更加蓬松。
- 鸡蛋在使用前应该清洗、消毒，打蛋时，要注意防止将蛋壳磕入蛋液内，以免产品有异味和杂质。

产品制作流程

巧克力配件

配方

黑巧克力适量

牛奶巧克力适量

制作过程

1. 调温：取适量黑巧克力放入微波炉内加热至 50℃，巧克力熔化，再加入未熔化的黑巧克力，用均质机搅打均匀，使巧克力降温至 30℃。
2. 配件一：将慕斯围边裁切成直径为 18 厘米圈模的周长长度，并平铺在桌面，将调好温的黑巧克力用曲柄抹刀均匀地抹在表面，围绕在直径为 18 厘米的慕斯圈模周围，放置冷藏备用。
3. 调温：取适量牛奶巧克力放入微波炉内加热至 50℃，牛奶巧克力熔化，加入未熔化的牛奶巧克力，用均质机搅打均匀，使巧克力降温至 30℃。
4. 配件二：将慕斯围边裁切成直径为 18 厘米圈模的周长长度，宽度是“配件一”的一半，并平铺在桌面，将调好温的牛奶巧克力用曲柄抹刀均匀地抹在表面。取出围绕在直径为 18 厘米的慕斯圈模表面，冷藏备用。

绿色淋面

配方

水	100 克	炼乳	130 克
幼砂糖	100 克	吉利丁片	14 克
葡萄糖浆	200 克	冰水	70 克
黄色色淀	1.5 克	白巧克力	200 克
绿色色淀	1.5 克		

制作过程

准备：吉利丁片加冰水浸泡至软，备用。

1. 将水、幼砂糖、葡萄糖浆、绿色色淀和黄色色淀倒入锅中，用手持搅拌球搅拌，加热至煮沸。
2. 加入吉利丁片和炼乳，用手持搅拌球搅拌均匀。
3. 将白巧克力放在量杯中，倒入“步骤 2”，用均质机搅打均匀，贴面铺一层保鲜膜，置于室温冷却，备用。

油酥饼底

配方

黄油	224 克
低筋面粉	400 克
幼砂糖	136 克
盐	5 克
玉米淀粉	92 克
全蛋	112 克

制作过程

准备：将黄油切成小块。

1. 将黄油、低筋面粉、幼砂糖、盐、玉米淀粉放入厨师机中，用扇形搅拌器充分搅拌均匀。
2. 分次加入全蛋，用扇形搅拌器搅拌成团。
3. 将“步骤 2”放在烤盘纸中，表面再盖一张烤盘纸，用擀面棍擀成 3 毫米的厚度，裁切成长条。
4. 将“步骤 3”围绕在圈模内壁中。
5. 再裁切出圆形面皮，放入圈模底部，放入冰箱冷冻 10 分钟。
6. 入风炉，以 160℃烘烤 15 分钟，即可。

柠檬饼底

配方

蛋白	160 克
幼砂糖	51 克
柠檬（取皮屑）	3 个
糖粉	144 克
扁桃仁粉	140 克

制作过程

准备：将糖粉和扁桃仁粉混合过筛。

1. 将蛋白、幼砂糖、柠檬皮屑加入厨师机内，打发至硬性发泡。
2. 将粉类分次加入“步骤 1”中，用橡皮刮刀以翻拌的手法搅拌均匀。
3. 将“步骤 2”倒入慕斯圈模中，用勺子将表面抹平，放入风炉以 160℃烘烤 10~15 分钟。
4. 出炉，脱模，放进急冻柜冷却。

柠檬罗勒奶油

配方

柠檬果蓉	175 克	幼砂糖	115 克
淡奶油	70 克	玉米淀粉	9 克
黄油	145 克	吉利丁片	10 克
葡萄糖浆	115 克	冰水	50 克
新鲜罗勒叶	10 克	可可脂末	145 克
蛋黄	190 克		

制作过程

准备：将黄油切成小块；用冰水浸泡吉利丁片至软，备用。

1. 将柠檬果蓉、淡奶油、黄油、葡萄糖浆和新鲜罗勒叶放入锅中，用橡皮刮刀搅拌，加热至煮沸。
2. 将煮沸的“步骤 1”倒入量杯中，用均质机将罗勒叶打碎。
3. 将“步骤 2”用锥形网筛进行过滤，过滤后，继续加热至沸腾。
4. 将蛋黄、幼砂糖、玉米淀粉放入盆中，用手持搅拌球搅拌均匀。
5. 取一部分“步骤 3”倒入“步骤 4”中搅拌均匀，再全部倒回锅中，小火加热，边加热边用手持搅拌球搅拌均匀，煮至浓稠。
6. 将“步骤 5”倒入量杯中，加入吉利丁片，用均质机搅拌均匀，放入冰水中降温至 40℃。
7. 降温后加入可可脂末，用均质机搅打均匀，备用。

罗勒干酪蛋糕慕斯

配方

新鲜罗勒	5 克
水	90 克
幼砂糖	230 克
奶油奶酪	880 克
糖粉	90 克
蛋黄	140 克
吉利丁片	25 克
冰水	125 克
打发淡奶油	275 克

制作过程

准备：将奶油奶酪切成小块，放置室温软化；用冰水浸泡吉利丁片至软，备用。

1. 将新鲜罗勒和水放入量杯中，用均质机搅打均匀。
2. 用锥形网筛过滤至锅中，加入幼砂糖，加热熬至 119℃。
3. 在另一个厨师机内放入蛋黄，快速搅打至微发，沿缸壁冲入“步骤 2”，边加入边打发，打至 28℃。
4. 将奶油奶酪和糖粉放入厨师机中，用扇形搅拌器搅拌打发。
5. 将“步骤 4”倒入“步骤 3”中，用橡皮刮刀搅拌均匀。加入熔化的吉利丁片，用手持搅拌球搅拌均匀。
6. 在“步骤 5”中分次加入打发淡奶油，用橡皮刮刀以翻拌的手法搅拌均匀，备用。

绿色绒面

配方

可可脂	200 克	蓝色色淀	1 克
白巧克力	100 克	黄色色淀	5 克

制作过程

1. 将可可脂放入微波炉中，加热至熔化，再加入白巧克力、蓝色色淀和黄色色淀，用均质机搅打均匀。
2. 贴面铺一层保鲜膜，备用（使用温度 30~35℃）。

组合与装饰

材料

巧克力 Logo 牌	1 个

组合过程

1. 将柠檬罗勒奶油倒入烤好的油酥饼底中至 9 分满，放入急冻柜中冷冻成形。
2. 在圈模内围一圈慕斯围边，取 450 克罗勒干酪蛋糕慕斯倒入圈模内。
3. 将“步骤 1”反扣在“步骤 2”中。
4. 在表面用勺子再抹上一层薄薄的罗勒干酪蛋糕慕斯。
5. 再放入柠檬饼底，用抹刀抹平，放入急冻柜冷冻成形。
6. 取出“步骤 5”，用喷枪在表面喷上绿色绒面。
7. 将绿色淋面加热至 30℃，在“步骤 6”表面用勺子甩出不规则线条。
8. 取出巧克力配件一和配件二，拆除慕斯围边，围绕在慕斯蛋糕边缘，放上巧克力 Logo 牌。

巧克力蛋糕砖

作为甜点界的元老，巧克力蛋糕既入得了米其林餐厅，也端得上家庭餐桌。不论与什么搭配，不论怎样装饰，都有属于它自己的故事，巧克力蛋糕带给人的幸福与快乐是 100% 的，是最浓厚的，更是最经典的。

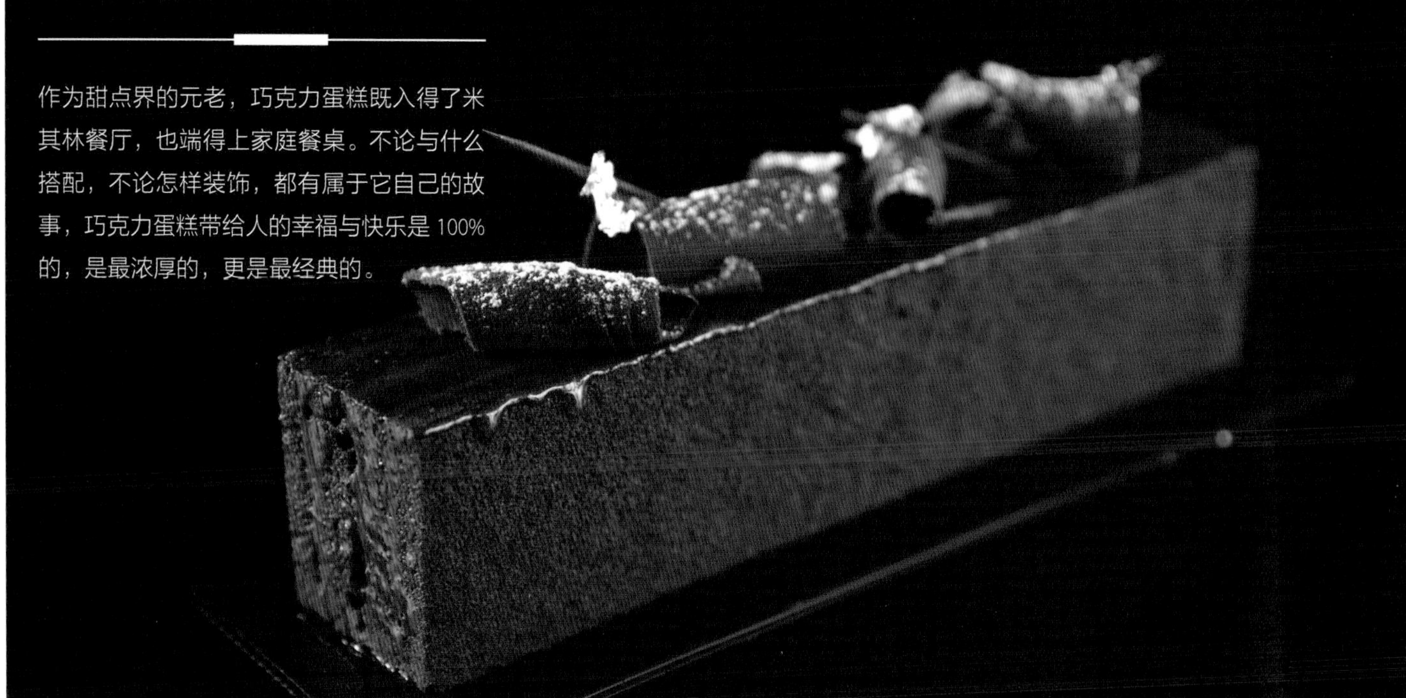

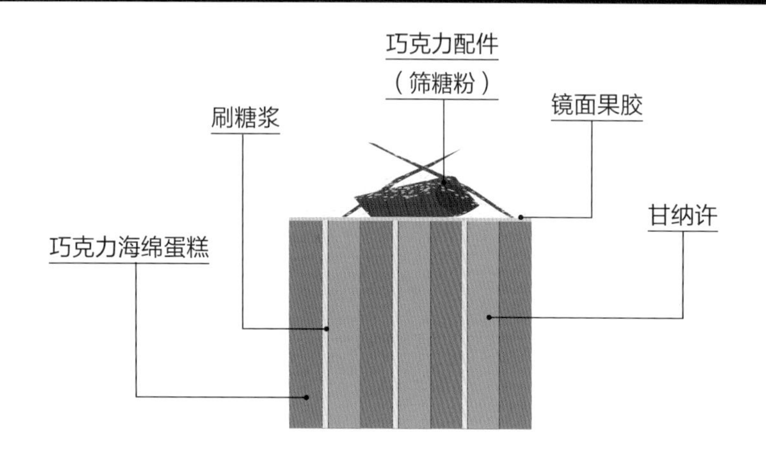

模 具

名称：长方形慕斯圈

尺寸：长 32 厘米，宽 20 厘米，高 5 厘米

制作难点与要求

甘纳许为什么会产生水油分离?

- 搅拌过度：过度搅拌会使混合物温度迅速降低，并且混入大量的空气，破坏乳化的稳定状态。
- 淡奶油的煮制温度不够，淡奶油在低温状态下无法顺利搅拌，一旦淡奶油的温度降低，巧克力就无法熔化，也无法乳化，导致可可脂和淡奶油分离。

产品制作流程

01	02	03	04
巧克力海绵蛋糕（蛋糕饼底）	糖浆（浸入酱汁）	甘纳许（夹心馅料）	组合与装饰（冷冻）
15~20 分钟	10~15 分钟	15~20 分钟	15~20 分钟

巧克力海绵蛋糕

配方

扁桃仁膏	370 克	泡打粉	5 克
幼砂糖	65 克	可可粉	37 克
全蛋	415 克	可可酱砖	75 克
低筋面粉	80 克	黄油	112 克

组合过程

准备：将黄油熔化。

1. 将扁桃仁膏和幼砂糖放入厨师机中，边搅拌边加入全蛋，搅拌均匀。
2. 加入过筛的低筋面粉、泡打粉和可可粉，用橡皮刮刀以翻拌的手法搅拌均匀。
3. 将可可酱砖和黄油混合，搅拌均匀，加入“步骤 2”中，用橡皮刮刀搅拌均匀。
4. 在铺有硅胶垫的烤盘中，倒入面糊，用曲柄抹刀抹平，入风炉以 180℃烘烤 10 分钟。

糖浆

配方

幼砂糖	500 克	朗姆酒	150 克
水	500 克		

制作过程

1. 将水和幼砂糖放入锅中，加热煮沸。
2. 离火，降温至 20℃，加入朗姆酒搅拌均匀。

甘纳许

配方

牛奶	670 克	黑巧克力	1000 克
淡奶油	130 克	黄油	280 克

制作过程

准备：将黄油软化。

1. 将牛奶和淡奶油放入锅中，加热煮沸。
2. 倒入黑巧克力中，搅拌溶化。
3. 降温至 35℃左右，加入黄油，用均质机搅拌均匀。
4. 倒入铺有保鲜膜的烤盘中，表面再包一层保鲜膜，放入冰箱冷藏，备用。

组合与装饰

材料

镜面果胶	适量	糖粉	适量
巧克力配件	适量		

组合过程

1. 取出巧克力海绵蛋糕饼底，用长方形慕斯圈压出 4 块饼底，用毛刷将糖浆刷在每块饼底的表面。
2. 在长方形慕斯圈中放入一块饼底，倒入甘纳许，用曲柄抹刀抹平。
3. 将“步骤 2”再重复两次。
4. 最后再放一块饼底，轻轻按压，放入急冻柜冷冻成形。
5. 取出，用牛角刀切成小长方形块，横切面朝上，放到黑底板上。
6. 用毛刷将镜面果胶刷在蛋糕表面。在巧克力配件表面筛上适量糖粉，摆放在蛋糕表面装饰即可。

直觉

细腻绵软的柠檬饼底搭配着糖渍苹果梨，散发出的淡淡清香已经足够诱人，再装饰具有特殊香味的肉桂奶油，既能增添产品的风味，又能提升整体的颜值。

扫一扫，
看高清视频

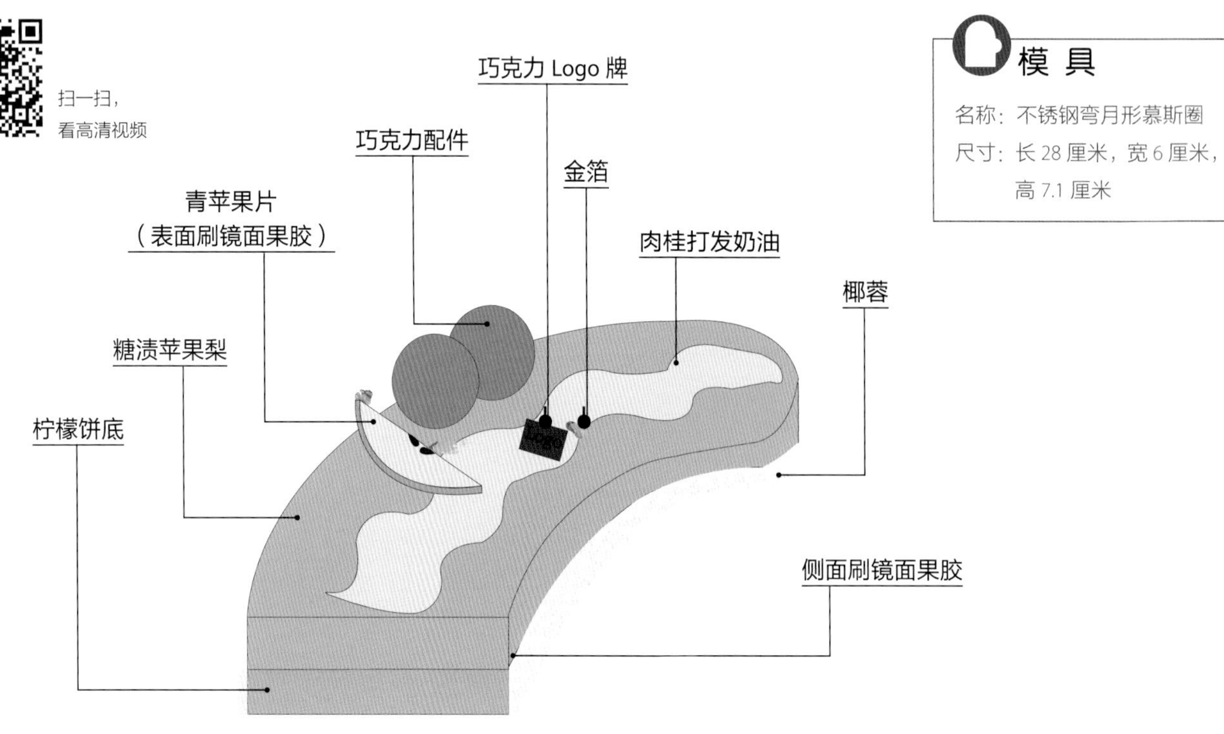

模 具

名称：不锈钢弯月形慕斯圈

尺寸：长 28 厘米，宽 6 厘米，高 7.1 厘米

制作难点与要求

肉桂在产品中起到什么作用?

肉桂是樟科樟属常绿乔木植物肉桂的干树皮，别名玉桂、树桂，俗称桂皮。本次制作中使用的是肉桂粉，肉桂粉是由肉桂或大叶清化桂的干皮和枝皮制成的粉末，香味独特，通常用于面包、甜品、烹饪中，不但能增加特殊的香料风味，还具有散寒止痛、活血通经的功效。

产品制作流程

01	02	03	04	05
巧克力配件（甜品装饰）	柠檬饼底（蛋糕饼底）	糖渍苹果梨（夹心馅料）	肉桂打发奶油（甜品装饰）	组合与装饰（冷冻）
15~20 分钟	40~60 分钟	20~30 分钟	10~15 分钟	15~20 分钟

巧克力配件

配方

白巧克力	500 克
绿色色淀	适量
黄色色淀	适量

制作过程

1. 调温：将 300 克白巧克力放入微波炉内加热熔化至 50℃，加入绿色色淀、黄色色淀和剩余未熔化的 200 克白巧克力，用均质机搅打均匀，使巧克力降温至 28℃。
2. 将调好温的巧克力放在玻璃纸中，表面再放一张玻璃纸，用擀面棍擀开。
3. 待巧克力稍凝固后，快速用圈模压出圆片，放入冰箱冷藏，备用。

柠檬饼底

配方

柠檬皮屑	40 克
幼砂糖（1）	315 克
蛋白	400 克
扁桃仁粉	155 克
低筋面粉	130 克
幼砂糖（2）	65 克
椰蓉	适量

制作过程

1. 将柠檬皮屑、幼砂糖（1）、蛋白放入厨师机中，中速打发至硬性发泡。
2. 将扁桃仁粉和低筋面粉过筛。
3. 将过筛的“步骤 2”分次加入“步骤 1”中，用橡皮刮刀以翻拌的手法搅拌均匀。
4. 将“步骤 3”装入裱花袋中，挤入底部铺有硅胶垫的弯月形慕斯圈中，至 7 分满。放入风炉，以 165℃烘烤 25 分钟。

4

糖渍苹果梨

配方

配方	
梨子果蓉	736 克
苹果果蓉	590 克
顿加豆	4 根
肉桂卷	4 根
蜂蜜	24 克
转化糖浆	92 克
绿色色素	少量
NH 果胶粉	12 克
幼砂糖	92 克
青柠汁	56 克
苹果烧酒	40 克
黄油	40 克

制作过程

准备：将黄油切成小块。

1. 将苹果果蓉和梨子果蓉放入锅中，加热。
2. 加入顿加豆（用剥皮刀剥碎）、肉桂卷、蜂蜜和转化糖浆，用手持搅拌球搅拌均匀。
3. 加入少量的绿色色素，用手持搅拌球搅拌均匀。
4. 将 NH 果胶粉和幼砂糖混合在一起，加入“步骤 3”中，用手持搅拌球搅拌均匀。
5. 再加入青柠汁和苹果烧酒，用手持搅拌球搅拌均匀。
6. 将混合物煮至浓稠，倒入锥形网筛内，进行过滤。
7. 在“步骤 6”中加入黄油，用均质机充分搅打均匀，备用。

肉桂打发奶油

配方

配方	
淡奶油	350 克
肉桂粉	10 克
白巧克力	175 克
吉利丁片	6 克
冰水	30 克

制作过程

准备：用冰水浸泡吉利丁片至软，备用。

1. 将淡奶油和肉桂粉放入锅中，加热至煮沸。
2. 将白巧克力和吉利丁片放入量杯中。
3. 将“步骤 1”加入“步骤 2”中，用均质机搅打均匀，贴面盖上一层保鲜膜，放入冰箱冷藏，备用。

组合与装饰

材料

材料	
镜面果胶	适量
椰蓉	适量
青苹果	适量
金箔	适量
巧克力 Logo 牌	1 个

组合过程

1. 将糖渍苹果梨倒入烤好的柠檬饼底内至 10 分满，放入急冻柜冷冻成形。
2. 取出“步骤 1”，脱模，饼底部分用毛刷刷上一层镜面果胶，撒上一层椰蓉。
3. 取出肉桂奶油，进行打发，装入带有裱花嘴的裱花袋中，在表面挤出 S 形线条。
4. 用刀将青苹果切成月牙状，在表面刷一层镜面果胶，放在慕斯一端，放适量金箔，再摆放巧克力配件、巧克力 Logo 牌装饰即可。

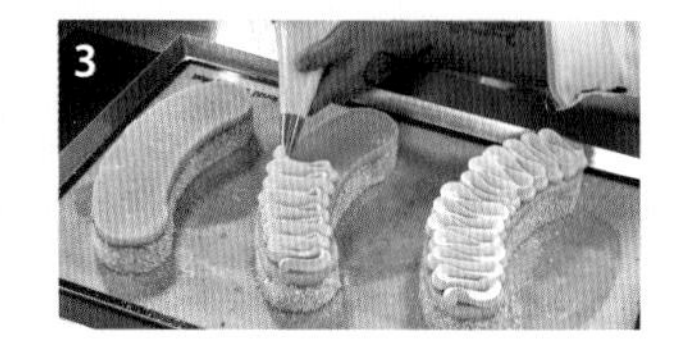

草莓布列塔尼挞

布列塔尼糕点起源于十九世纪，选用黄油和蛋黄作为最主要的原材料，整体口感较为绵密，外皮松脆，内部顺滑，再加入奶油、水果或坚果作为装饰点缀，具有浓郁的地方特色。

扫一扫，
看高清视频

模具

名称：圆形圈模

尺寸：直径 18 厘米，

高 3 厘米

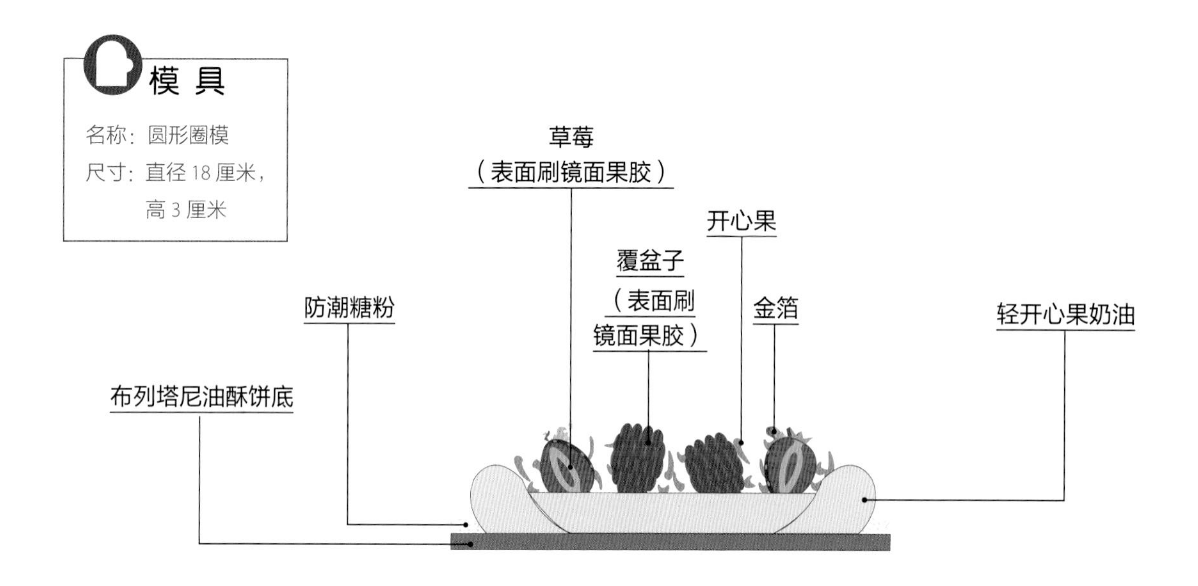

制作难点与要求

- 烘烤完成的挞饼底部会鼓起，是什么原因？

  原因是底部面团和挞模之间有空气残留，没有进行扎孔排气，在放入烤箱后空气遇热而膨胀。所以必须仔细地铺好面团，特别是模具底部的角落。面团铺好后，用叉子或滚针将面团表面扎孔，可以让残留在面团挞模间的气体更容易排出。

- 挞皮在烘烤的时候缩小了是什么原因？

  ◎挞皮面团制作完成后，要注意松弛。

  ◎面团在擀压时，厚度不均匀。

  ◎烘烤温度低或在烘烤时开了烤箱门，一旦打开烤箱门，温度会下降，不易烘烤出色泽，使烘烤时间变长，从而面团紧缩。

产品制作流程

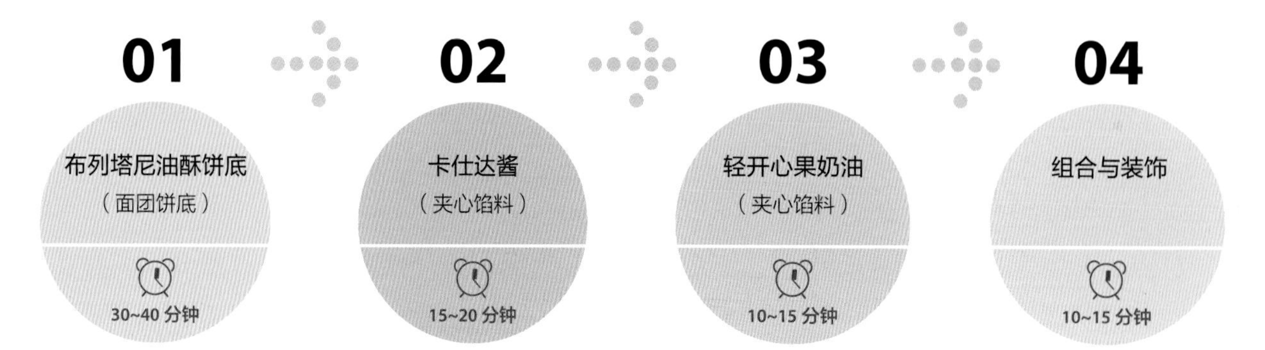

布列塔尼油酥饼底

配方

蛋黄	60 克
幼砂糖	140 克
黄油	150 克
盐	4 克
面粉	200 克
泡打粉	20 克

制作过程

1. 将所有材料（除蛋黄外）依次加入厨师机中，用扇形搅拌器中速搅拌均匀。
2. 分次加入蛋黄，搅拌均匀。
3. 取出面团，放在两张烤盘纸中间，用擀面棍擀成约 5 毫米厚，放入急冻柜 5 分钟。
4. 将“步骤 3”取出回温，用圈模压出饼底。
5. 在圈模内部边缘围上带孔硅胶垫，放入饼底，在底部扎孔，放入风炉中，以 160℃烘烤 15~20 分钟，烤好后取出，冷却备用。

卡仕达酱

配方

全脂牛奶	460 克
香草荚	2 根
蛋黄	120 克
细砂糖	120 克
玉米淀粉	40 克

制作过程

1. 将香草荚取籽，和牛奶一起加入锅中，加热煮沸。
2. 将蛋黄、细砂糖、玉米淀粉混合，用手持搅拌球搅拌均匀。
3. 取一部分“步骤 1”倒入“步骤 2”中，再倒回锅中，小火边加热边搅拌，煮至浓稠。
4. 倒入铺有保鲜膜的烤盘内，在表面再包一层保鲜膜，放入冰箱冷藏，备用。

轻开心果奶油

配方

卡仕达酱	500 克
开心果泥	40 克
樱桃白兰地	20 克

制作过程

1. 将开心果泥和卡仕达酱放入盆中，用手持搅拌球搅拌均匀。
2. 加入樱桃白兰地，用手持搅拌球继续搅拌均匀。
3. 将“步骤 2”装入带有圆形裱花嘴的裱花袋内，备用。

组合与装饰

材料

新鲜草莓	适量
新鲜覆盆子	适量
防潮糖粉	适量
开心果	适量
镜面果胶	适量
金箔	适量

组合过程

1. 在布列塔尼油酥饼底表面边缘处，挤一圈圆形的轻开心果奶油。
2. 在中间部分以绕圈的手法挤入轻开心果奶油。
3. 将草莓用刀对半切开，摆放在轻开心果奶油表面，摆放一圈，中间留出空间，摆放新鲜覆盆子。
4. 在草莓布列塔尼边缘一周撒上防潮糖粉，表面撒适量开心果。
5. 在水果表面用毛刷刷上镜面果胶，放上金箔点缀。
6. 最后将草莓布列塔尼挞放在金底板上，即可。

覆盆子马卡龙

用最基础的制作手法，做出百变的造型，一枚小小的马卡龙有着圆圆的形状、缤纷的色彩，再加上它丰富的内馅，轻轻一咬，味蕾在一刹那得到满足，幸福感油然而生。

扫一扫，
看高清视频

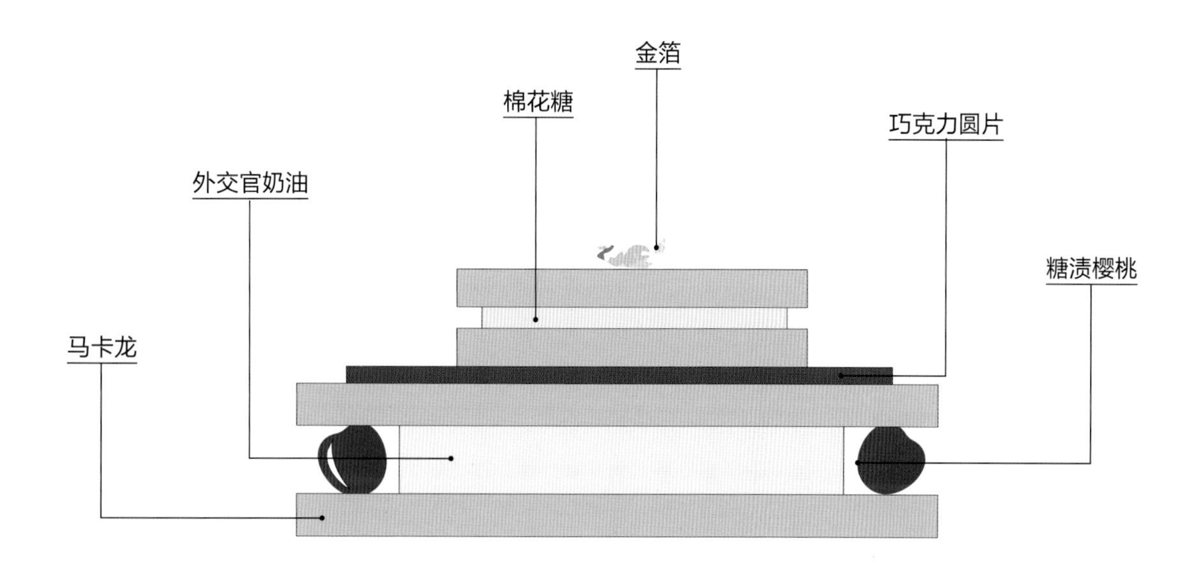

制作难点与要求

制作马卡龙面糊的注意事项

- 在面糊中加入意式蛋白霜后，搅拌面糊的力度要适度，搅拌至绸带状，提起橡皮刮刀，面糊会断落的状态即可。搅拌太用力会导致消泡。
- 马卡龙面糊挤好后，一定要待表皮晾干（结皮、不粘手），才能入烤箱烘烤。当然，晾皮时间也不能过长，否则表皮太硬，容易造成烘烤时面糊受热不均。
- 制作马卡龙时，最好使用专业制作马卡龙的硅胶垫，因其导热慢，可以防止底部过早定形，同时专业马卡龙硅胶垫一般都印有圆圈，可以帮助统一马卡龙的大小。

产品制作流程

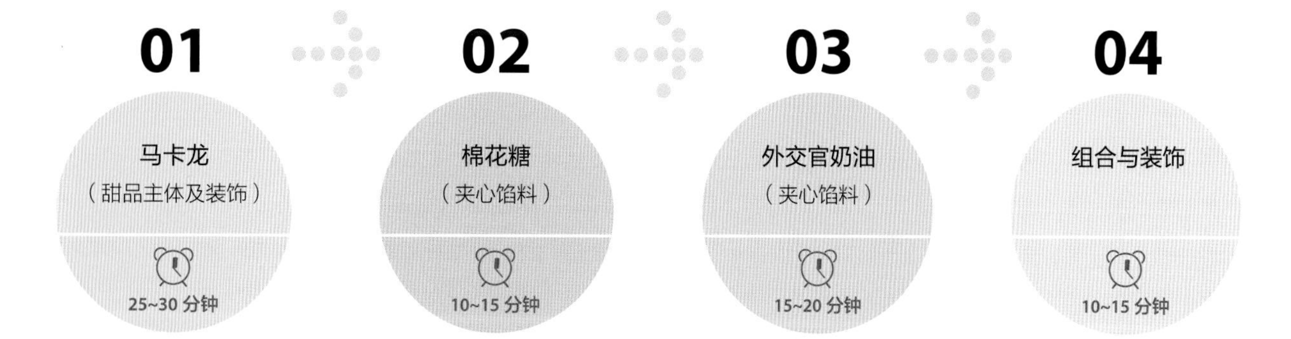

马卡龙

配方

扁桃仁粉	150 克
糖粉	150 克
蛋白（1）	55 克
幼砂糖	150 克
水	40 克
蛋白（2）	55 克
紫色色粉	适量

制作过程

1. 将扁桃仁粉和糖粉混合过筛，加入蛋白（1），搅拌均匀。
2. 将幼砂糖和水放入锅中加热至116℃。
3. 将蛋白（2）放入厨师机中，打发至中性状态。
4. 将“步骤 2”沿缸壁冲入“步骤 3”中，搅拌均匀，加入紫色色粉搅拌均匀。
5. 将“步骤 4”分次加入“步骤 1”中，用橡皮刮刀以翻拌的手法搅拌均匀，装入带有圆形裱花嘴的裱花袋中。
6. 在铺有硅胶垫的烤盘中，挤出一部分直径约 8 厘米的圆形面糊，一部分直径约 4 厘米的圆形面糊，在烤盘下面垫 1 个烤盘，入烤箱以上火 180℃、下火 100℃烘烤 10 分钟，然后将下面的烤盘取出，再继续烘烤 5 分钟。

棉花糖

配方

幼砂糖	150 克	葡萄糖浆	49 克
水	64 克	吉利丁粉	12 克
糖粉	49 克	冰水	70 克
香草荚	半根		

制作过程

准备：将吉利丁粉加冰水浸泡；香草荚取籽。

1. 将幼砂糖、水、糖粉和香草籽加入锅中，加热煮沸。
2. 加入泡好的吉利丁粉，搅拌均匀。
3. 将葡萄糖浆和“步骤 2”加入厨师机中，快速打发至中性状态，装入裱花袋备用。

外交官奶油

配方

牛奶	500 克	幼砂糖	75 克
蛋黄	200 克	打发淡奶油	200 克
玉米粉	45 克	吉利丁粉	8 克
盐	2 克	冰水	40 克

制作过程

准备：将吉利丁粉加冰水提前泡软。

1. 将牛奶放入锅中，加热煮沸。
2. 将蛋黄、玉米粉、盐和幼砂糖混合，用手持搅拌球搅拌均匀。
3. 取一部分“步骤 1”倒入“步骤 2”中，再倒回锅中，小火边加热边搅拌，煮至浓稠。
4. 离火，加入泡好的吉利丁粉，搅拌均匀，降温至 20℃。
5. 最后分次加入打发淡奶油，搅拌均匀备用。

组合与装饰

材料

酒渍樱桃	适量
巧克力圆片	适量
金箔	适量

组合过程

1. 取出直径约 8 厘米的马卡龙，反面朝上，挤入外交官奶油，在外交官奶油边缘摆一圈酒渍樱桃，再盖上一片直径约 8 厘米的马卡龙。
2. 取出直径约 4 厘米的马卡龙，挤入棉花糖，再盖上一片直径约 4 厘米的马卡龙，轻轻按压。
3. 在“步骤 1”顶部放一片巧克力圆片，再放上“步骤 2”，最后在顶部放上金箔装饰即可。

核桃派

当满满的核桃在唇齿间发出清脆的声音时，浓郁的奶香味也随之充斥在舌尖，一半酥脆、一半醇厚，营养美味，搭配满分。

扫一扫，
看高清视频

名称：圆形圈模

尺寸：直径 18 厘米，高 3 厘米

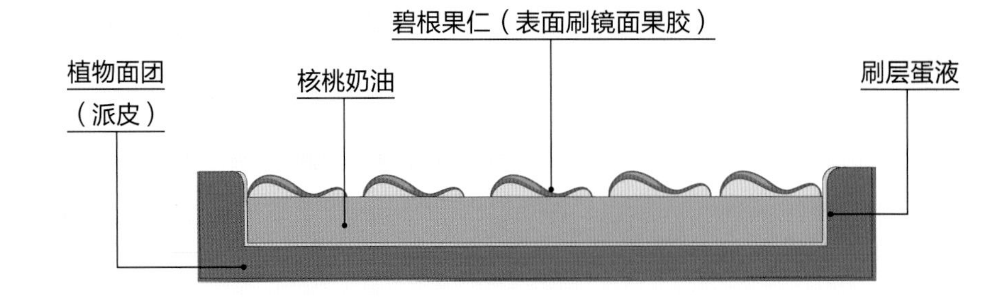

制作难点与要求

制作派皮要点

- 将鸡蛋加入面团中时，要分次加入，如果一次性全部加入会出现水油分离的情况。
- 搅拌面团材料时，不要长时间搅拌，并且不要长时间擀制揉搓面团，防止面团油脂溢出，面团开裂，最终的成品会出现收缩、口感硬的状态。
- 尽量减少面团的重复使用，以免影响成品的酥松口感。

产品制作流程

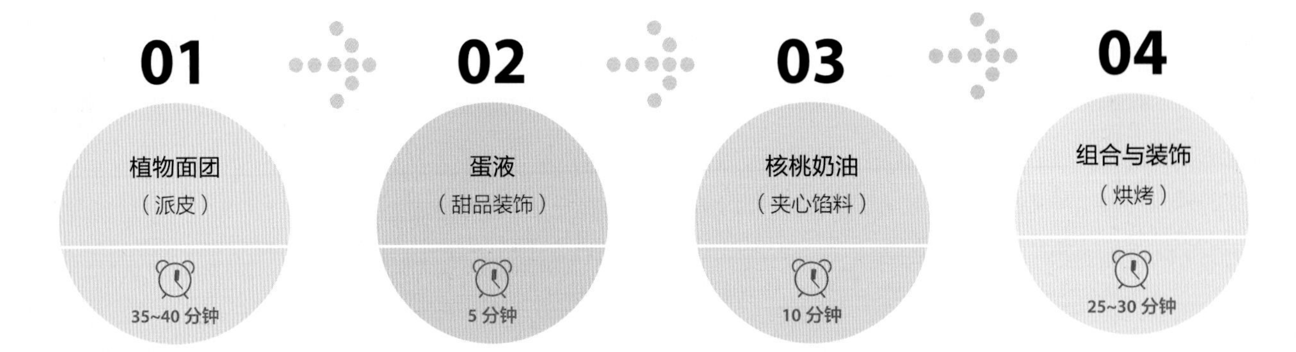

植物面团

配方

中筋面粉	100 克
玉米淀粉	23 克
黄油	56 克
幼砂糖	34 克
全蛋	28 克

制作过程

准备：将黄油切成小块。

1. 将中筋面粉、玉米淀粉、黄油和幼砂糖放入厨师机内，用扇形搅拌器充分搅拌均匀。
2. 分次加入全蛋，用扇形搅拌器搅拌成团。
3. 将“步骤 2”按压在硅胶垫上，表面再盖一张硅胶垫，用擀面棍将面团擀开，至约 3 毫米厚。
4. 切取大小适合的面团，围绕在圈模内侧一周。
5. 继续用圈模裁切出圆形，填放在圈模底部。
6. 将模具整体放入冰箱冷冻 10 分钟。
7. 放入风炉，以 160℃烘烤 15 分钟，即可。

蛋液

配方

材料	用量
全蛋	100 克
蛋黄	100 克
淡奶油	100 克

制作过程

将所有材料放入盆中，用手持搅拌球混合均匀，备用。

核桃奶油

配方

材料	用量
幼砂糖	100 克
核桃粉	65 克
蛋白	83 克
肉桂粉	1 克
葡萄干	17 克

制作过程

1. 将幼砂糖、核桃粉、蛋白和肉桂粉放入锅中，边加热边用手持搅拌球搅拌均匀，至浓稠状。
2. 加入葡萄干，用橡皮刮刀搅拌均匀，备用。

组合与装饰

材料

材料	用量
原味碧根果仁	100 克
镜面果胶	适量
防潮糖粉	适量
黑色丝带	1 根

组合过程

1. 用毛刷将蛋液刷在烤好的派皮内侧、外侧和底部。
2. 再倒入核桃奶油，用勺子抹平。
3. 将原味碧根果仁整齐摆放在核桃奶油表面，放入风炉，以 165℃烘烤 15 分钟。
4. 烤好后取出冷却，脱模，用毛刷在核桃派表面刷一层镜面果胶。
5. 用比核桃派小一号的慕斯圈模包上保鲜膜，反扣在核桃派上，在剩余边缘处筛一层防潮糖粉。
6. 取下圈模，围一圈黑色丝带装饰。

难以抗拒

丝滑香软的饼底搭配滑润浓稠的夹心馅料，混合了蛋与糖的甜润、焦糖奶油的香甜、烤榛子的酥脆，多重层次与滋味在此交织融合，各种口感都在一块小小的蛋糕中获得体验和满足，就像它的名字一样让人难以抗拒。

扫一扫，
看高清视频

模具

名称：长方形慕斯圈

尺寸：长 32 厘米，宽 20 厘米，高 5 厘米

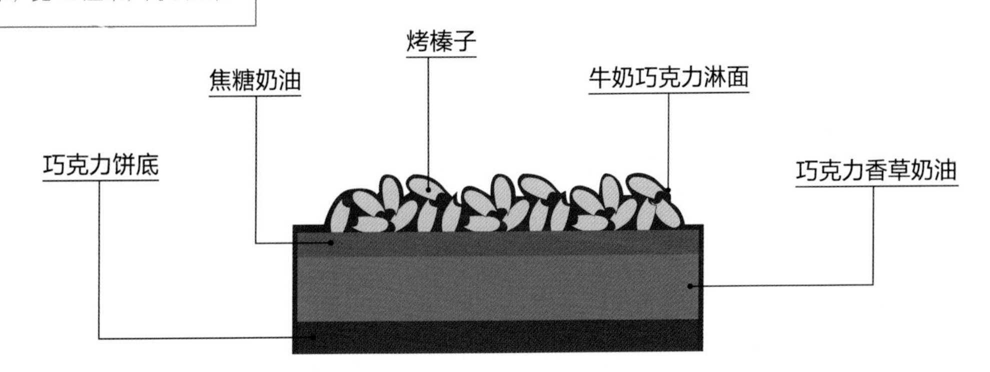

制作难点与要求

熬制焦糖时要加水吗?

熬制焦糖有两种做法：干燥法和湿润法。

- 干燥法不需要加水，煮制时选择锅底厚且质量好的糖锅，将幼砂糖分次加入锅中。如果一次性加入糖，搅拌不均匀易导致煳底。
- 湿润法需要加水，加水可以加快熔化幼砂糖，并有效避免煳锅，在焦化的过程中，水分慢慢蒸发，可以延长煮制时间，使糖充分反应，让焦糖的风味更加浓郁，但制作时间较长，水、糖用量比例为 1：3。

产品制作流程

01	02	03	04	05
牛奶巧克力淋面（淋面）	巧克力饼底（蛋糕饼底）	焦糖奶油（夹心馅料）	巧克力香草奶油（夹心馅料）	组合与装饰（冷冻）
10~15 分钟	30~40 分钟	20~30 分钟	10~15 分钟	20~25 分钟

牛奶巧克力淋面

配方

34% 牛奶巧克力	750 克
芥花油	200 克

制作过程

1. 将 34% 牛奶巧克力放入微波炉中，加热熔化。
2. 加入芥花油，用橡皮刮刀搅拌均匀，备用。

巧克力饼底

配方

幼砂糖（1）	50克	幼砂糖（2）	40克
蛋白	125克	低筋面粉	50克
蛋黄	100克	可可粉	50克
全蛋	50克	黄油	25克
转化糖浆	25克		

制作过程

准备：将黄油熔化成液体；粉类过筛。

1. 将幼砂糖（1）和蛋白放入厨师机中，快速打发至中性发泡。
2. 将蛋黄、全蛋、转化糖浆、幼砂糖（2）、低筋面粉和可可粉放入另一个厨师机内，用扇形搅拌器搅拌均匀，再加入熔化的黄油，搅拌均匀至顺滑。
3. 将打发的"步骤1"分次加入"步骤2"中，用橡皮刮刀以翻拌的手法拌匀。
4. 将"步骤3"倒入底部铺有硅胶垫的长方形慕斯圈内，用曲柄抹刀抹平。
5. 放入风炉中，以160℃烘烤20分钟，烤好后，将饼底放入急冻柜中，备用。

焦糖奶油

配方

淡奶油（1）	110克
香草荚	2根
幼砂糖	110克
黄油	160克
淡奶油（2）	100克

制作过程

准备：将香草荚用刀取籽；将黄油切成小块，软化。

1. 将淡奶油（1）和香草籽放入锅中，加热煮沸，离火。
2. 在表面包上保鲜膜闷5分钟，使其香味不流失，备用。
3. 将幼砂糖分两次加入锅中，边加热边用橡皮刮刀搅拌，中火熬制成焦糖，关火。
4. 将"步骤2"加入"步骤3"中，用橡皮刮刀充分搅拌均匀，降温至40℃。
5. 加入淡奶油（2），用橡皮刮刀搅拌均匀。
6. 再加入黄油，用均质机搅打均匀，包上保鲜膜，放置室温保存，备用。

巧克力香草奶油

配方

香草荚	1根
葡萄糖浆	30克
牛奶	140克
淡奶油	160克
70%黑巧克力	360克

制作过程

准备：将香草荚用刀取籽。

1. 将香草籽、葡萄糖浆、牛奶和淡奶油放入锅中，用手持搅拌球搅拌均匀，加热至沸腾。
2. 在量杯中装入70%黑巧克力，冲入"步骤1"，用均质机搅打均匀，备用。

组合与装饰

材料

烤榛子	适量

组合过程

1. 将巧克力香草奶油倒入巧克力饼底中，用橡皮刮刀将表面抹平，放入急冻柜冷冻成形。
2. 取出"步骤1"，用刀切成小长方形。
3. 将焦糖奶油装入裱花袋中，在表面挤出长条（起到粘黏作用）。
4. 在"步骤3"表面粘上烤熟的榛子。
5. 将牛奶巧克力淋面加热至30℃，淋在"步骤4"表面，淋好后，放入急冻柜冷冻凝固。
6. 冷冻成形后取出，再淋一层牛奶巧克力淋面，放在金底板上即可。

巧克力榛果蛋糕

达垮兹又被译为“达克瓦兹”，是经典的法式甜点，传统的达垮兹饼源于法国西南部的达兹地区，是一种由大量的蛋白、杏仁粉和糖粉制成的蛋白饼。柔软细腻的巧克力榛果达垮兹饼底再搭配丝滑醇香的甘纳许夹心，简单经典的完美搭配，每一口都让人回味无穷。

模 具

名称：长方形慕斯圈

尺寸：长 32 厘米，宽 20 厘米，高 5 厘米

扫一扫，
看高清视频

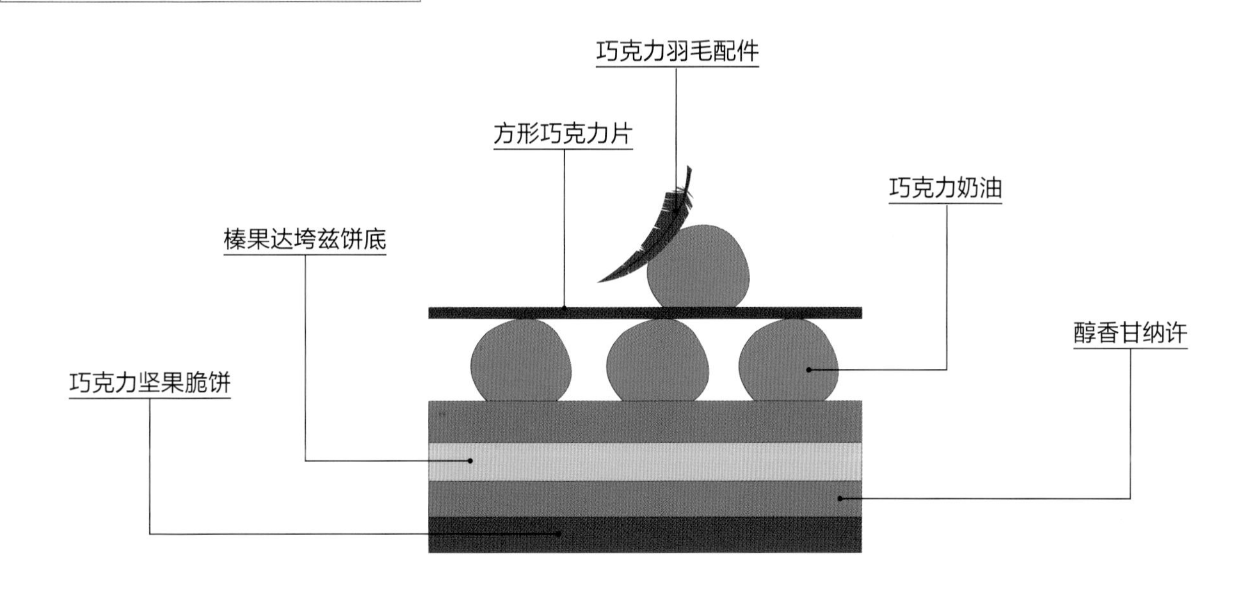

制作难点与要求

制作达垮兹饼底的过程中要注意，搅拌的手法和时间都是关键，要将橡皮刮刀深入材料底部，像舀水一样，将材料翻起再搅拌，加入粉类后拌至无干粉即可，不可过多搅拌，否则蛋白会消泡，面糊会变稀，烤出来的蛋糕质地较硬，无松软感。

产品制作流程

巧克力坚果脆饼

配方

材料	用量
黑巧克力	100 克
果仁酱	300 克
黄油薄脆片	260 克

制作过程

1. 将黑巧克力熔化，加入果仁酱中搅拌均匀。
2. 加入黄油薄脆片中，搅拌均匀。
3. 在铺有烤盘纸的烤盘中放入长方形慕斯圈，倒入“步骤 2”，用曲柄抹刀压平，放入急冻柜冷冻成形，备用。

榛果达垮兹饼底

配方

材料	用量
蛋白	175 克
幼砂糖	65 克
榛子粉	150 克
糖粉	150 克
烤榛子	30 克

制作过程

准备：粉类过筛。

1. 将蛋白放入厨师机中，打发至发泡状态，分次加入幼砂糖，再打发至中性状态。
2. 将糖粉和榛子粉混合拌匀，加入“步骤 1”中，用橡皮刮刀以翻拌的手法搅拌均匀。
3. 倒在铺有烤盘纸的烤盘中，用曲柄抹刀抹平，均匀地撒上烤榛子。
4. 入风炉以 180℃烘烤 10 分钟。
5. 取出榛果达垮兹饼底，用长方形慕斯圈压出饼底。

醇香甘纳许

配方

牛奶	300 克
淡奶油	300 克
蛋黄	96 克
幼砂糖	96 克
黑巧克力	420 克
牛奶巧克力	280 克

制作过程

1. 将牛奶和淡奶油倒入锅中加热。
2. 将蛋黄和幼砂糖混合，用手持搅拌球打至乳化发白。
3. 取一部分“步骤 1”加入“步骤 2”中拌匀，再全部倒回锅中加热至 83℃。
4. 将“步骤 3”倒入黑巧克力和牛奶巧克力的混合物中，将巧克力熔化，用均质机搅拌均匀。

巧克力奶油

配方

淡奶油	200 克
牛奶巧克力	50 克

制作过程

准备：将牛奶巧克力熔化。

1. 将淡奶油放入厨师机中，打发至干性状态。
2. 将“步骤 1”分次加入熔化好的牛奶巧克力中，搅拌均匀，装入裱花袋。

组合与装饰

材料

方形巧克力片	适量
巧克力羽毛配件	适量

组合过程

1. 取出巧克力坚果脆饼，不脱模，倒入适量醇香甘纳许，用曲柄抹刀抹平，放上榛果达垮兹饼底，轻轻按压。
2. 将剩余的醇香甘纳许倒在“步骤 1”中，用曲柄抹刀抹平，放入急冻柜冷冻成形。
3. 取出“步骤 2”，脱模，用牛角刀将蛋糕切成小长方形，放到金底板上。
4. 在蛋糕表面挤出圆球状的巧克力奶油，放上方形巧克力片，在巧克力片上挤适量巧克力奶油球，放上巧克力羽毛配件装饰即可。

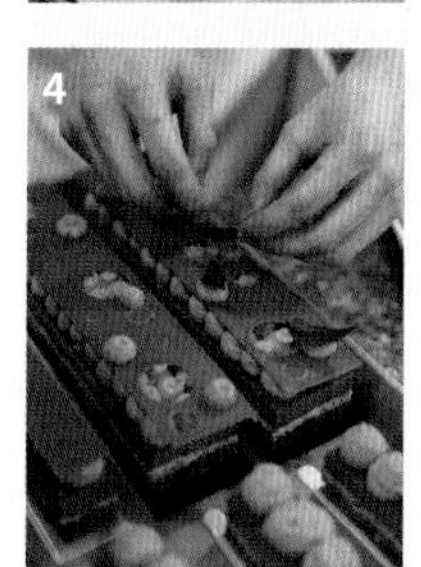

异域芝士树桩蛋糕

独特新颖的装饰效果总会让人眼前一亮，丰富美味的食材搭配总会让人念念不忘，海绵蛋糕因为酸奶和淡奶油的加入变得更加独特、诱人。

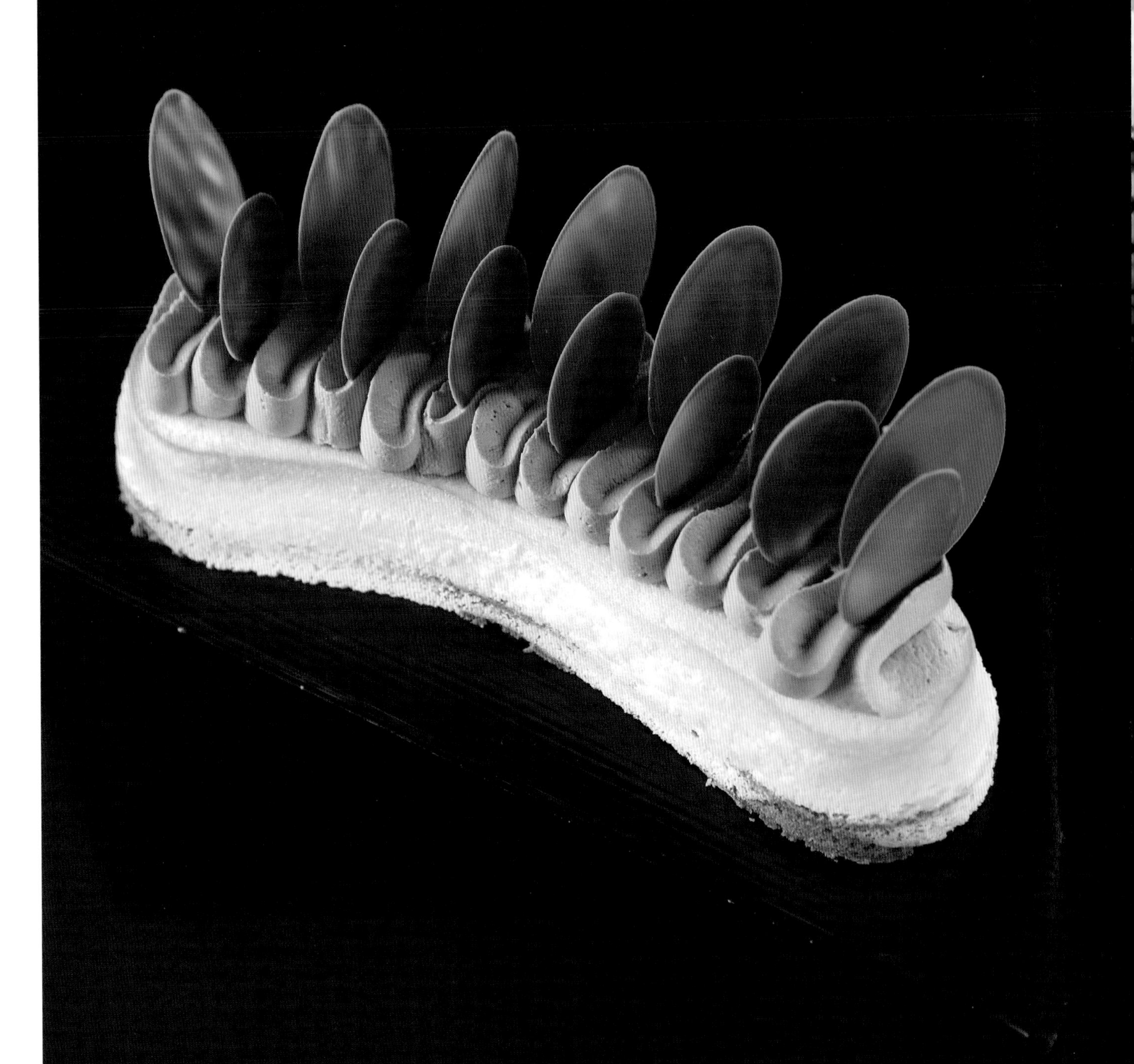

模具

名称：不锈钢弯月形慕斯圈

尺寸：长 28 厘米，宽 6 厘米，高 7.1 厘米

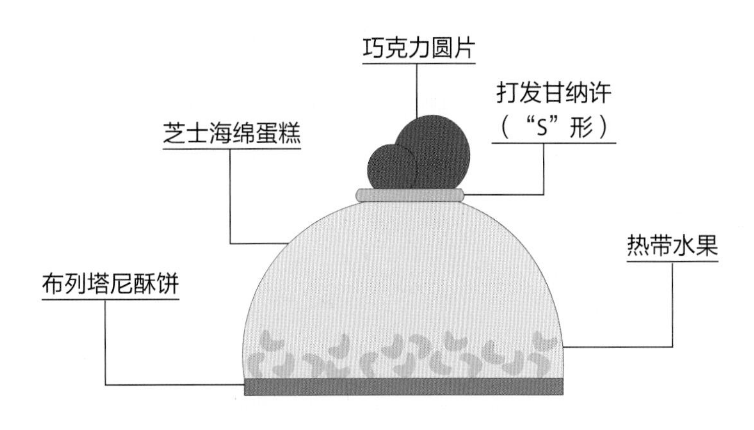

制作难点与要求

芝士海绵蛋糕烘烤时需注意烘烤的温度和时间，根据个人的烤箱情况来调试，要想烤出香脆可口或绵润松软的甜点，必须要对应合适的温度。

高温（190~220℃）：温度较高，水分完全蒸发，适合烘烤香脆的派皮、硬脆的挞壳等。

中温（160~180℃）：常用温度，烘烤出的产品上色度适中，常用于烘烤饼底、蛋糕、饼干等。

低温（160℃以下）：低温慢烤或隔水烘烤，蒸烤舒芙蕾、布丁等口感湿润的甜点时使用隔水烘烤法，利用水蒸气烤熟，使其组织细腻绵软。

产品制作流程

01 布列塔尼酥饼（面团饼底）20~30 分钟

02 热带水果（夹心馅料）10~15 分钟

03 芝士海绵蛋糕（蛋糕饼底）15~20 分钟

04 打发甘纳许（甜品装饰）15~20 分钟

05 组合与装饰（烘烤）20~25 分钟

布列塔尼酥饼

配方

蛋黄	112 克
幼砂糖	187 克
黄油	225 克
低筋面粉	317 克
泡打粉	10 克
盐	1 克

制作过程

准备：将黄油软化。

1. 将蛋黄和幼砂糖放入厨师机中，打发至糖化。
2. 加入黄油，搅拌均匀。
3. 加入过筛的低筋面粉、泡打粉、盐，用橡皮刮刀以翻拌的手法搅拌均匀。
4. 取出“步骤 3”，用擀面棍擀成 5 毫米厚的面皮，放入急冻柜冻硬。
5. 取出“步骤 4”，用弯月形慕斯圈压出形状，连模具一起放入风炉中，以 160℃烘烤 15 分钟。

5

热带水果

配方

配方	
菠萝	300 克
赤砂糖	25 克
黄油	38 克
芒果	300 克

制作过程

准备：将芒果和菠萝切丁；黄油切丁。

1. 将菠萝丁、赤砂糖、黄油放入锅中，加热使黄油熔化、菠萝丁软化。
2. 加入芒果丁，用橡皮刮刀搅拌均匀。

芝士海绵蛋糕

配方

配方	
蛋黄	120 克
幼砂糖（1）	85 克
酸奶	375 克
淡奶油	75 克
玉米淀粉	40 克
低筋面粉	20 克
糖粉	60 克
蛋白	90 克
幼砂糖（2）	70 克

制作过程

准备：将粉类过筛。

1. 将蛋黄和幼砂糖（1）放入厨师机中，打发。
2. 将酸奶和淡奶油混合，隔水加热，加入低筋面粉、玉米淀粉和糖粉，用手持搅拌球搅拌均匀。
3. 将“步骤 1”倒入“步骤 2”中，用橡皮刮刀以翻拌的手法搅拌均匀。
4. 将蛋白和幼砂糖（2）加入厨师机中，打发至中性状态。
5. 将“步骤 4”分次加入“步骤 3”中，用橡皮刮刀以翻拌的手法搅拌均匀，备用。

打发甘纳许

配方

配方	
淡奶油（1）	150 克
葡萄糖浆	17 克
转化糖浆	17 克
牛奶巧克力	250 克
淡奶油（2）	427 克

制作过程

1. 将淡奶油（1）、葡萄糖浆和转化糖浆放入锅中，加热至 60℃。
2. 将“步骤 1”倒入牛奶巧克力中，搅拌溶化，用均质机搅拌均匀。
3. 加入淡奶油（2），用均质机搅拌均匀，放入冰箱冷藏。
4. 取出“步骤 3”，放入厨师机中，打发至中性状态，装入带有花嘴的裱花袋中备用。

组合与装饰

材料

材料	
巧克力圆片	适量

组合过程

1. 取出布列塔尼酥饼（不脱模），将热带水果放到布列塔尼酥饼的中间。
2. 将芝士海绵蛋糕倒入“步骤 1”中，入风炉以 150℃烘烤 10 分钟。
3. 取出“步骤 2”，脱模，在表面用打发甘纳许挤出 S 形线条。
4. 在表面插入不同大小的巧克力圆片装饰即可。

印象深刻

香橙的香甜，经过长时间的熬煮，香味更加突出，香甜诱人的它躲在开心果扁桃仁奶油饼下，一口咬下去，味蕾瞬间被打开，正因如此，才会让人印象深刻。

扫一扫，
看高清视频

模具

名称：圆形圈模

尺寸：直径 18 厘米，高 3 厘米

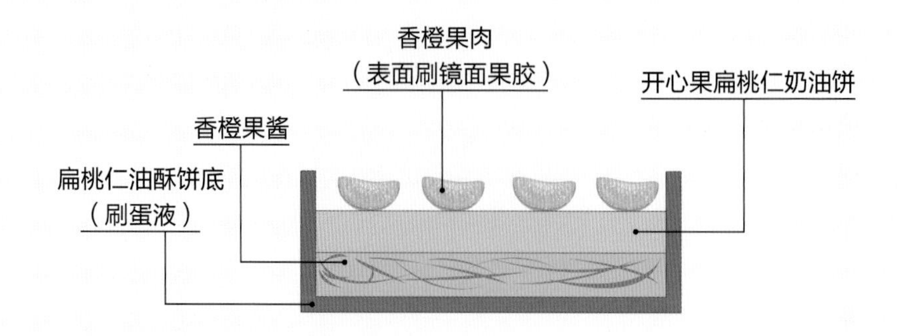

制作难点与要求

慕斯适合配什么酒？

本次制作使用了柑曼怡，其是法国产的一种柑橘味的利口酒，在果酱中起到提香、增加风味的作用。

选择酒的类型的时候，可以根据主材香味来进行挑选，比如咖啡慕斯配咖啡酒，樱桃慕斯配樱桃酒。如果想从简的话，可以选择朗姆酒，口味百搭。

产品制作流程

扁桃仁油酥饼底

配方

低筋面粉	335 克
黄油	200 克
糖粉	125 克
扁桃仁粉	42 克
盐	3 克
全蛋	75 克
香草精	5 克

制作过程

准备：将黄油切成小块；粉类过筛。

1. 将低筋面粉、黄油、糖粉、扁桃仁粉和盐放入厨师机内，用扇形搅拌器搅拌均匀。
2. 加入全蛋和香草精，用扇形搅拌器搅拌成团。
3. 取出“步骤 2”，放在烤盘纸上，表面再盖一张烤盘纸，用擀面棍擀成 3 毫米的厚度，裁切成长条。
4. 将“步骤 3”围绕在圈模内壁中。
5. 再裁切出圆形面皮，放入圈模底部，放入冰箱冷冻 10 分钟。
6. 入风炉，以 160℃烘烤 15 分钟，即可。

香橙果酱

配方

橙皮	75 克	幼砂糖	90 克
水	750 克	NH 果胶粉	6 克
盐	7.5 克	柑曼怡	15 克
橙果蓉	45 克	盐之花	3 克
香橙果肉	150 克		

制作过程

准备：将橙皮切丝。

1. 将橙皮丝、水和盐放入锅中，煮至沸腾。
2. 煮沸后，用锥形网筛将橙皮过滤，汁水不要。
3. 在锅中加入“步骤 2”、橙果蓉、香橙果肉，继续加热煮至 40℃。
4. 加入幼砂糖和 NH 果胶粉的混合物，用手持搅拌球搅拌均匀，加热煮沸，倒入盆中。
5. 加入柑曼怡和盐之花，用橡皮刮刀搅拌均匀，包上保鲜膜备用。

开心果扁桃仁奶油饼

配方

黄油	135 克	玉米淀粉	36 克
盐之花	3 克	全蛋	90 克
幼砂糖	135 克	香梨利口酒	27 克
开心果泥	90 克	淡奶油	90 克
扁桃仁粉	135 克		

制作过程

准备：将黄油切成小块，置于室温软化。

将所有材料依次加入盆中，用手持搅拌球搅拌均匀，备用。

蛋液

配方

蛋黄	50 克	淡奶油	50 克
全蛋	50 克		

制作过程

将所有材料放入盆中，用手持搅拌球混合均匀，备用。

组合与装饰

材料

香橙果肉	适量
镜面果胶	适量

组合过程

1. 取出扁桃仁油酥饼底，用毛刷在表面刷上一层蛋液。
2. 在“步骤 1”中放入香橙果酱，用勺子抹平。
3. 将开心果扁桃仁奶油饼倒在“步骤 2”表面，用勺子抹平。
4. 在表面整齐地摆放上香橙果肉，放入风炉，以 160℃烘烤 15 分钟，取出，放置冷却。
5. 在表面用毛刷刷上一层镜面果胶，放在金底板上，即可。

高阶级蛋糕

巴黎布雷斯特

巴黎布雷斯特泡芙是一道经典的法式甜点，在车轮泡芙中装满榛子果仁和榛子奶油制作而成，其起源于庆祝巴黎至布雷斯特的自行车赛。它不仅仅是一款甜品，更是对这项运动、对文化的传承。

扫一扫，
看高清视频

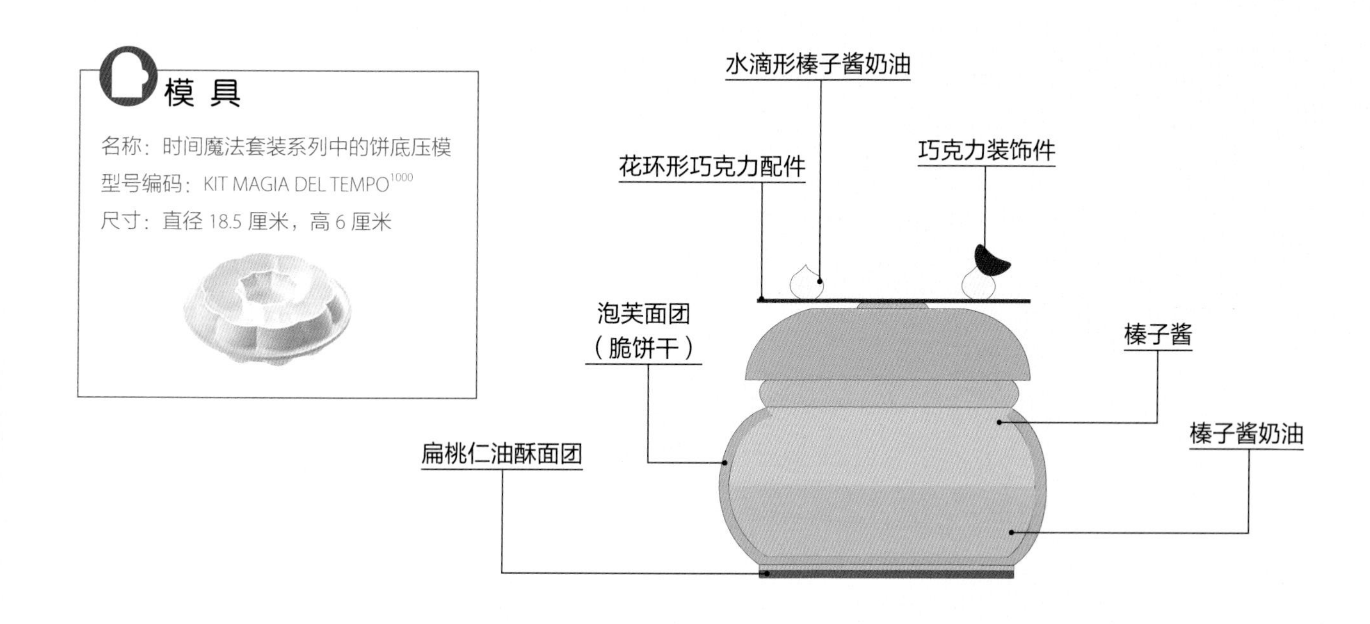

小知识

泡芙面糊的制作要点

水和黄油加热至沸腾后，才可以倒入面粉，在煮水和黄油的时候，一定要不停地搅拌，防止油的温度太高喷溅出来。沸腾后离火倒入过筛面粉，不停搅拌，直至成团，加热至面团表面出油、光滑，基本面温在 85℃左右。待面糊温度降至 60℃左右，分次加入全蛋，搅打均匀。在加完鸡蛋后，面糊温度应该是温热的，如果变得冰凉，就不是标准的成功泡芙面糊了。

产品制作流程

脆饼干

配方

配方	
幼砂糖	185 克
黄油	150 克
低筋面粉	185 克

制作过程

1. 将所有材料倒进厨师机中，用扇形搅拌器以中速搅拌均匀。
2. 取出“步骤 1”，放在烤盘纸上，在表面再盖一张烤盘纸，用擀面棍擀平。
3. 将“步骤 2”放到开酥机上，擀至 3 毫米厚。擀薄后放进冰箱冻硬，备用。

泡芙面团

配方

配方	
牛奶	250 克
水	250 克
黄油	220 克
幼砂糖	6.5 克
盐	6.5 克
高筋面粉	285 克
全蛋	500 克

制作过程

准备：将高筋面粉过筛。

1. 将牛奶、水、黄油、幼砂糖、盐放入锅中，加热煮沸。
2. 加入高筋面粉，用橡皮刮刀搅拌均匀，呈浓稠状。
3. 将“步骤 2”倒进搅拌机中，进行搅打。少量多次地加入全蛋，搅打至呈细腻光滑的绸带状（用橡皮刮刀挑起来，面糊会呈倒三角状，缓慢地滴落）。
4. 将“步骤 3”装进带有大号圆花嘴的裱花袋中，在带孔硅胶垫上挤出直径约 3 厘米的圆形面糊。
5. 取出脆饼干，用直径为 3 厘米的圈模压出圆片，放在“步骤 4”的顶部。
6. 将“步骤 5”放进 180℃的风炉中，烘烤 15~20 分钟。

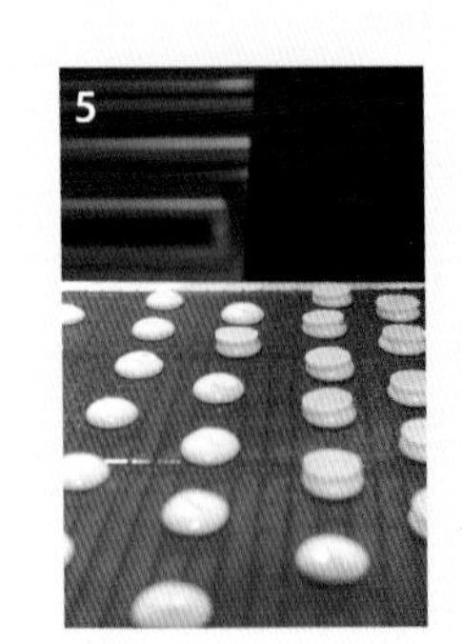

扁桃仁油酥面团

配方

配方	
糖粉	270 克
黄油	360 克
盐	6 克
全蛋	150 克
扁桃仁粉	100 克
低筋面粉（1）	180 克
低筋面粉（2）	525 克

制作过程

准备：将黄油软化；粉类过筛。

1. 将糖粉、黄油、盐倒进厨师机中，用扇形搅拌器以中速搅拌均匀。
2. 分次加入全蛋，搅拌均匀。
3. 将扁桃仁粉和低筋面粉（1）混合，加入“步骤 2”中，搅拌成团。
4. 再加入低筋面粉（2），继续搅拌至无干粉状。
5. 取出“步骤 4”，放在烤盘纸上，表面再盖一张烤盘纸，用擀面棍擀平。
6. 将“步骤 5”放到开酥机上，擀至 3 毫米厚。擀薄后放进冰箱冻硬，备用。
7. 用饼底压模切出形状，放进 150℃的烤箱中烘烤 13 分钟左右。出炉后降温备用。

榛子酱奶油

配方

牛奶	500 克
淡奶油	90 克
香草荚	1 根
幼砂糖	110 克
玉米淀粉	55 克
蛋黄	120 克
榛果酱	330 克
黄油	285 克

制作过程

准备：香草荚取籽。

1. 把牛奶、淡奶油、香草籽倒进锅中加热至沸腾。
2. 将幼砂糖、蛋黄、玉米淀粉混合，用手持搅拌球搅拌均匀。
3. 取一部分“步骤 1”倒入“步骤 2”中，再倒回锅中，用小火边加热边搅拌，煮至浓稠。
4. 离火，加入榛果酱，搅拌均匀。
5. 将“步骤 4”倒进搅拌机中，分次加入黄油，搅拌均匀。
6. 取出“步骤 5”，倒在铺有保鲜膜的烤盘中，再盖上保鲜膜，先放进急冻柜中冻 10 分钟进行降温，再放到冰箱冷藏备用。

组合与装饰

材料

材料	用量
榛子酱	适量
糖粉	适量
花环形巧克力配件	适量
巧克力装饰件	适量

组合过程

1. 将烤好的泡芙从 1/3 的位置切开，厚的为底，薄的为盖。在底部挤适量榛子酱奶油，再挤入少量的榛子酱。
2. 将榛子酱奶油装入带有大号圆锯齿花嘴的裱花袋中，以绕圈的手法挤在“步骤 1”顶部，再盖上泡芙盖。
3. 在扁桃仁油酥面团饼底上挤出适量的榛子酱奶油，放上“步骤 2”，筛上糖粉，在泡芙盖的顶部挤上适量的榛子酱奶油，放上花环形巧克力配件，挤上水滴形的榛子酱奶油，放上巧克力装饰件装饰即可。

超越时间

本款产品中，扁桃仁柑橘油酥面团的独特做法让人眼前一亮，不仅在视觉上焕然一新，在口感上也尤为突出，每一粒都那么浓郁、酥脆。搭配青柠奶油和酸甜的草莓百香果泡泡作为点缀，让人完全沉浸在海洋般的清新气息中。

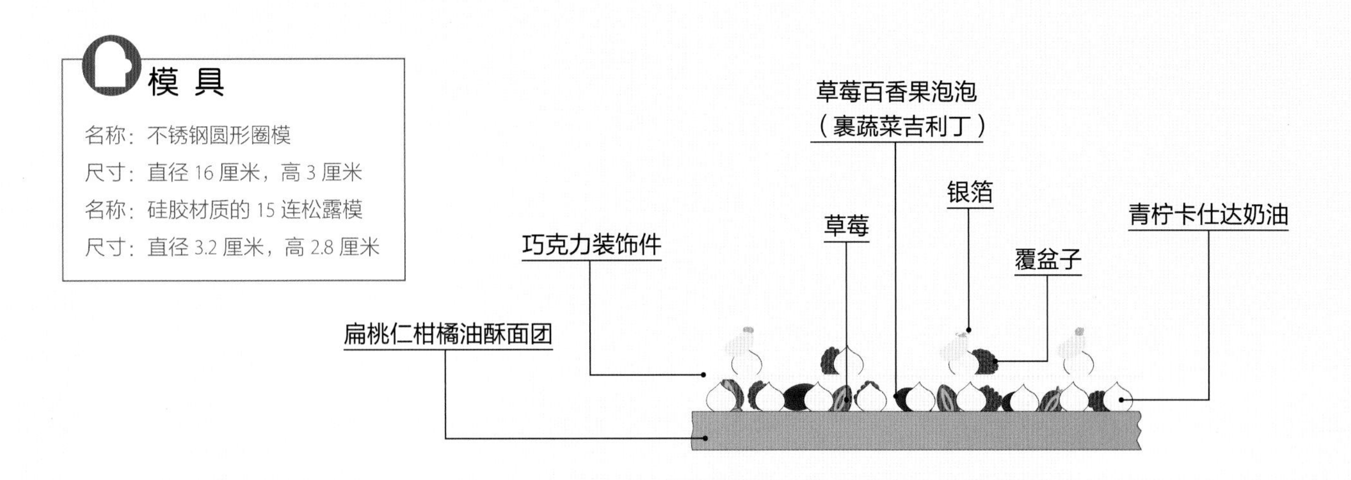

小知识

巧克力装饰件如何保存？

巧克力是极其敏感的食物，易受外界环境的影响，如温度、湿度等，这些都是巧克力的敌人，所以制作完成的巧克力配件或产品务必妥善处理及储藏。需密封保存，并置于干燥清洁的环境中，远离有气味的环境和物品，避免阳光照射。储存巧克力的温度保持在 18~20℃，湿度保持在 65% 左右。制作巧克力成品时最佳的操作室温是 18~22℃。

产品制作流程

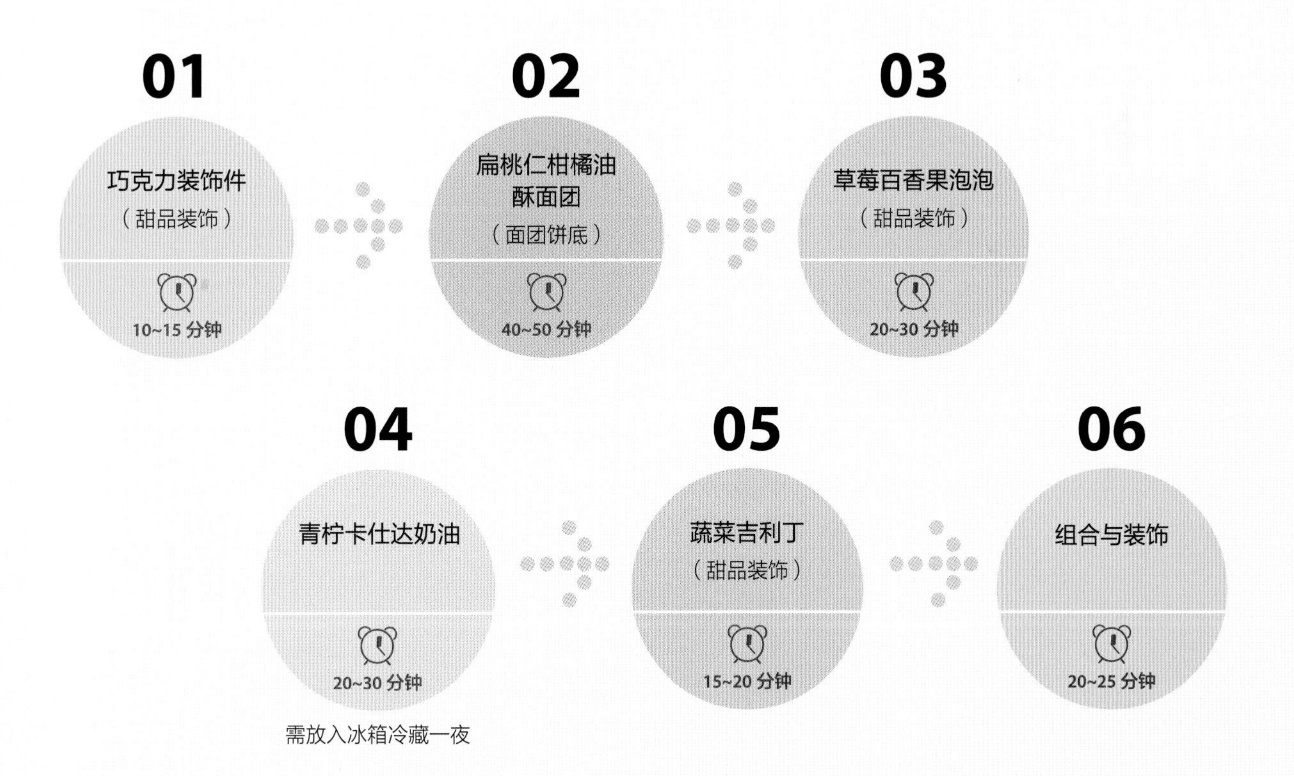

巧克力装饰件

配方

白巧克力	200 克

制作过程

准备：白巧克力调温备用。

1. 取两张巧克力玻璃纸，在一张玻璃纸上倒上适量的白巧克力，用擀面棍擀成约 2 毫米厚。
2. 放置约 1 分钟，待巧克力稍微凝固，用直径为 16 厘米的圈模压出形状，再用小的圈模在中间压出形状，做出镂空的效果。
3. 放入冰箱冷藏，待巧克力凝固后，轻轻地揭下玻璃纸即可。

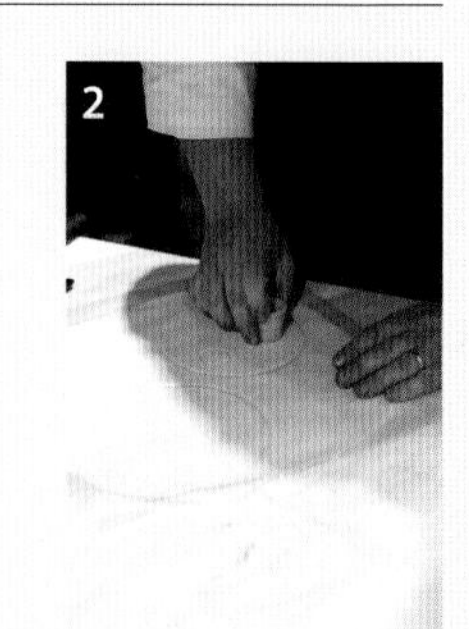
2

扁桃仁柑橘油酥面团

配方

金黄赤砂糖	200 克
黄油	200 克
低筋面粉	200 克
扁桃仁粉	200 克
橙皮屑	1 克
柠檬皮屑	1 克

制作过程

准备：黄油软化；粉类过筛。

1. 将全部材料倒进厨师机中，用扇形搅拌器慢速拌匀。
2. 拌匀后取出，用大孔网筛压成小的颗粒状，盖上保鲜膜，放进急冻柜中冻硬。
3. 冻硬后取出，用手轻轻地搓开，放入圈模中，每个圈模中放约 200 克。
4. 将“步骤 3”放在室温下半个小时，面团变软后用刮板轻轻压平。
5. 入风炉，以 150℃烘烤 27 分钟左右，表面上色后取出，备用。

2

草莓百香果泡泡

配方

百香果果蓉	50 克
幼砂糖	30 克
草莓果蓉	250 克
柠檬汁	10 克
红色色素	适量

制作过程

1. 将百香果果蓉与幼砂糖混合放入锅中，加热煮至糖化。
2. 将“步骤 1”倒入草莓果蓉中，加入红色色素，用橡皮刮刀搅拌均匀。
3. 加入柠檬汁，用橡皮刮刀搅拌均匀。
4. 将“步骤 3”倒入滴壶中，注入到 15 连松露模中至 5 分满，放入急冻柜中冷冻成形，备用。

4

青柠卡仕达奶油

配方

全脂牛奶	250 克
青柠皮屑	10 克
葡萄糖浆	15 克
白巧克力	370 克
淡奶油	500 克
吉利丁片	10 克
冰水	50 克

制作过程

准备：将吉利丁片用冰水浸泡，泡好后隔水熔化。

1. 将全脂牛奶倒入锅中，加入青柠皮屑，加热煮沸。
2. 加入葡萄糖浆，继续加热至沸腾。
3. 离火，在表面盖上一层保鲜膜，浸泡 10 分钟，使青柠的香味更加浓郁。室温冷却，温度降至 50℃左右。
4. 将白巧克力放进量杯中，加入“步骤 3”、熔化的吉利丁溶液，用均质机搅拌均匀。
5. 边用均质机搅拌，边加入冷的淡奶油，搅拌均匀。
6. 将“步骤 5”过滤到小的烤盘中，表面盖上保鲜膜，放进急冻柜冷冻 10 分钟，再放进冰箱冷藏放置一夜。
7. 第二天取出后倒进厨师机中打至鸡尾状。

蔬菜吉利丁

配方

水	500 克
Sosa 牌蔬菜吉利丁粉	50 克
幼砂糖	50 克

制作过程

1. 将水倒进锅中加热。
2. 将吉利丁粉和幼砂糖用手持搅拌球混合拌匀。
3. 将“步骤 2”加入到“步骤 1”中煮至 90℃，冷却至 60℃使用。

组合与装饰

材料

银箔	适量
草莓	适量
新鲜覆盆子	适量

组合过程

准备：将草莓、覆盆子切块。

1. 取出草莓百香果泡泡，脱模。在顶部插上竹扦，在 60℃的蔬菜吉利丁中滚一圈，使表面覆盖一层薄薄的吉利丁溶液。静置约 10 分钟，使表面吉利丁凝结。
2. 将打发好的青柠卡仕达奶油装进带有大号圆锯齿花嘴的裱花袋中，在扁桃仁柑橘油酥饼底上挤出水滴状，挤满整个油酥饼底表面。
3. 在挤好的青柠卡仕达奶油中间的缝隙处，随意摆放 3 颗“步骤 1”，再摆放草莓、覆盆子，放上巧克力装饰件。
4. 在巧克力装饰件的上面挤上水滴状的青柠卡仕达奶油，摆放上小的圆形巧克力片和覆盆子，点缀银箔即可。

蒙布朗

蒙布朗是法文勃朗峰 Mont Blanc 的音译。勃朗峰是阿尔卑斯山脉的最高峰，终年冰雪覆盖，处于法国小镇 Chamonix 和意大利小镇 Courmayeur 之间。这款甜品是以勃朗峰为概念，以当地盛产的栗子为主要原料创制出的。本款蒙布朗既有传统经典的食材，又有手法上的创新与改良，在经典中品味精致，在回味中品味它的故事。

扫一扫，
看高清视频

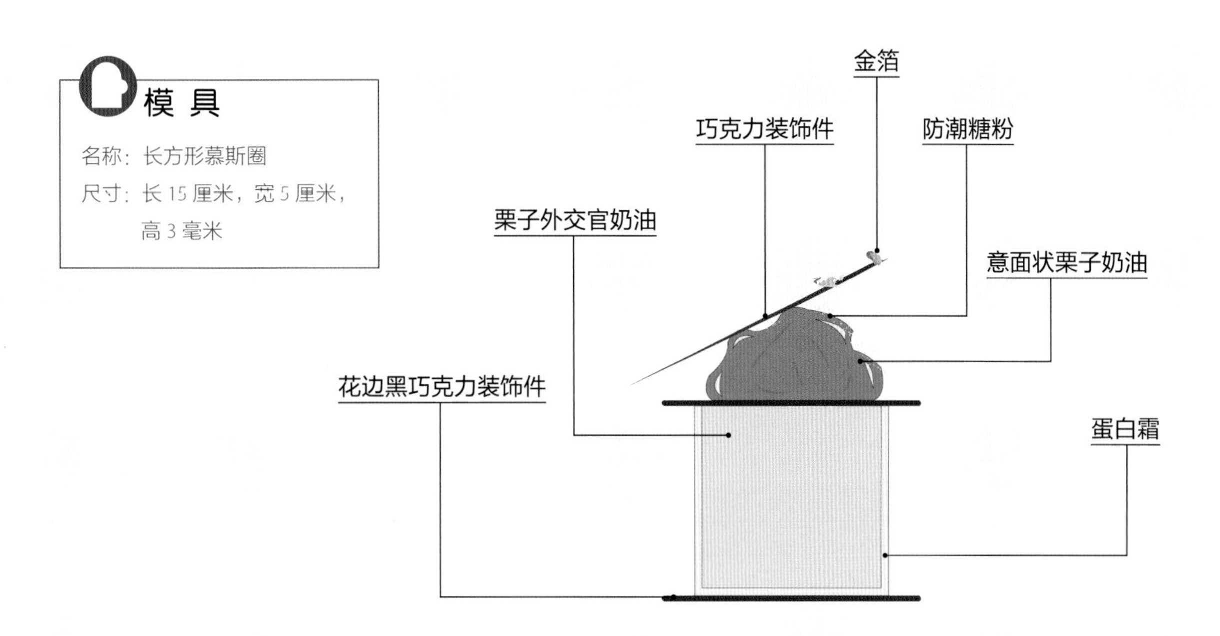

小知识

煮制卡仕达酱的注意点

- 卡仕达酱在制作过程中，非常容易焦煳，所以在加热时要一直搅拌，注意每一个角落，关注质地变化。
- 蛋黄糊和牛奶相融合的温度要注意，温度达到80℃时就可以杀死蛋黄糊中的细菌，为了保护牛奶的香气，可将牛奶加热至60~70℃，蛋黄和面粉利用后期熬煮再继续杀菌。
- 制作完成后需贴面覆上保鲜膜冷藏保存，避免表皮结块。

产品制作流程

蛋白霜

配方

蛋白	100 克
幼砂糖	200 克
糖粉	100 克

2

3

制作过程

1. 将蛋白和幼砂糖一起倒入厨师机中，以中慢速搅打至湿性发泡，分次加入糖粉，搅打约 2 分钟，呈流体状。
2. 在桌面上放一块油布，喷上适量脱模油，放一张巧克力转印纸，轻轻压平，使巧克力转印纸和油布贴合在一起。
3. 在“步骤 2”表面放上镂空长方形框模，在框模中抹入蛋白霜，用抹刀抹平。用小刀轻划蛋白霜与框模边缘接触的位置，使蛋白霜和框模分开，取下框模。
4. 在两端处各放一个小圆筒，将其卷起，用胶带粘紧，竖起来放置在烤盘中，入平炉，以上火 60℃、下火 60℃烘烤约 3 小时，烤好后取出，备用。

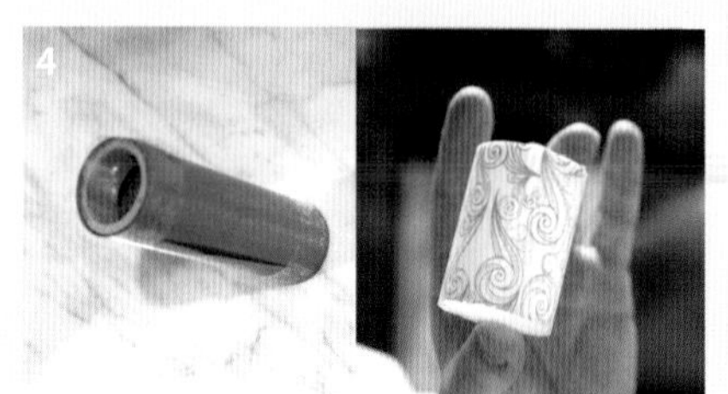
4

卡仕达奶油

配方

淡奶油	500 克
牛奶	500 克
香草荚	1 根
柠檬皮屑	1 克
幼砂糖	300 克
蛋黄	360 克
黄油	120 克
低筋面粉	120 克

制作过程

准备：香草荚取籽；黄油软化。

1. 将淡奶油、牛奶、香草籽、柠檬皮屑一起加入锅中，加热煮沸。
2. 将幼砂糖、低筋面粉、蛋黄混合，用手持搅拌球搅拌均匀。
3. 取一部分“步骤 1”倒入“步骤 2”中，再倒回锅中，用小火边加热边搅拌，煮至浓稠。
4. 离火，加入黄油拌匀。
5. 将“步骤 4”倒入搅拌机中搅打约 2 分钟，使奶油更加细腻光滑，倒在铺有保鲜膜的烤盘中，放入急冻柜降温备用。

栗子外交官奶油

配方

栗子抹酱	250 克
卡仕达奶油	100 克
吉利丁片	4 克
冰水	20 克
打发淡奶油	350 克

制作过程

准备：将吉利丁片加冰水提前浸泡，隔水熔化。

1. 将栗子抹酱和卡仕达奶油混合，用手持搅拌球搅拌均匀。
2. 在“步骤 1”中加入熔化好的吉利丁溶液，搅拌均匀。
3. 先取 1/3 的打发淡奶油与“步骤 2”混合拌匀，再全部倒回打发的淡奶油中，用橡皮刮刀以翻拌的手法搅拌均匀，装入裱花袋中备用。

意面状栗子奶油

配方

材料	用量
栗子馅（含糖）	250 克
无糖栗子泥	250 克
栗子抹酱	300 克
可可粉	2 克

制作过程

1. 将栗子馅、无糖栗子泥放进料理机中搅打顺滑，再加入栗子抹酱、可可粉搅打均匀。
2. 将“步骤 1”用网筛过滤，装进裱花袋中备用。

组合与装饰

材料

材料	用量
花边黑巧克力装饰件	适量
巧克力装饰件	适量
防潮糖粉	适量
金箔	适量

组合过程

1. 在圆筒形的蛋白霜一端放一片花边黑巧克力装饰件作为底部，在内部挤入栗子外交官奶油，顶部再放一片花边黑巧克力装饰件，在巧克力件顶部挤上锥形的意面状栗子奶油。
2. 在尖端交叉放上两根巧克力装饰件，再撒上适量的防潮糖粉，点缀金箔即可。

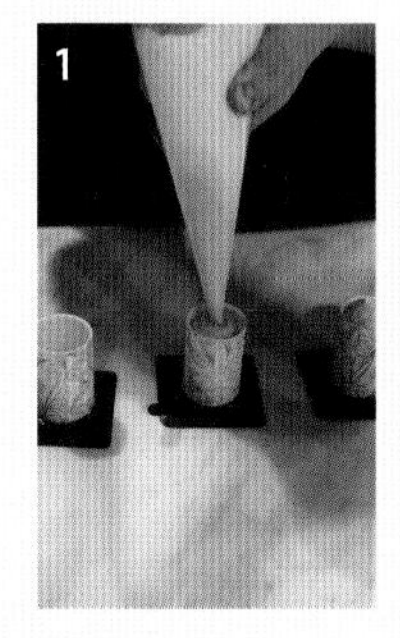

延伸样式

1. 将剩余蛋白霜继续搅打，搅打至坚挺的鸡尾状。装进带有大号圆花嘴的裱花袋中，在硅胶垫上挤出圆球。以上火 100℃、下火 100℃烘烤约 3 小时，烤好后取出，备用。
2. 将半圆形蛋白霜底部用网筛磨平，放上花边黑巧克力装饰件，在巧克力件顶部挤出圆锥形的栗子外交官奶油，围着栗子外交官奶油挤出意面状栗子奶油细丝。
3. 在尖端交叉放上两根巧克力装饰件，再撒上适量的防潮糖粉，点缀金箔即可。

占度亚蛋糕

第一眼就被它华丽的外表所吸引，金光闪闪的金箔、亮丽的淋面、组织细腻的饼底、口感香浓的慕斯，无论是外观还是口感，都是那么奢华、有内涵。

扫一扫，
看高清视频

模具

名称：不锈钢圆形圈模

尺寸：直径 16 厘米，高 3 厘米

名称：矽利康硅胶异形模

尺寸：直径 20 厘米，高 6 厘米

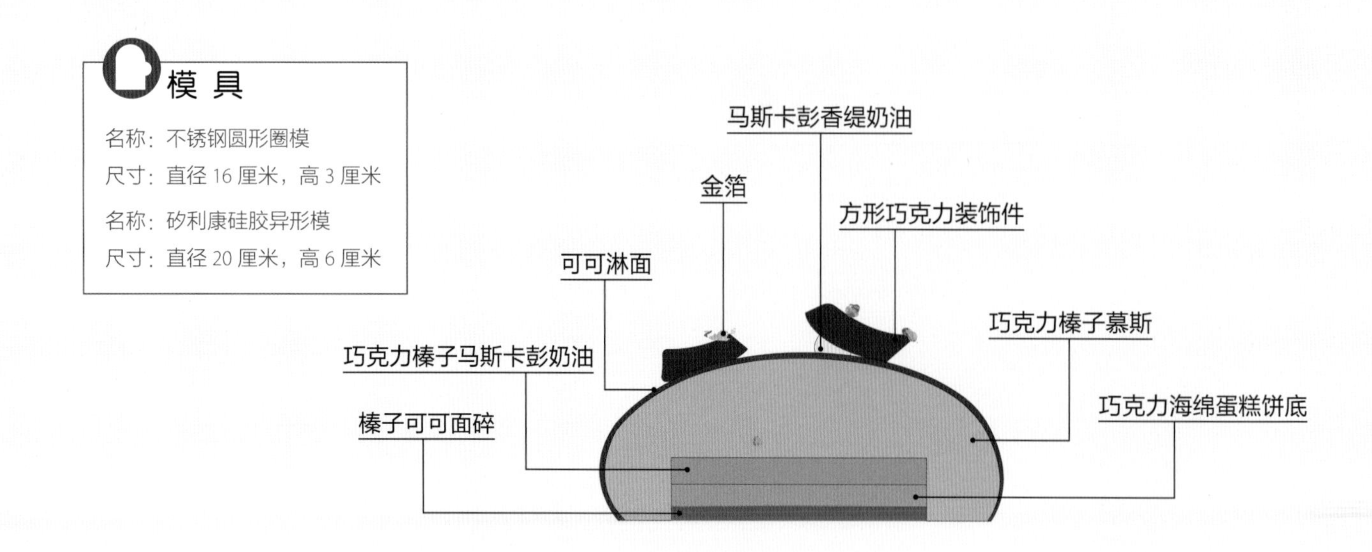

小知识

关于英式奶油

- 英式奶油是通过加热让蛋黄凝固（温度为 83~85℃），使其质地变浓稠，风味变浓郁，同时也能达到消灭细菌的目的。
- 牛奶部分和蛋黄部分混合煮制时，如果温度超过 85℃，蛋黄的凝固速度就会加快，容易结块。如果温度低于 83℃，起不到杀菌的作用，蛋黄中的细菌较难消灭。所以，英式奶油酱在温度上的把控很重要。

产品制作流程

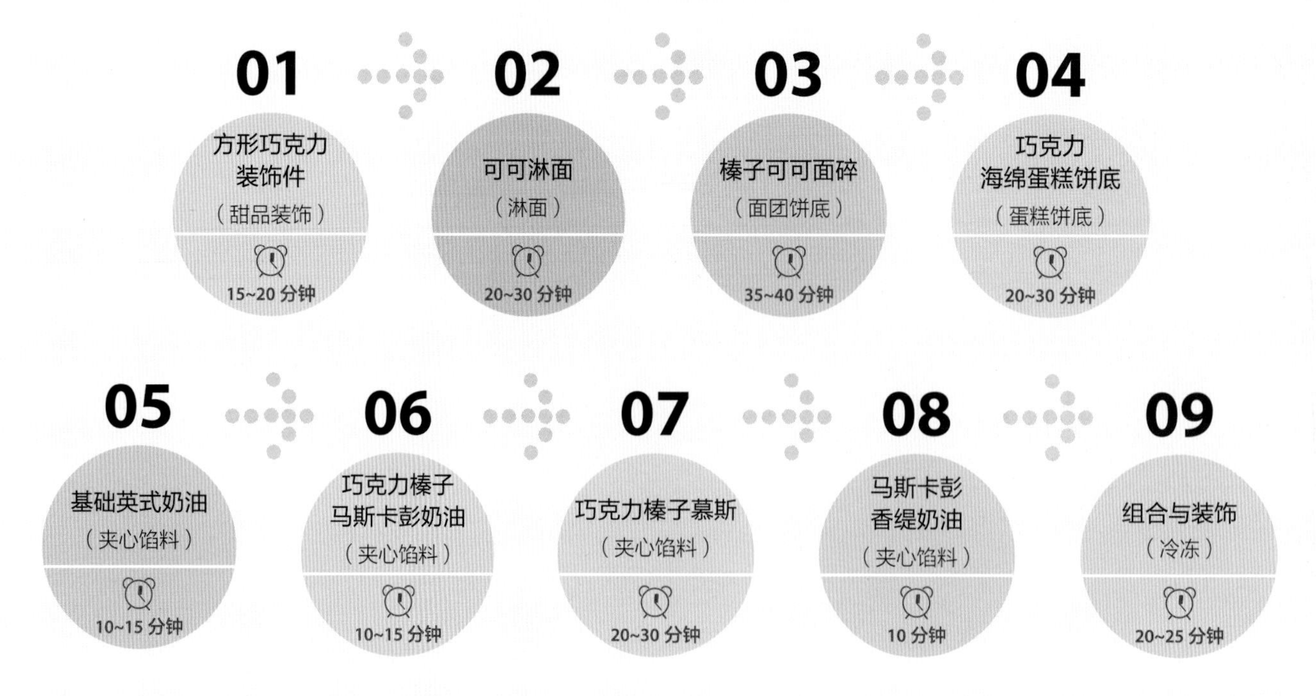

方形巧克力装饰件

配方

黑巧克力	适量

制作过程

1. 将黑巧克力加热至 40℃化开，倒在大理石桌面上降温至 28℃，将巧克力收进碗中，用热风枪加热，使其回温到 31℃，完成调温。
2. 在桌面上铺一张巧克力专用玻璃纸，倒上适量的巧克力，再盖上一张巧克力专用玻璃纸，用擀面棍擀平。
3. 将“步骤 2”放置在一旁静置 1~2 分钟，使巧克力稍微凝结，用尺子裁成约 9 厘米 ×9 厘米的正方形，用手立刻将其卷起。静置约 15 分钟，使巧克力凝结，并具有光泽。也可以放到冰箱中冷藏 3~5 分钟。
4. 待巧克力凝结后，小心地揭掉两层玻璃纸即可。

可可淋面

配方

水	70 克
法芙娜钻石镜面淋酱	500 克
淡奶油	420 克
炼乳	100 克
幼砂糖	375 克
可可粉	155 克
吉利丁片	26 克
冰水	180 克

制作过程

准备：将吉利丁片用冰水浸泡至软；可可粉过筛。

1. 将水、法芙娜钻石镜面淋酱放入锅中，煮沸。
2. 煮开后加入淡奶油、炼乳，用橡皮刮刀搅拌均匀，加热煮沸。
3. 慢慢加入幼砂糖，期间要不停地搅拌，继续加热至沸腾。
4. 关火，加入可可粉，搅拌均匀。
5. 再加入泡好的吉利丁片，用均质机搅打至顺滑。
6. 过筛到量杯中，贴面盖上保鲜膜，放冰箱冷藏静置一夜，使用时加热至 39℃即可。

榛子可可面碎

配方

黄油	150 克	榛子粉	150 克
砂糖	150 克	低筋面粉	115 克
盐	1 克	可可粉	23 克

制作过程

准备：将黄油放于室温下软化；粉类过筛。

1. 将所有材料倒进厨师机中，用扇形搅拌器以中速搅打成团。
2. 取出“步骤 1”，用大孔网筛（网孔约 0.5 厘米 ×0.5 厘米大小）压成小的颗粒，放到烤盘中。
3. 在表面盖上一层保鲜膜，放进急冻柜中，冷冻冻硬后取出，用手轻轻搓开。
4. 将“步骤 3”放入底部铺有硅胶垫的圈模中（本次使用的圈模直径为 16 厘米，需 140 克），用刮刀轻轻地压平，放入风炉中，以 150℃烘烤约 25 分钟，取出冷却备用。

巧克力海绵蛋糕饼底

配方

材料	用量
50% 扁桃仁膏	250 克
全蛋	360 克
右旋葡萄糖粉	30 克
液态黄油	75 克
法芙娜 80% 巧克力占度亚	135 克
低筋面粉	40 克
泡打粉	8 克

制作过程

准备：低筋面粉、泡打粉过筛。

1. 将扁桃仁膏、全蛋、右旋葡萄糖粉倒入量杯中，用均质机搅打均匀，放入微波炉中加热至 45℃左右。
2. 倒入厨师机中，以中速搅打约 15 分钟，膨胀至原体积的两倍大，表面泛白，具有光泽。
3. 加入粉类，用橡皮刮刀以翻拌的手法搅拌均匀，备用。
4. 将液态黄油和巧克力占度亚混合搅拌均匀，隔水加热至巧克力熔化。
5. 将“步骤 4”加入“步骤 3”中，用橡皮刮刀以翻拌的手法搅拌均匀。
6. 倒在铺有烤盘纸的方形烤盘中，用曲柄抹刀抹平。
7. 放入风炉中，以 180℃烘烤约 10 分钟后出炉，冷却，用圈模压出形状，备用。

基础英式奶油

配方

材料	用量
牛奶	345 克
淡奶油	230 克
蛋黄	128 克
幼砂糖	50 克
盐	1 克
香草荚	1 根

制作过程

准备：香草荚取籽备用。

1. 在锅中加入牛奶、淡奶油、香草籽，混合加热至沸腾。
2. 将蛋黄、幼砂糖、盐混合，用手持搅拌球搅拌至乳化发白。
3. 取一部分“步骤 1”倒入“步骤 2”中，搅拌均匀，再倒回锅中，用小火边加热边搅拌，煮至 83℃左右，备用。

巧克力榛子马斯卡彭奶油

配方

材料	用量
吉利丁片	2.5 克
冰水	13 克
牛奶巧克力	140 克
榛子泥	55 克
基础英式奶油	250 克
马斯卡彭奶酪	100 克

制作过程

准备：将吉利丁片用冰水浸泡至软。

1. 将泡好的吉利丁片、牛奶巧克力、榛子泥放入量杯中。
2. 加入英式奶油，用均质机搅打均匀，并降温至 38℃左右。
3. 加入马斯卡彭奶酪，用均质机搅打均匀，备用。

巧克力榛子慕斯

配方

幼砂糖	50 克
黑巧克力	120 克
牛奶巧克力	90 克
榛子泥	130 克
吉利丁片	5 克
冰水	25 克
基础英式奶油	320 克
打发淡奶油	400 克

制作过程

准备：将吉利丁片用冰水浸泡至软。

1. 将幼砂糖、黑巧克力、牛奶巧克力、榛子泥和泡好的吉利丁片放入量杯中。
2. 加入基础英式奶油，用均质机搅打至乳化，并降温至 35℃左右。
3. 将“步骤 2”分次加入打发的淡奶油中，用橡皮刮刀以翻拌的手法搅拌均匀。
4. 将“步骤 3”倒入异形硅胶模具中约 8 分满，用橡皮刮刀将浆料抹到模具内壁，再轻震至表面平整，放入急冻柜中冻硬，剩余浆料备用。

马斯卡彭香缇奶油

配方

马斯卡彭奶酪	100 克
淡奶油	100 克
香草荚	1 根
糖粉	30 克

制作过程

准备：香草荚取籽。

将所有材料混合，用手持搅拌球搅拌至鸡尾状即可。

组合与装饰

材料

材料	用量
金箔	适量

组合过程

1. 取出巧克力榛子慕斯，挤入一层巧克力榛子马斯卡彭香缇奶油，约 8 毫米厚，盖上一层巧克力海绵蛋糕饼底。
2. 在侧面的缝隙处和顶部挤上少量剩余的巧克力榛子慕斯。
3. 放入榛子可可面碎，用抹刀将顶部抹平，放入急冻柜中冷冻成形。
4. 取出冻硬的“步骤 3”脱模，放置在网架上，表面淋上可可淋面，静置 5 分钟，使表面凝结。
5. 在顶部挤出少量马斯卡彭香缇奶油，放上做好的方形巧克力装饰件，再在巧克力片上点缀金箔装饰。

柠檬挞

一个完美的柠檬挞主要分为酥皮、柠檬奶油两部分，本款产品在原有的基础上又增加了海绵蛋糕，瞬间焕然一新，酥松的挞皮加上丝滑的柠檬奶油和蛋白霜，绝对是夏日必备，更是酸甜相间的完美代表作。

扫一扫，
看高清视频

模具

名称：不锈钢圆形圈模

尺寸：直径 18 厘米，高 3 厘米

名称：硅胶材质的圆圈模

尺寸：直径 18 厘米，高 3 厘米

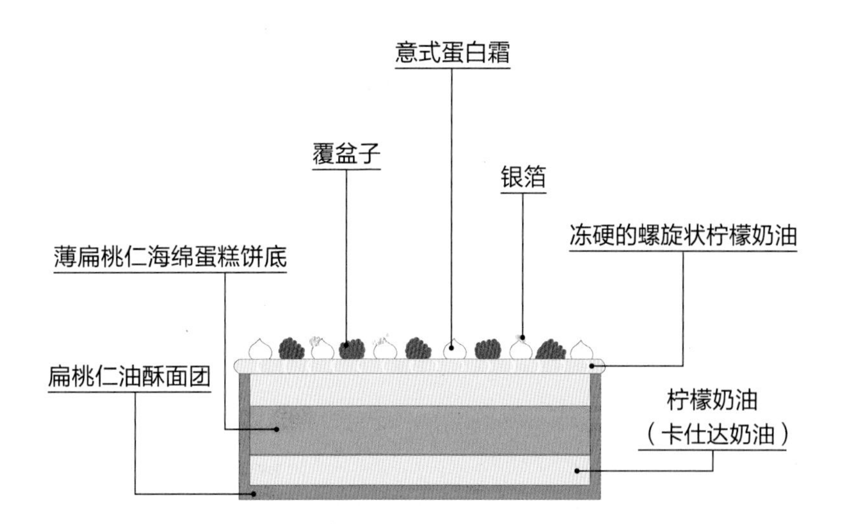

制作难点与要求

在甜品中，海绵蛋糕常常作为蛋糕基底，口感湿润绵软，在打发中需注意以下几点。

- 在打发过程中，可适当改变打发环境温度，帮助蛋液快速发泡。
- 可适当对蛋液进行加热，一般加热至 40℃左右，可帮助打发。
- 混拌其余材料时，需快速搅拌避免消泡。

产品制作流程

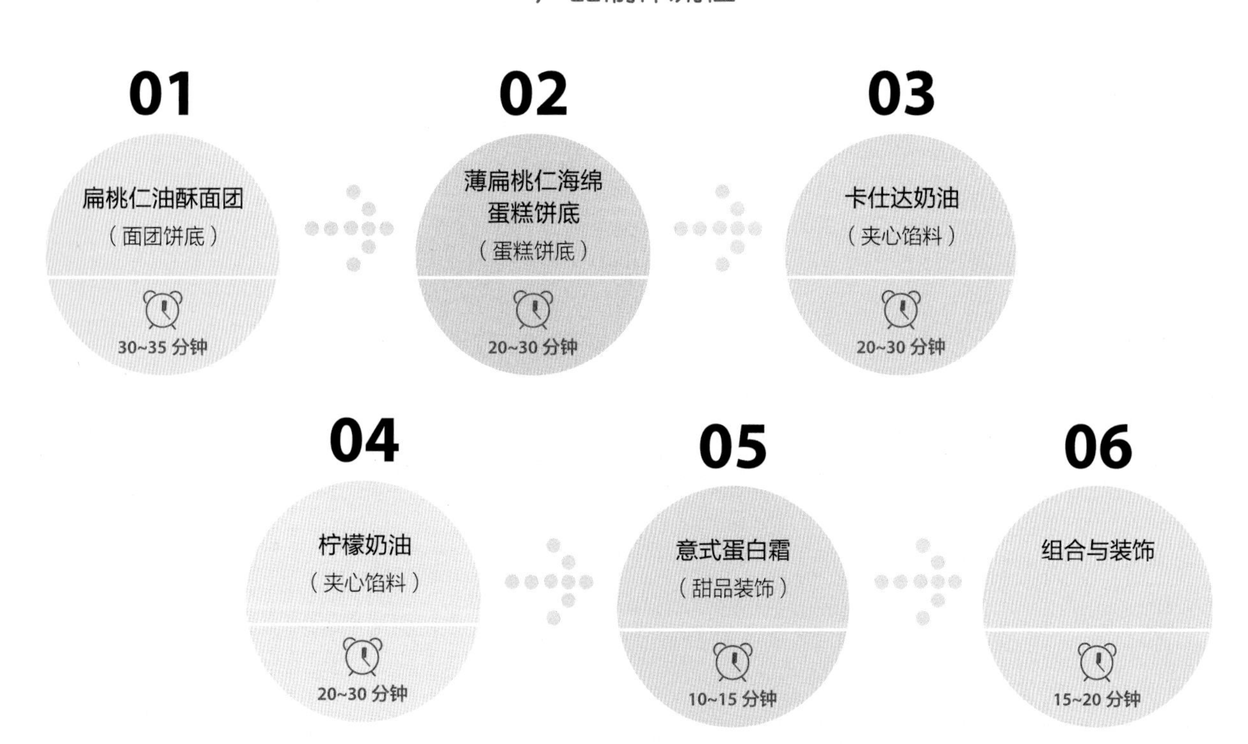

扁桃仁油酥面团

配方

糖粉	270 克
黄油	360 克
盐	6 克
全蛋	150 克
扁桃仁粉	100 克
低筋面粉（1）	180 克
低筋面粉（2）	525 克

制作过程

准备：黄油软化；粉类过筛。

1. 将糖粉、黄油、盐倒进厨师机中，用扇形搅拌器以中速搅拌均匀。
2. 分次加入全蛋，搅拌均匀。
3. 将扁桃仁粉和低筋面粉（1）混合，加入“步骤 2”中，搅拌成团。
4. 成团后再加入低筋面粉（2），继续搅拌至无干粉的面团状。
5. 取出，放在烤盘纸上，表面再盖一张烤盘纸，用擀面棍擀成约 3 毫米厚，放入冰箱冻硬，备用。
6. 取出，在圈模中涂适量黄油，用圈模切出饼底。再裁出一条宽约 4 厘米、长约 35 厘米的长条，围绕在模具内侧，再将边缘多余部分切掉。放入急冻柜中冻硬，然后取出放进风炉中，以 150℃烘烤约 15 分钟。

薄扁桃仁海绵蛋糕饼底

配方

全蛋	670 克
幼砂糖（1）	460 克
扁桃仁粉	460 克
香草荚	1 根
幼砂糖（2）	250 克
蛋白粉	4 克
蛋白	500 克
低筋面粉	140 克
黄油	100 克

制作过程

准备：香草荚取籽；黄油加热熔化。

1. 将全蛋、幼砂糖（1）、扁桃仁粉、香草籽混合，用手持搅拌球搅拌均匀，隔水加热至 40℃。
2. 倒进厨师机中打发，搅打至原体积的两倍大，颜色发白。
3. 将幼砂糖（2）和蛋白粉混合拌匀备用。
4. 将蛋白倒进厨师机中，加入一部分“步骤 3”，用中速搅打至粗泡状时加入剩余的“步骤 3”，继续搅打至光滑、细腻的鸡尾状。
5. 将“步骤 2”分次加入“步骤 4”中拌匀，边搅拌边加入低筋面粉，用橡皮刮刀以翻拌的手法搅拌至无干粉状。
6. 取一部分“步骤 5”加入化开的黄油中拌匀，再全部倒回“步骤 5”中混合拌匀。
7. 取 3 张烤盘纸放置在桌面上，将面糊倒在烤盘纸的一端，用刮平器刮平，约 8 毫米厚。依次抬起烤盘纸，放置在烤盘中。
8. 入风炉，以 210℃烘烤 8~10 分钟即可。
9. 取出后冷却，用圈模切出饼底备用。

7

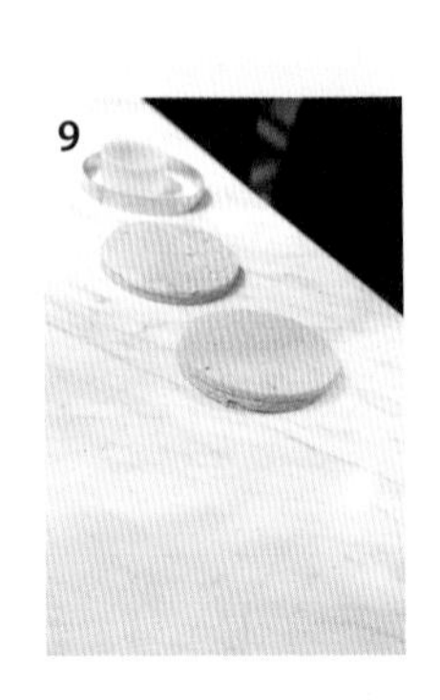
9

卡仕达奶油

配方

原料	用量
淡奶油	500 克
牛奶	500 克
香草荚	1 根
柠檬皮屑	1 克
幼砂糖	300 克
蛋黄	360 克
低筋面粉	120 克
黄油	120 克

制作过程

准备：香草荚取籽。

1. 将淡奶油、牛奶、香草籽、柠檬皮屑倒进锅中加热煮沸。
2. 将幼砂糖、蛋黄和低筋面粉混合，用手持搅拌球搅拌均匀。
3. 取一部分“步骤 1”倒入“步骤 2”中搅拌均匀，再倒回锅中，用小火边加热边搅拌，煮至浓稠。
4. 离火，加入黄油拌匀。
5. 将“步骤 4”倒入搅拌机中搅打约 2 分钟，使奶油更加细腻光滑，倒在铺有保鲜膜的烤盘中，放入急冻柜降温备用。

柠檬奶油

配方

原料	用量
全蛋	150 克
幼砂糖	175 克
柠檬汁	175 克
吉利丁片	6.5 克
冰水	32.5 克
黄油	25 克
卡仕达奶油	650 克

制作过程

准备：将吉利丁片用冰水浸泡；黄油软化。

1. 将全蛋、幼砂糖、柠檬汁倒在锅中，用手持搅拌球搅拌均匀，加热至 80℃。
2. 离火加入泡好的吉利丁片、黄油、卡仕达奶油，用均质机搅打至乳化。
3. 将“步骤 2”装进裱花袋中，挤入硅胶圆圈模中抹平，放入急冻柜中冷冻成形。剩余的装进裱花袋中备用。

意式蛋白霜

配方

原料	用量
蛋白	125 克
幼砂糖（1）	15 克
水	75 克
幼砂糖（2）	230 克

制作过程

1. 将水和幼砂糖（2）倒进锅中加热，加热至 119℃。
2. 将蛋白和幼砂糖（1）倒进厨师机中，进行打发。
3. 将煮好的“步骤 1”沿缸壁加入“步骤 2”中，以中快速搅打至鸡尾状，装进带有圆形裱花嘴的裱花袋中备用。

组合与装饰

材料

原料	用量
银箔	适量
覆盆子	适量

组合过程

1. 在烤好的扁桃仁油酥面团中，挤入少量剩余的柠檬奶油，放入一块薄扁桃仁海绵蛋糕饼底，再挤入剩余的柠檬奶油，完全覆盖蛋糕饼底，用抹刀抹平。
2. 取出冻好的柠檬奶油，脱模，放在“步骤 1”中。在表面挤出意式蛋白霜，摆放覆盆子，点缀银箔即可。

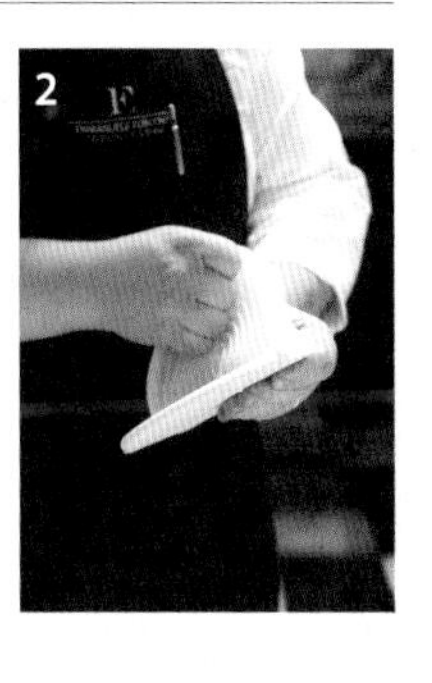

热带水果半球巴巴

巴巴面团通过朗姆糖浆的浸泡，风味变得更加丰富，轻轻咬上一口，不仅有热带水果焦糖夹心带来的甜蜜，唇齿间还有酒香可以回味，这就是赤裸裸的诱惑吧。

扫一扫，
看高清视频

模具

名称：矽利康硅胶半球模

尺寸：直径 3.4 厘米，高 1.6 厘米

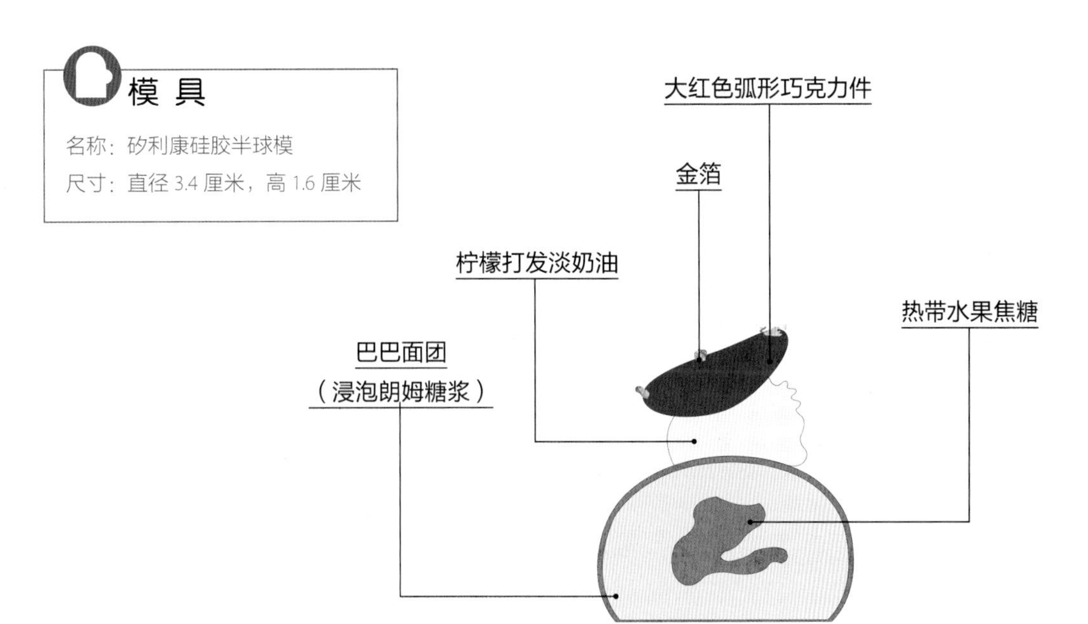

制作难点与要求

在甜品制作中，经常会有朗姆酒或其他洋酒出现，常见的使用方法如下。

- 用于浸透：用毛刷将酒糖液刷在蛋糕坯表面，使其渗入蛋糕坯中，可以增加风味，也更容易涂抹奶油。
- 添加在面糊中：制作面糊的过程中，可加入适量酒类，用以消除鸡蛋的腥味，解腻。
- 制作酒渍水果：使用后剩余的干燥水果可以用朗姆酒或白兰地浸泡，制作成酒渍水果，口味丰富且保存时间长，放入密封容器中可保存约 1 年。

产品制作流程

巴巴面团

配方

高筋面粉	300 克
黄油	90 克
蜂蜜	20 克
酵母	15 克
香草荚	1 根
全蛋	260 克

制作过程

1. 将所有材料倒入料理机中，搅拌 1 分钟，搅打至有筋度、有光泽为止，再静置 1.5 小时。静置完成后再次搅打 20 秒钟。
2. 将“步骤 1”装入裱花袋，挤入硅胶半球模中，约 5 分满。
3. 放进温度为 38℃、湿度为 60% 的醒发箱中，醒发约 1 小时，至原体积的两倍大。放入风炉中，以 180℃烘烤约 14 分钟，表面上色即可。取出后待凉，脱模备用。

朗姆酒糖浆

配方

水	1000 克
幼砂糖	800 克
70° 朗姆酒	190 克

制作过程

1. 将水、幼砂糖放入熬糖锅中，直火加热煮开，煮开后放置常温冷却。
2. 加入朗姆酒拌匀，待凉即可。

热带水果焦糖

配方

淡奶油	75 克
香草荚	1 根
盐	1 克
艾素糖	120 克
幼砂糖	90 克
香蕉果蓉	30 克
芒果果蓉	70 克
百香果果蓉	200 克
黄油	75 克
吉利丁片	5 克
冰水	25 克

制作过程

准备：将吉利丁片用冰水浸泡；将黄油切块；香草荚取籽。

1. 在锅中加入淡奶油、香草籽、盐，加热煮沸。
2. 在熬糖锅中加入艾素糖，用中火加热煮至化开。
3. 在“步骤 2”中加入幼砂糖，继续用中火加热煮至焦糖色，离火加入“步骤 1”，搅拌均匀。
4. 将香蕉果蓉、芒果果蓉、百香果果蓉混合，加入“步骤 3”中搅拌均匀。
5. 加入黄油搅拌均匀，煮至 104℃。
6. 将“步骤 5”离火倒进量杯中，加入泡好的吉利丁片，用均质机搅打均匀，放进冰箱冷藏备用。

柠檬打发淡奶油

配方

淡奶油	500 克
柠檬皮屑	3 克
青柠皮屑	1 克
转化糖浆	20 克
葡萄糖浆	25 克
香草荚	1 根
白巧克力	150 克

制作过程

准备：香草荚取籽备用。

1. 将淡奶油、柠檬皮屑、青柠皮屑、转化糖浆、葡萄糖浆、香草籽放入锅中，加热至沸腾。沸腾后，在表面包上保鲜膜，静置 10 分钟。
2. 将白巧克力倒进量杯中，加入“步骤 1”，用均质机搅打均匀。
3. 将“步骤 2”放入冰箱中冷藏一夜，使用时取出打发。

组合与装饰

材料

大红色弧形巧克力件	适量
葡萄糖浆	适量
金箔	适量

组合过程

1. 将巴巴面团浸泡在朗姆糖浆中 5 分钟，再翻面浸泡 5 分钟，使整个巴巴面团的内部都浸满朗姆糖浆。
2. 用手轻轻地挤压浸泡好的巴巴面团，挤出多余的糖浆，放置在底托上。
3. 将热带水果焦糖装进裱花袋中，插入巴巴面团的内部，挤出适量热带水果焦糖。
4. 将柠檬打发淡奶油装进带有大号锯齿花嘴的裱花袋中，在“步骤 3”顶部旋转挤出圆球。
5. 摆放大红色弧形巧克力件，将葡萄糖浆装入细裱袋中，在巧克力件的中间点上一滴，在葡萄糖浆的上面粘上金箔装饰即可。

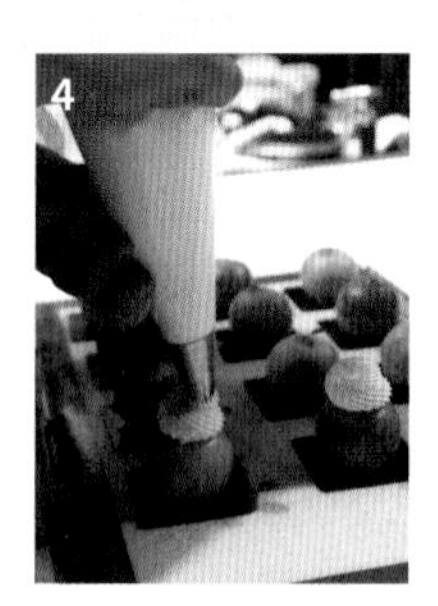

酸奶草莓蛋糕

酸奶和草莓的搭配永远都是那么讨人喜欢，精致的装饰更加衬托了它的可爱，都不忍心下口呢！本款产品并不只有单一的草莓和酸奶，还加入了海绵蛋糕饼底和扁桃仁柑橘油酥面团，在口感和层次上都大大加分哦。

扫一扫，
看高清视频

模具

名称：不锈钢材质的长条“U”形模具

尺寸：长 21.7 厘米，宽 9.4 厘米，高 7 厘米

名称：硅胶长条链形模

尺寸：长 21.7 厘米，宽 10 厘米，高 10 厘米

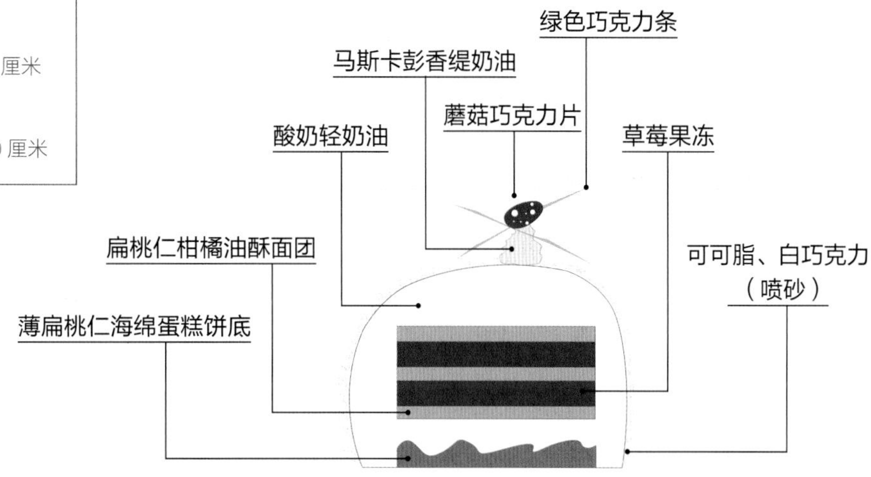

小知识

在制作甜品前，模具的选择尤为重要，选购模具时要确认材质，根据产品的特性来选择模具。

- 聚乙烯材质：受热均匀，产品不易烤焦，但注意不要被尖锐的物体划伤表面，常用于烤制挞派。
- 不锈钢：导热性能好，适合烘烤甜品或用于制作冷冻慕斯。清洗后需控干水分，防止生锈。
- 硅胶：硅胶的主要成分是天然硅，具有高度柔软性、抗腐蚀性、传热性。一般耐热区间在 -40~230℃，常用于制作慕斯冷冻类甜品，方便脱模。

产品制作流程

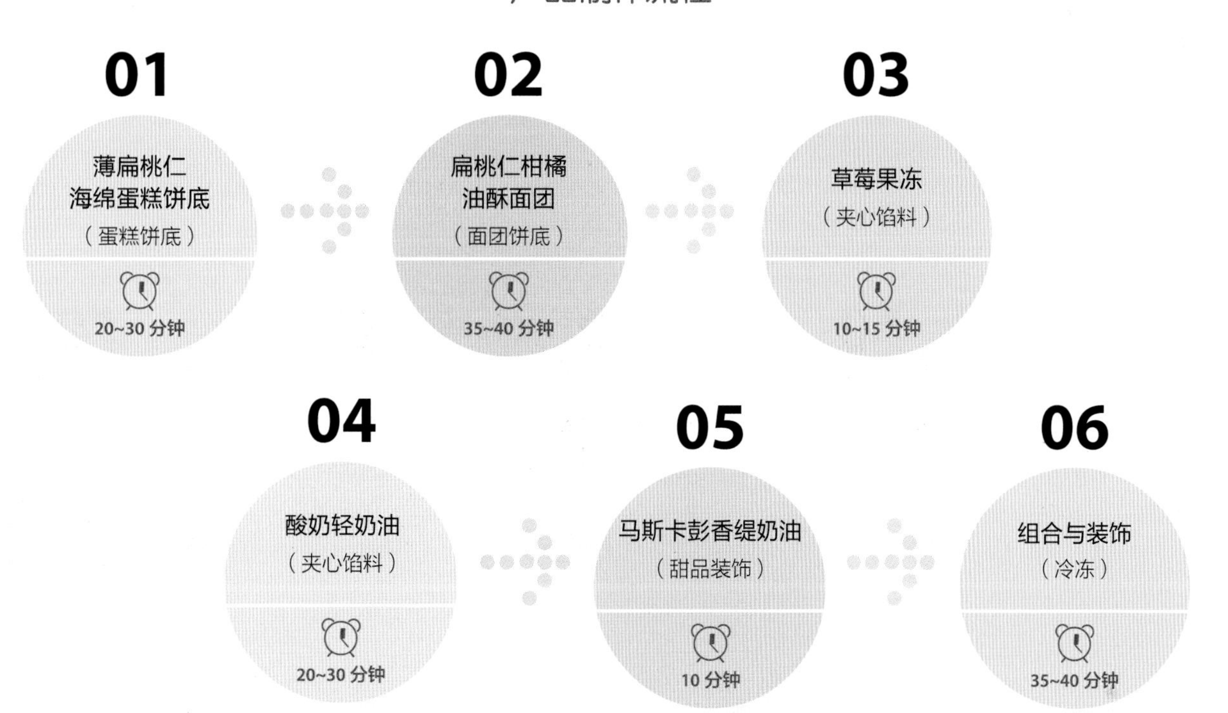

薄扁桃仁海绵蛋糕饼底

配方

全蛋	670 克
幼砂糖（1）	460 克
扁桃仁粉	460 克
香草荚	1 根
幼砂糖（2）	250 克
蛋白粉	4 克
蛋白	500 克
低筋面粉	140 克
黄油	100 克

制作过程

准备：香草荚取籽；黄油加热熔化。

1. 将全蛋、幼砂糖（1）、扁桃仁粉、香草籽混合，用手持搅拌球搅拌均匀，隔水加热至 40℃。
2. 将加热好的“步骤 1”倒进厨师机中打发，搅打至原体积的两倍大，颜色发白。
3. 将幼砂糖（2）和蛋白粉混合拌匀备用。
4. 将蛋白倒进厨师机中，加入一部分“步骤 3”，用中速搅拌，搅拌至粗泡状时加入剩余的“步骤 3”，继续搅打至光滑、细腻的鸡尾状。
5. 将“步骤 2”分次加入“步骤 4”中拌匀，边搅拌边加入低筋面粉，用橡皮刮刀以翻拌的手法搅拌至无干粉状。
6. 取一部分“步骤 5”加到化开的黄油中拌匀，再全部倒回“步骤 5”中混合拌匀。
7. 取 3 张烤盘纸放置在桌面上，将面糊倒在烤盘纸的一端，用刮平器刮平，约 8 毫米厚。依次抬起烤盘纸，放置在烤盘中。
8. 入风炉，以 210℃烘烤 8~10 分钟即可。取出后冷却，用“U”形模具切出 4 块饼底备用。

扁桃仁柑橘油酥面团

配方

金黄赤砂糖	200 克
低筋面粉	200 克
黄油	200 克
扁桃仁粉	200 克
橙皮屑	1 克
柠檬皮屑	1 克

制作过程

准备：黄油软化；粉类过筛。

1. 将所有材料倒进厨师机中，用扇形搅拌器慢速拌匀。
2. 拌匀后取出，用大孔网筛压成小的颗粒状，盖上保鲜膜，放进急冻柜中冻硬。
3. 冻硬后取出，用手轻轻地搓开。将“U”形模具放在铺有带孔硅胶垫的网架上，放进油酥面团碎（本次选用的模具的使用量约 150 克），用刮刀压平。
4. 入风炉，以 150℃烘烤 25 分钟，表面上色后取出，脱模备用。

草莓果冻

配方

细砂糖	75 克
右旋葡萄糖粉	60 克
草莓果蓉	750 克
柠檬汁	20 克
柠檬皮屑	1 克
吉利丁片	18 克
冰水	90 克

制作过程

准备：将吉利丁片加冰水提前浸泡。

1. 将细砂糖、右旋葡萄糖粉、泡好的吉利丁片混合，倒入一部分草莓果蓉，用微波炉加热至吉利丁片熔化。
2. 在剩余的草莓果蓉中加入柠檬汁和柠檬皮屑拌匀，加入加热好的“步骤 1”，用手持搅拌球混合拌匀。

酸奶轻奶油

配方

材料	用量
幼砂糖	190 克
酸奶粉	38 克
甜酸奶	380 克
吉利丁片	12 克
冰水	60 克
打发淡奶油	750 克

制作过程

准备：将吉利丁片加冰水提前浸泡。

1. 将幼砂糖和酸奶粉混合拌匀，加入一部分甜酸奶和泡好的吉利丁片搅拌均匀，用微波炉加热至吉利丁片和幼砂糖化开。
2. 在“步骤 1”中加入剩余的甜酸奶，用均质机搅打至乳化（温度在 35℃以上）。
3. 将“步骤 2”分次加入到打发的淡奶油中，用橡皮刮刀以翻拌的手法搅拌均匀，装进裱花袋中备用。

马斯卡彭香缇奶油

配方

材料	用量
马斯卡彭奶酪	100 克
淡奶油	100 克
香草荚	1 根
糖粉	30 克

制作过程

准备：香草荚取籽。

将所有材料混合，用手持搅拌球搅打至鸡尾状备用。

组合与装饰

材料

材料	用量
可可脂	50 克
白巧克力	50 克
蘑菇巧克力片	适量
绿色巧克力条	适量

组合过程

1. 在“U”形模具中放一块切好的薄扁桃仁海绵蛋糕饼底，倒入与海绵蛋糕饼底相同高度的草莓果冻，重复两次，最后再放一块薄扁桃仁海绵蛋糕饼底，用曲柄抹刀压平，放入急冻柜冷冻成形。
2. 将冻好的“步骤 1”取出，脱模备用。
3. 在硅胶长条形模具中挤入 5 分满的酸奶轻奶油，用抹刀将奶油抹到模具内壁。将“步骤 2”放入“步骤 3”中，用手轻轻按压。
4. 再放入扁桃仁柑橘油酥面团，用抹刀抹平，放入急冻柜中冷冻成形。
5. 将冻好的“步骤 4”取出脱模，放在转盘上。将可可脂和白巧克力加热到 50℃化开，装进喷枪中，在表面进行喷砂装饰。
6. 将马斯卡彭香缇奶油装在带有大号锯齿花嘴的裱花袋中，在慕斯蛋糕顶部挤出适量的水滴形奶油。
7. 在水滴形奶油的尖端放上蘑菇巧克力片，再放上几根细的绿色巧克力条装饰即可。

3

香槟玫瑰蛋糕

不论是外观造型、整体颜色还是夹心内馅，每一处都似属于女生的专属甜品，粉嫩嫩的外衣下，还躲藏着酸、甜、香、酥等多种口感，瞬间炸裂你的少女心。

扫一扫，
看高清视频

模具

名称：不锈钢圆形圈模

尺寸：直径 16 厘米，高 3 厘米

名称：硅胶圆形模

尺寸：直径 18 厘米，高 5 厘米

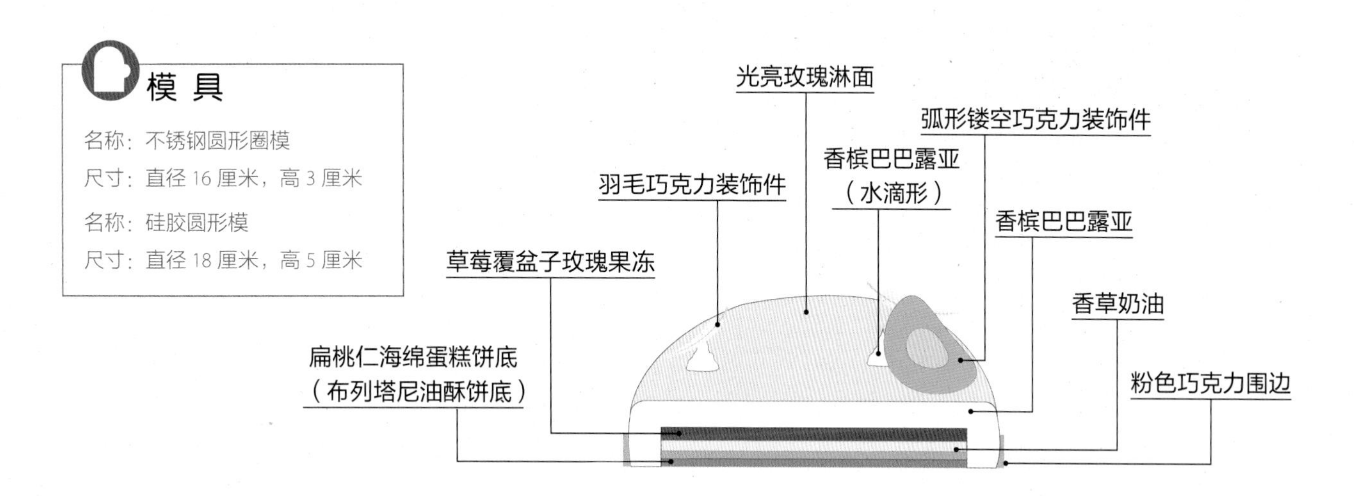

制作难点与要求

淋面技巧

- 在淋面前，慕斯必须要冻得够硬，表面也必须平整。在制作淋面的过程中，需要用均质机来消除气泡，有必要时还需要过筛。
- 淋面的浓稠度一定要控制好，不可以太稠或太稀。太稠会导致淋面的流动性差，表皮过厚，不易抹平；太稀会导致流动性强，不易停留在慕斯上。
- 淋面时的温度最好控制在 30~35℃之间，具体温度按照操作时需要的温度来控制，淋面时的速度一定要快、稳，淋完后还需要用抹刀将底部边缘多余的淋面抹掉，使边缘平整干净。

产品制作流程

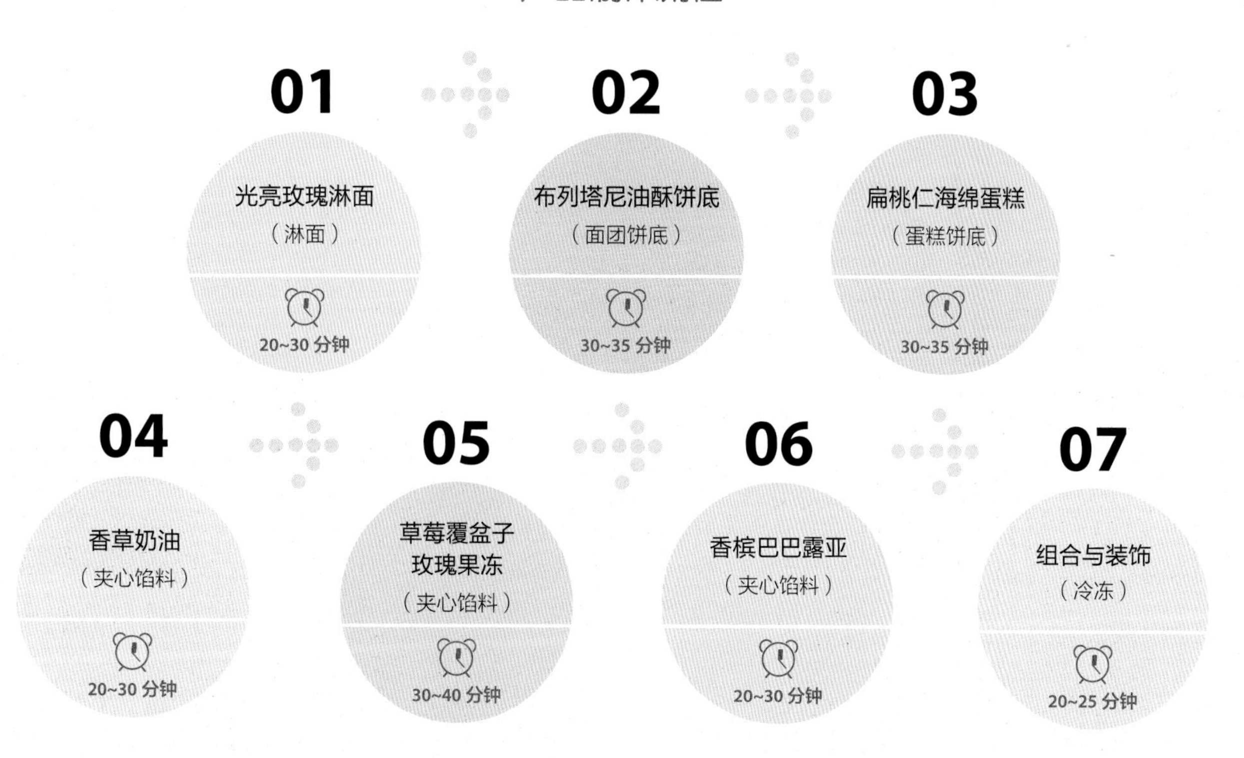

光亮玫瑰淋面

配方

水	125 克	炼乳	155 克
幼砂糖	250 克	可可脂	115 克
葡萄糖浆	250 克	吉利丁粉	16 克
水溶性白色素	2 克	冰水	80 克
水溶性玫瑰色色素	适量		

制作过程

准备：将吉利丁粉加冰水提前浸泡至软。

1. 在熬糖锅中加入水、幼砂糖、葡萄糖浆，用中火煮沸。
2. 在煮沸的“步骤 1”中加入水溶性白色色素、水溶性玫瑰色色素、炼乳，用橡皮刮刀拌匀，加热至沸腾。
3. 离火，加入泡好的吉利丁片，用余温使吉利丁片化开，用橡皮刮刀拌匀。
4. 将可可脂倒进量杯中，加入“步骤 3”，用均质机搅拌均匀。贴面盖上保鲜膜，冷藏静置一夜，使用时加热至 39℃左右。

布列塔尼油酥饼底

配方

蛋黄	160 克
幼砂糖	320 克
黄油	320 克
泡打粉	15 克
低筋面粉	450 克
盐	5 克

制作过程

准备：将黄油软化；将泡打粉和低筋面粉混合，过筛。

1. 将蛋黄、幼砂糖放进厨师机中，用中慢速打发。
2. 加入软化的黄油拌匀。
3. 加入粉类和盐，搅拌至无干粉的面团状。
4. 取出面团，放在两张烤盘纸中间，用擀面棍擀薄，放入急冻柜冷冻 5 分钟。
5. 取出，用开酥机将面团擀至 5 毫米厚，用圈模压出饼底，放置在带孔硅胶垫上。
6. 入风炉，以 150℃烘烤 18 分钟左右出炉，备用（不脱模）。

扁桃仁海绵蛋糕

配方

蛋白	50 克	香草荚	1 根
幼砂糖（1）	50 克	黄油	70 克
全蛋	80 克	扁桃仁粉	140 克
蛋黄	32 克	低筋面粉	32 克
幼砂糖（2）	110 克		

制作过程

准备：将香草荚取籽；黄油加热熔化。

1. 将蛋白、幼砂糖（1）倒进厨师机中，打发至鸡尾状。
2. 将蛋黄、全蛋、幼砂糖（2）、香草籽混合拌匀。
3. 在“步骤 2”中加入化开的黄油，搅拌均匀。
4. 加入低筋面粉和扁桃仁粉，搅拌均匀。
5. 先取一部分“步骤 1”加入到“步骤 4”中拌匀，再加入剩余的“步骤 1”，用橡皮刮刀以翻拌的手法搅拌均匀。
6. 倒入布列塔尼油酥饼底中抹平，本次使用的模具用量每个约 160 克。
7. 入风炉中，以 170℃烘烤约 16 分钟，出炉后冷却，备用。

香草奶油

配方

牛奶	200 克	玉米淀粉	16 克
淡奶油	100 克	白巧克力	40 克
香草荚	1 根	吉利丁片	2.5 克
蛋黄	60 克	冰水	13 克
幼砂糖	70 克		

制作过程

准备：香草荚取籽；将吉利丁片加冰水提前浸泡至软。

1. 将牛奶、淡奶油、香草籽加入锅中煮至 85℃。
2. 将幼砂糖、蛋黄、玉米淀粉混合，用手持搅拌球搅拌均匀。
3. 取一部分“步骤 1”倒入“步骤 2”中，再倒回锅中，用小火边加热边搅拌，煮至浓稠。
4. 离火，加入泡好的吉利丁片，利用余温将吉利丁片化开，用橡皮刮刀拌匀。
5. 将白巧克力倒进量杯中，加入“步骤 4”，用均质机搅拌均匀，放在冰水中降至常温。
6. 将“步骤 5”倒在盛放有扁桃仁海绵蛋糕的烤盘中，本次使用的模具用量约 170 克，轻轻晃动烤盘，使表面平整，放入急冻柜冷冻。

草莓覆盆子玫瑰果冻

配方

配方	
覆盆子果蓉	125 克
幼砂糖	50 克
草莓果蓉	125 克
玫瑰精油	10 滴
柠檬汁	10 克
吉利丁片	6 克
冰水	30 克

制作过程

准备：将吉利丁片加冰水提前浸泡。

1. 取一部分覆盆子果蓉（约 40 克）与幼砂糖、泡好的吉利丁片混合到一起，放进微波炉中，加热至糖和吉利丁片化开，用橡皮刮刀拌匀。
2. 将剩余的覆盆子果蓉和草莓果蓉混合拌匀，再加入玫瑰精油拌匀。
3. 将“步骤 1”和“步骤 2”混合拌匀，再加入柠檬汁混合拌匀。
4. 将“步骤 3”倒在盛放有扁桃仁海绵蛋糕与香草奶油的烤盘模具中，轻轻晃动烤盘，使表面平整。放入急冻柜冷冻成形，作为蛋糕的夹层。

香槟巴巴露亚

配方

配方	
幼砂糖	175 克
蛋黄	100 克
香槟	190 克
玉米淀粉	10 克
吉利丁片	10 克
冰水	50 克
打发淡奶油	500 克

制作过程

准备：将吉利丁片加冰水提前浸泡。

1. 将幼砂糖、蛋黄、玉米淀粉混合拌匀，用手持搅拌球搅拌均匀。
2. 将香槟加热至 50℃，倒进“步骤 1”中混合拌匀，再加热至 85℃。
3. 离火，加入泡好的吉利丁片，用手持搅拌球搅拌均匀，倒入量杯中，再用均质机搅打均匀，贴面盖上一层保鲜膜，放置在冰箱中降温至 35℃。
4. 将冷却好的“步骤 3”分次倒入打发淡奶油中，用橡皮刮刀以翻拌的手法搅拌均匀，备用。

组合与装饰

材料

材料	
粉色巧克力围边	适量
弧形镂空巧克力装饰件	适量
羽毛巧克力装饰件	适量

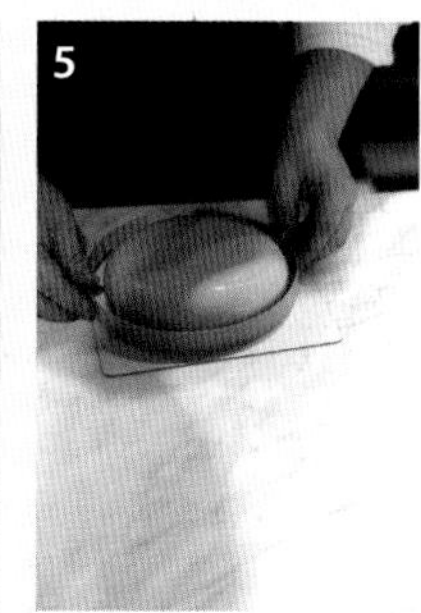

组合过程

1. 将“扁桃仁海绵蛋糕 + 香草奶油 + 草莓覆盆子玫瑰果冻”夹层从冰箱中取出，脱模。
2. 在硅胶圆形模中挤入香槟巴巴露亚，约 5 分满，再用橡皮刮刀将香槟巴巴露亚带起部分抹在模具内壁。
3. 将“步骤 1”放到“步骤 2”的中间位置，用手轻轻向下按压，排出内部空气，用抹刀将表面抹平，放入急冻柜中冷冻成形。
4. 取出“步骤 3”放置在网架上，淋上光亮玫瑰淋面。
5. 将“步骤 4”放置在底托上，在底部放上做好的粉色巧克力围边。
6. 在顶部挤出 2 个水滴形的香槟巴巴露亚，放上弧形镂空巧克力装饰件和羽毛巧克力装饰件即可。

香蕉百香果芒果开心果蛋糕

本款产品的独特之处在于整体的组装和精致的装饰手法。将青柠芒果果泥裸露在蛋糕顶部，想法大胆又创新，口感上百香果和青芒的酸味，刚好中和了浓郁椰子面碎的甜腻，再加上青柠芒果果泥的果肉颗粒感，给甜点赋予了独有的特色。

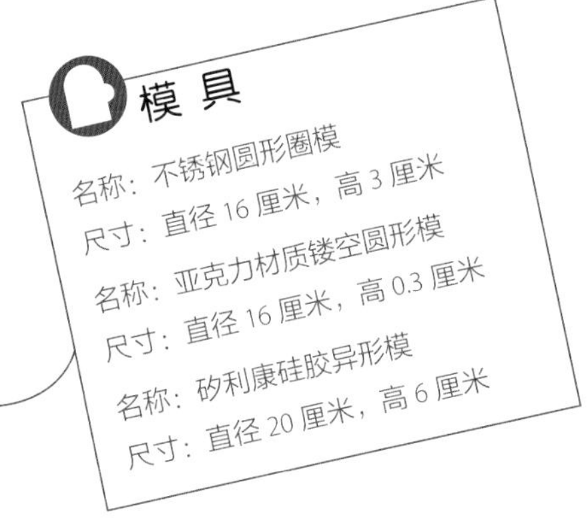

扫一扫，
看高清视频

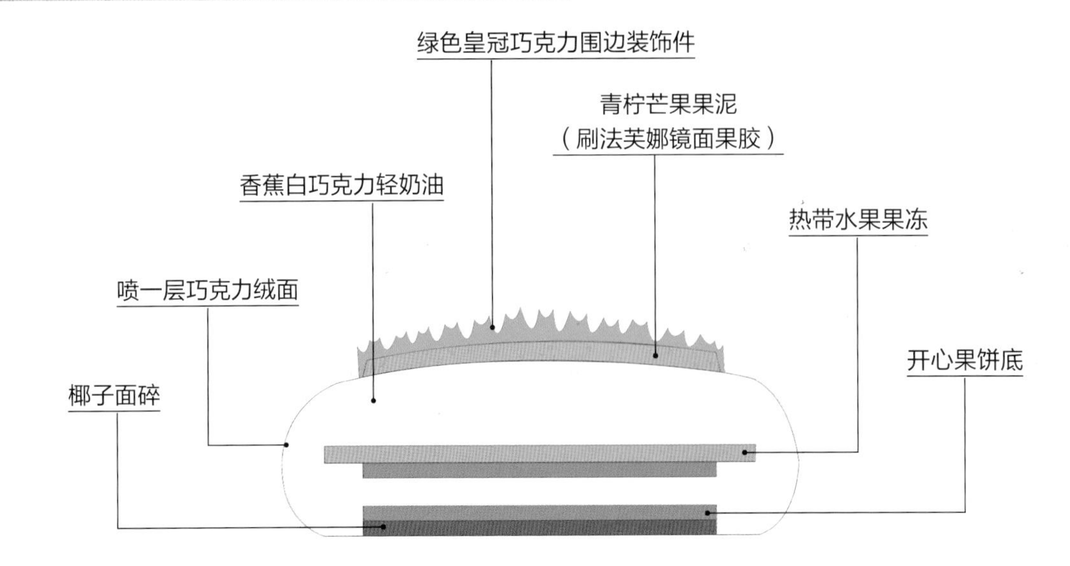

制作难点与要求

椰子面碎主要由糖、黄油、椰蓉、粉类和巧克力混合烘烤而成，待冷却凝固后可作为饼底还可作为装饰插片，口感酥脆，适用于搭配各种慕斯甜点，也可加入坚果类或黄油薄脆片，增加口感。

产品制作流程

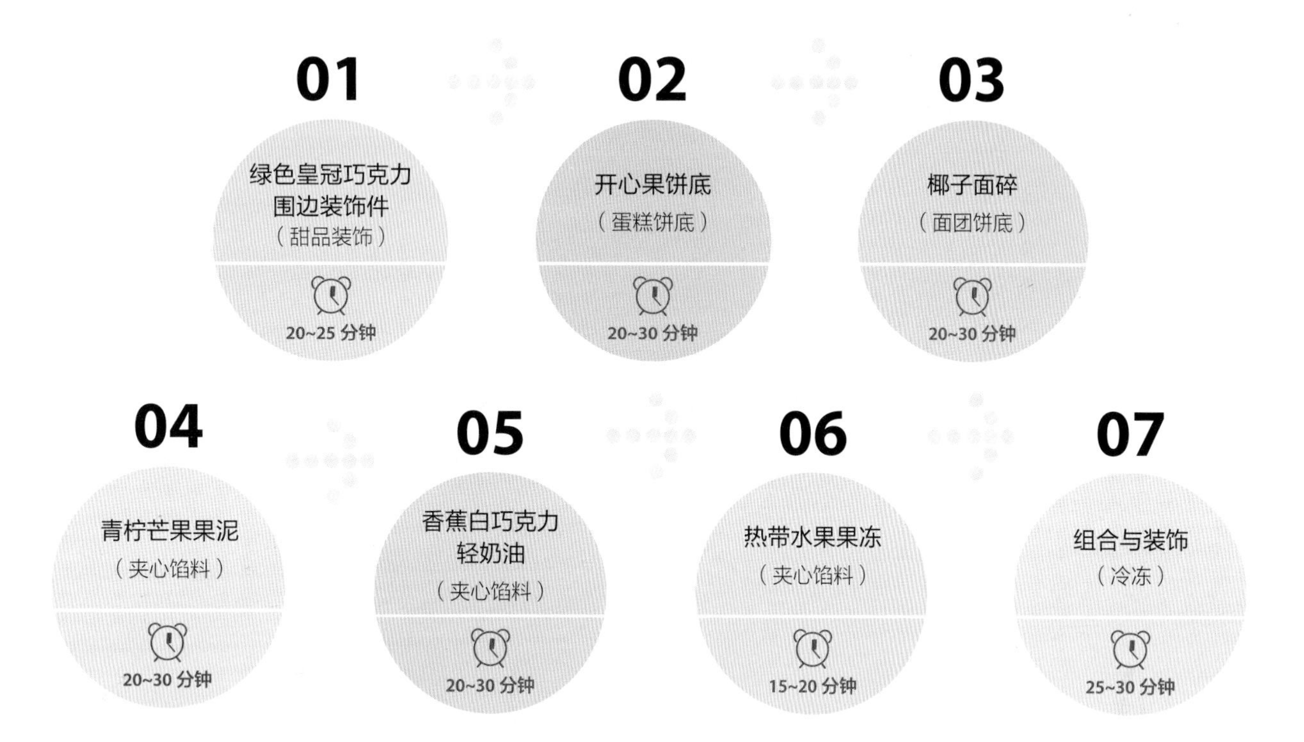

绿色皇冠巧克力围边装饰件

配方

白巧克力	适量
绿色水溶性色粉	适量

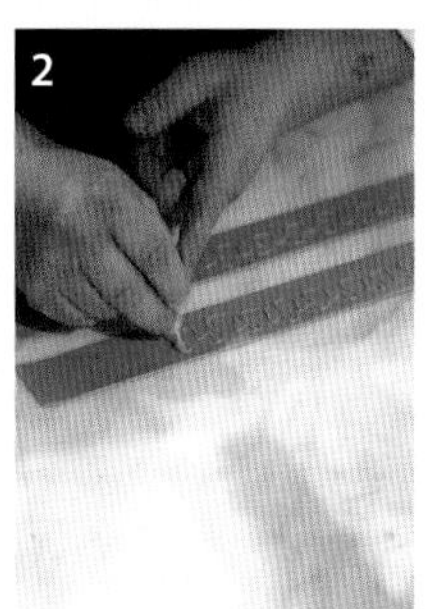

制作过程

1. 将白巧克力熔化，加入绿色水溶性色粉，用均质机搅打均匀，倒在大理石桌面降温至26℃，将白巧克力收进碗中，用热风枪加热，使其回温到28℃，完成调温。
2. 取一张巧克力玻璃纸，裁成约6厘米宽的长条铺在桌面上，倒上适量的“步骤1”，用曲柄抹刀抹平。放置在一旁静置1~2分钟，使巧克力稍微凝结，用一根较细的牙签在中间位置画出均匀的迷宫线条。
3. 取一张烤盘纸裁成宽度约6厘米的长条，盖在“步骤2”上，并围在圈模的外圈，用胶带把连接处粘紧。放置在一旁静置约15分钟，使巧克力凝结，并具有光泽。也可以放到冰箱中冷藏3~5分钟。
4. 待巧克力凝结后，小心取下来即可。

开心果饼底

配方

蛋白（1）	210 克
幼砂糖	130 克
扁桃仁粉	160 克
糖粉	320 克
土豆淀粉	60 克
蜂蜜或转化糖浆	40 克
蛋白（2）	300 克
开心果泥	250 克
黄油	130 克

制作过程

准备：黄油软化；粉类过筛。

1. 将蛋白（1）和幼砂糖倒进厨师机中，用中慢速打发至鸡尾状。
2. 另取一个厨师机，加入剩余的全部材料，用快速进行搅拌，呈膏状后取出，倒在盆中。
3. 将“步骤 1”分次加入“步骤 2”中，用橡皮刮刀以翻拌的手法搅拌均匀。
4. 倒在铺有烤盘纸的烤盘中，用抹刀抹平，放进风炉中，以 210℃烘烤约 10 分钟。出炉后用圈模压出饼底，备用。

椰子面碎

配方

砂糖	100 克
低筋面粉	90 克
扁桃仁粉	60 克
黄油	115 克
椰蓉	40 克
白巧克力	130 克

制作过程

准备：黄油软化；粉类过筛；白巧克力熔化。

1. 将砂糖、粉类、黄油、椰蓉倒进厨师机中，用扇形搅拌器搅拌至沙状。
2. 倒在铺有烤盘纸的烤盘中，放入风炉，以 150℃烘烤 15 分钟。
3. 出炉待凉后倒在盆中，加入熔化的白巧克力混合拌匀。
4. 倒入圆形镂空亚克力模具中，用抹刀抹平，取下模具，再放上一片开心果饼底，用手轻轻按压使其粘在一起，放进冰箱中冷冻凝固，备用。

青柠芒果果泥

配方

芒果果蓉	260 克
柠檬汁	20 克
幼砂糖	50 克
NH 果胶粉	4 克
新鲜芒果丁	400 克
青柠皮屑	1 克

制作过程

1. 将芒果果蓉倒入锅中加热，加入柠檬汁混合拌匀，煮沸。
2. 加入幼砂糖和 NH 果胶粉的混合物，边加入边用手持搅拌球搅拌均匀，再次煮沸。
3. 加入新鲜芒果丁、青柠皮屑，煮至浓稠，离火。
4. 倒入圆形圈模中，放入急冻柜中冷冻成形。

香蕉白巧克力轻奶油

配方

全脂牛奶	50 克
吉利丁片	12 克
冰水	60 克
白巧克力	200 克
香蕉果蓉	375 克
打发淡奶油	500 克

制作过程

准备：将吉利丁片用冰水浸泡；白巧克力熔化。

1. 将全脂牛奶倒入锅中，加入泡好的吉利丁片，加热使吉利丁片化开，并用橡皮刮刀拌匀。
2. 离火，加入白巧克力，拌匀。
3. 加入香蕉果蓉，用手持搅拌球搅拌均匀。
4. 倒入量杯中，用均质机搅打至充分乳化，放进冰箱降温至 35℃左右。
5. 分次加入打发的淡奶油中，用橡皮刮刀以翻拌的手法混合拌匀。
6. 倒入硅胶异形模中，约 5 分满，用橡皮刮刀将慕斯浆料抹到模具的内壁，放入急冻柜中冷冻成形，剩余浆料备用。

热带水果果冻

配方

百香果果蓉	126 克
芒果果蓉	76 克
香蕉果蓉	50 克
青柠皮屑	0.8 克
吉利丁片	6 克
冰水	30 克
右旋葡萄糖粉	50 克
盐	1 克

制作过程

准备：将吉利丁片用冰水浸泡至软。

1. 将芒果果蓉、百香果果蓉、香蕉果蓉和青柠皮屑混合，用手持搅拌球搅拌均匀。
2. 将右旋葡萄糖粉、盐混合，用手持搅拌球搅拌均匀。
3. 将"步骤 1"加入"步骤 2"中混合，加入泡好的吉利丁片，放入微波炉中加热至 60℃左右，使吉利丁片熔化，用均质机搅打均匀，备用。

组合与装饰

材料

白巧克力	120 克
可可脂	80 克
法芙娜镜面果胶	适量

组合过程

1. 取出冻好的香蕉白巧克力轻奶油，倒入一层约 8 毫米厚的热带水果果冻，轻轻晃动，使表面平整。
2. 放入一层开心果饼底，用手轻轻按压，放入急冻柜中冷冻成形。
3. 取出"步骤 2"，在缝隙处和顶部挤入剩余的香蕉白巧克力轻奶油，放入椰子面碎，用抹刀抹平，放入急冻柜中冷冻成形。
4. 将白巧克力和可可脂混合，加热熔化，倒入喷枪中。
5. 取出"步骤 3"脱模，放置在转台上，用喷枪在表面喷上一层巧克力绒面。
6. 在"步骤 5"的顶部挤上少量剩余的香蕉白巧克力轻奶油。
7. 将青柠芒果果泥取出脱模，在表面用毛刷刷上一层法芙娜镜面果胶。
8. 将"步骤 7"放置在"步骤 6"顶部的中间位置，用抹刀轻轻按压，使其粘在一起。
9. 将绿色皇冠巧克力围在青柠芒果果泥的周围即可。

榛子蛋糕

当巧克力遇到榛子时，双重口感在口中相互融合，榛子的香脆夹在巧克力的苦与甜之间，每一口都是那么醇香、满足，让人念念不忘，这或许正是它的魅力所在吧。

扫一扫，
看高清视频

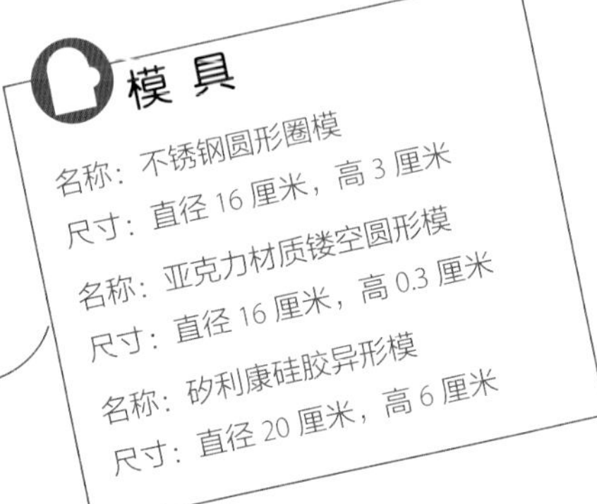

模具

名称：不锈钢圆形圈模
尺寸：直径 16 厘米，高 3 厘米
名称：亚克力材质镂空圆形模
尺寸：直径 16 厘米，高 0.3 厘米
名称：矽利康硅胶异形模
尺寸：直径 20 厘米，高 6 厘米

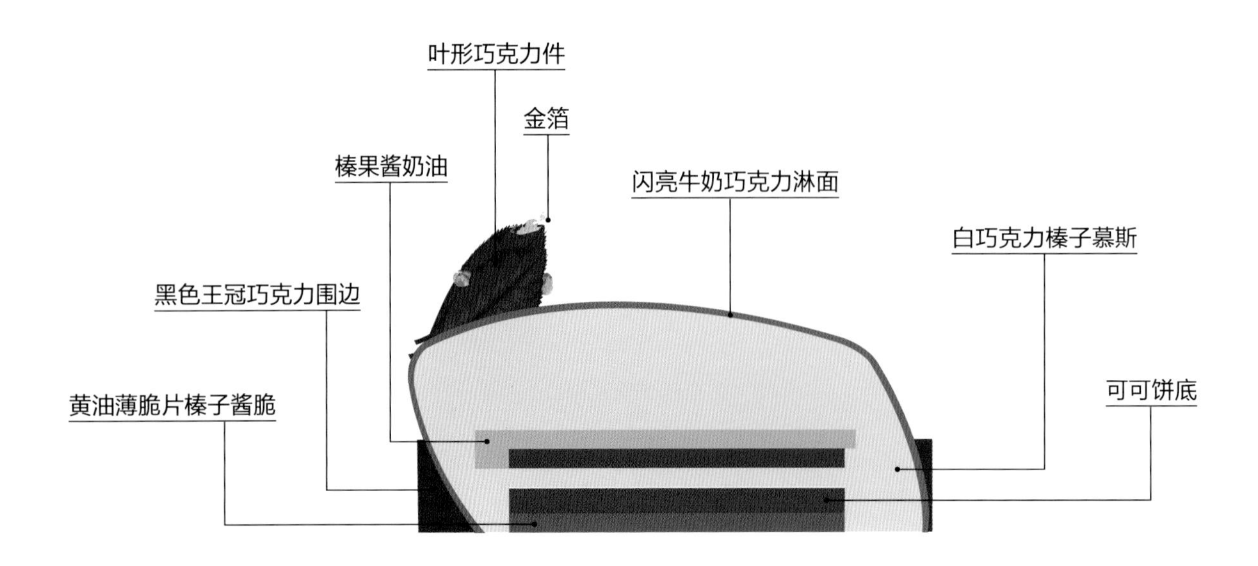

小知识

去除蛋糕表皮的技法：事先准备好一张冷的烤盘，底部朝上，蛋糕坯烤好后，立刻倒扣在冷的烤盘底部，使其热的蛋糕表皮与冷的烤盘底部粘在一起，完成去皮。去皮后的蛋糕坯口感更加湿润绵软。

产品制作流程

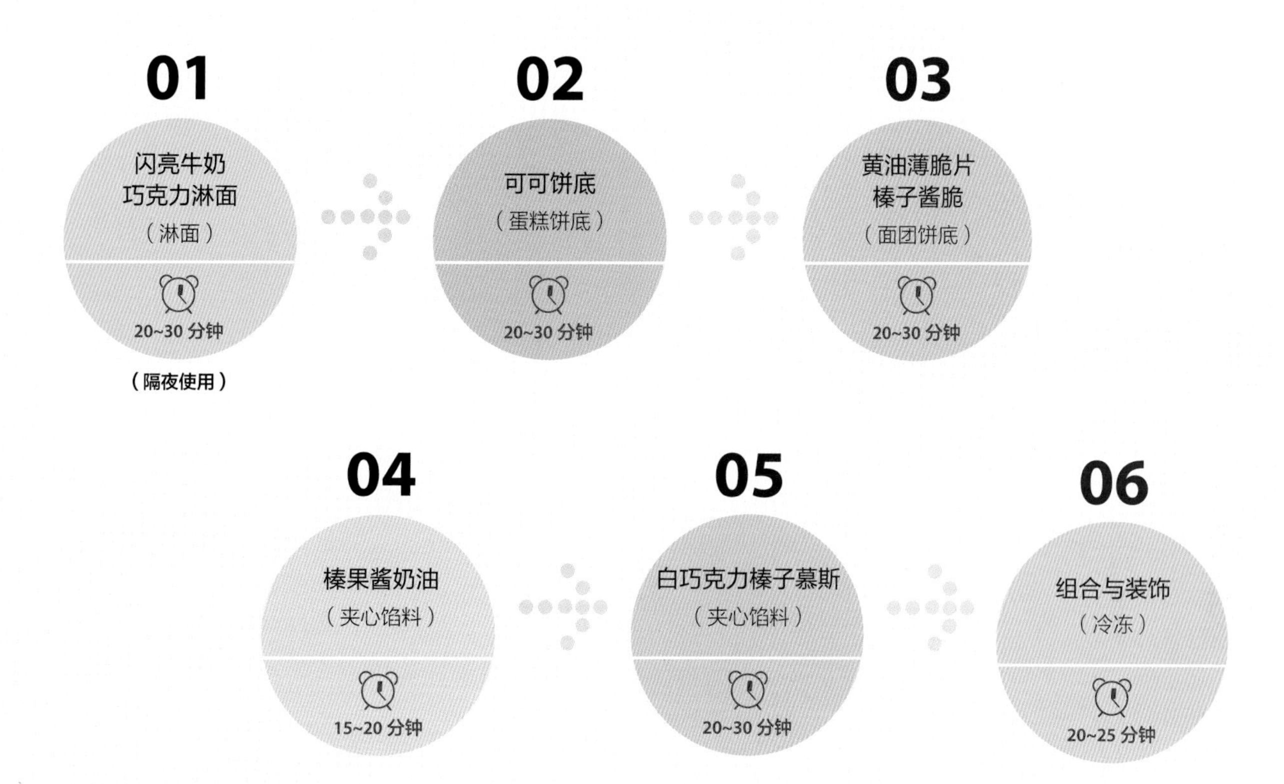

闪亮牛奶巧克力淋面

配方

幼砂糖	300 克
葡萄糖浆	300 克
水	150 克
炼乳	200 克
吉利丁片	20 克
冰水	120 克
牛奶巧克力	260 克
黑巧克力	40 克

制作过程

准备：将吉利丁片用冰水浸泡至软。

1. 将幼砂糖、葡萄糖浆、水倒进锅中加热煮沸。
2. 加入炼乳，用橡皮刮刀搅拌均匀，继续加热至沸腾。
3. 离火加入泡好的吉利丁片，用橡皮刮刀搅拌，使吉利丁片化开。
4. 将牛奶巧克力、黑巧克力加入量杯中，倒入“步骤3”，用均质机搅打均匀，贴面铺上一层保鲜膜，放在冰箱中冷藏一夜，第二天取出加热至38℃使用。

可可饼底

配方

蛋黄	600 克
细砂糖（1）	520 克
黄油	260 克
蛋白	650 克
细砂糖（2）	130 克
土豆淀粉	130 克
可可粉	130 克
低筋面粉	130 克

制作过程

准备：将土豆淀粉、可可粉、低筋面粉混合过筛；黄油熔化至液体。

1. 将蛋黄、细砂糖（1）混合，用手持搅拌球搅拌均匀，放到微波炉中加热至40℃左右，倒进厨师机中，以中速搅打至发泡，膨胀到原体积的两倍大，表面泛白，具有光泽。
2. 将蛋白倒入厨师机中，分次加入细砂糖（2），在搅打的过程中，用火枪稍微加热缸壁，使蛋白更好打发，打至鸡尾状。
3. 将“步骤 2”加入“步骤 1”中，用橡皮刮刀搅拌均匀。加入粉类，边倒粉类边用橡皮刮刀以翻拌的手法搅拌均匀。
4. 加入黄油，用橡皮刮刀以翻拌的手法拌匀。
5. 将“步骤 4”倒入铺有烤盘纸的烤盘中，用抹刀抹平，放入风炉，以 210℃烘烤 8~10 分钟，出炉后降温，用圈模切出 4 片饼底备用。

黄油薄脆片榛子酱脆

配方

牛奶巧克力	125 克
榛子泥	70 克
榛果酱	60 克
液体黄油	15 克
黄油薄脆片	250 克

制作过程

1. 将牛奶巧克力放入锅中，加热熔化。
2. 加入榛子泥和榛果酱，用橡皮刮刀搅拌均匀。
3. 加入液体黄油和黄油薄脆片，用橡皮刮刀搅拌均匀。
4. 将“步骤 3”倒入圆形镂空亚克力模具中，用抹刀抹平，取下模具，再放上一片可可饼底，用手轻轻按压使其粘在一起，放入冰箱冷冻凝固，备用。

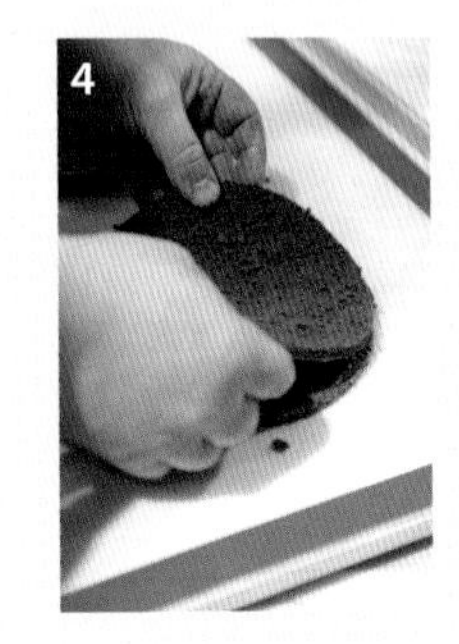

榛果酱奶油

配方

淡奶油	400 克
牛奶	50 克
榛果酱	350 克
榛子泥	250 克

制作过程

1. 将淡奶油和牛奶混合，倒进锅中加热至 80℃。
2. 将榛果酱和榛子泥混合，倒进量杯中，加入“步骤 1”，用均质机搅打至细腻有光泽，备用。

白巧克力榛子慕斯

配方

材料	用量
牛奶	140 克
淡奶油	90 克
香草荚	1 根
蛋黄	50 克
幼砂糖	8 克
纯榛子泥	100 克
吉利丁片	6 克
冰水	30 克
白巧克力	340 克
打发淡奶油	450 克

制作过程

准备：香草荚取籽；将吉利丁片用冰水浸泡至软。

1. 将牛奶、淡奶油、香草籽放入锅中，加热至沸腾。
2. 将蛋黄和幼砂糖混合，用手持搅拌球搅拌至乳化发白。
3. 取一部分“步骤 1”倒入“步骤 2”中，再倒回锅中，继续用中火加热至 83℃左右。
4. 将纯榛子泥、吉利丁片、白巧克力放入量杯中，加入“步骤 3”，用均质机搅打至充分乳化，隔冰水降温至 38℃。
5. 将“步骤 4”分次加入打发的淡奶油中，用橡皮刮刀以翻拌的手法拌匀。
6. 将“步骤 5”倒入硅胶异形模中，约 5 分满，用橡皮刮刀将浆料抹到模具内壁，放入急冻柜中冷冻成形，剩余浆料备用。

6

组合与装饰

材料

材料	用量
黑色王冠巧克力围边	适量
叶形巧克力件	适量
金箔	适量

组合过程

1. 取出冻好的白巧克力榛子慕斯，倒入一层约 8 毫米厚的榛果酱奶油，轻轻晃动，使表面平整。
2. 放入一层可可饼底，用手轻轻按压，放入急冻柜中冷冻成形。
3. 取出“步骤 2”，在表面挤上剩余的白巧克力榛子慕斯，放入黄油薄脆片榛子酱脆，用手轻轻按压，使其与慕斯紧密地黏合到一起，用曲柄抹刀抹平，放入急冻柜冷冻成形。
4. 取出“步骤 3”，放在网架上，在表面淋上闪亮牛奶巧克力淋面，用抹刀挑起蛋糕，将底部多余的淋面抹掉，放在底板上。
5. 将黑色王冠巧克力围边围在蛋糕的底部，在侧面插上叶形巧克力件，放上金箔装饰即可。

巴巴露亚巧克力三重奏

扫一扫，
看高清视频

本款产品从颜色到味道，从外表到内部，每一处都有巧克力的身影，甘醇浓香的口感层层叠加，再搭配上黑巧克力绒面，使整体巧克力的风味更加突出。

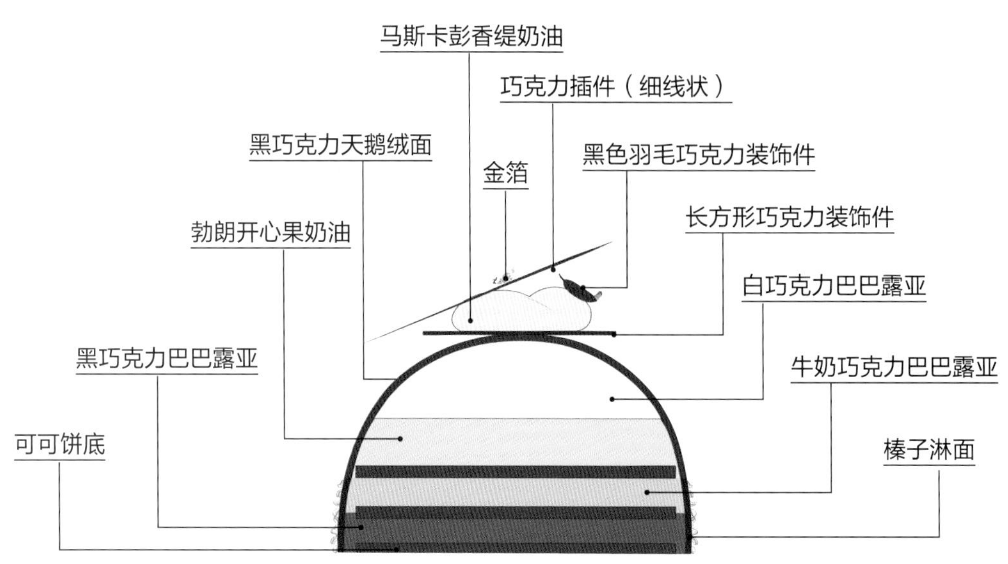

小知识

香缇奶油是由淡奶油加糖打发而成的，糖占比在 5%~10% 为宜。

- 淡奶油的乳脂含量是一个选择基准，不同的乳脂含量会有不同的风味、醇厚度、质地差异和耐受力，乳脂含量越高，奶味越香醇。
- 在香缇奶油中加入不同的坚果、巧克力，可做涂面、刷酱、装饰、夹心等。

产品制作流程

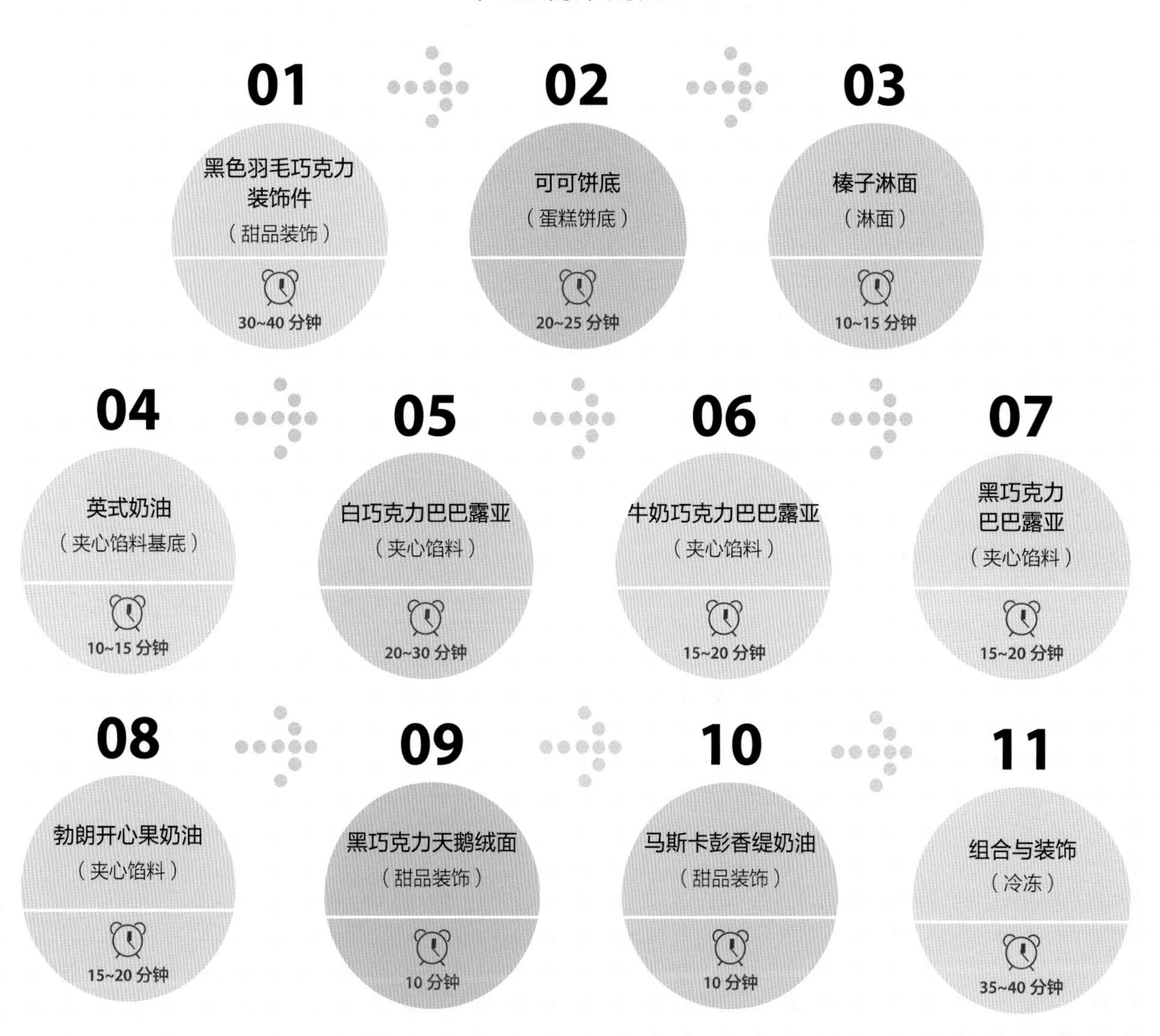

黑色羽毛巧克力装饰件

配方

黑巧克力	适量

制作过程

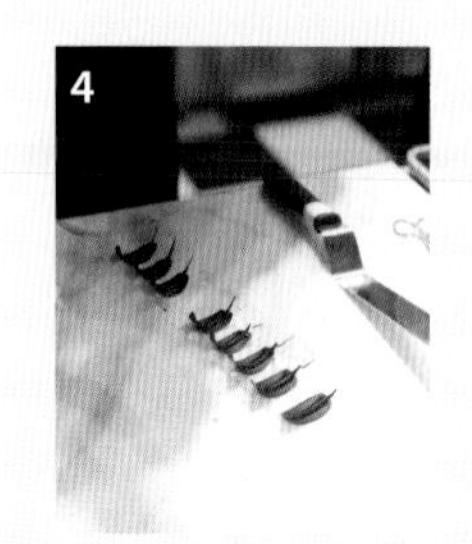

1. 将黑巧克力加热至40℃化开，倒在大理石桌面上，降温至28℃，将巧克力收进碗中，用热风枪加热，使其回温到31℃，完成调温。
2. 取一张巧克力专用玻璃纸，裁成约10厘米宽的长条，铺在大理石桌面的边缘。用小刀的一面蘸取巧克力，轻震掉多余的巧克力，反扣在巧克力玻璃纸上，轻轻抬起小刀，向后快速抽出。
3. 静置约30秒钟，使巧克力不具有流动性，放进一个带有弧度的工具中。放在一旁静置约15分钟，使巧克力凝结，并具有光泽，也可以放到冰箱中冷藏3~5分钟。
4. 待巧克力凝结后，小心地将半成品揭掉。加热小刀，在半成品的两侧切出适量排列整齐的凹槽即可。

可可饼底

配方

蛋黄	600克
细砂糖（1）	520克
黄油	260克
蛋白	650克
细砂糖（2）	130克
低筋面粉	130克
土豆淀粉	130克
可可粉	130克

制作过程

准备：将土豆淀粉、可可粉、低筋面粉混合过筛；黄油熔化至液体。

1. 将蛋黄、细砂糖（1）混合，用手持搅拌球搅拌均匀，放到微波炉中加热至40℃左右，倒进厨师机中，以中速搅打至发泡，膨胀到原体积的两倍大，表面泛白，具有光泽。
2. 将黄油液体加入“步骤1”中，用手持搅拌球搅拌均匀。
3. 将蛋白倒入厨师机中，分次加入细砂糖（2），搅打至蛋白呈鸡尾状。
4. 将“步骤2”加入“步骤3”中，用橡皮刮刀搅拌均匀。
5. 加入粉类，边倒粉类边用橡皮刮刀以翻拌的手法搅拌均匀。
6. 将面糊倒在铺有烤盘纸的烤盘中，用抹刀抹平，放入风炉，以210℃烘烤8~10分钟，出炉后按照枕形模（也可以自己选择模具）的尺寸裁切出形状，备用。

榛子淋面

配方

可可脂	400克
牛奶巧克力	600克
榛子颗粒	140克

制作过程

1. 将可可脂隔水加热熔化。
2. 加入牛奶巧克力，继续加热，并用橡皮刮刀搅拌至化开。
3. 加入切碎的榛子颗粒，混合拌匀，并降温至35℃，备用。

英式奶油

配方

淡奶油	360 克
牛奶	360 克
蛋黄	145 克
幼砂糖	145 克

制作过程

1. 在锅中加入牛奶、淡奶油，混合加热至沸腾。
2. 将蛋黄、幼砂糖混合，用手持搅拌球搅拌至乳化发白。
3. 取一部分“步骤 1”倒入“步骤 2”中，搅拌均匀，再倒回锅中，用小火边加热边搅拌，煮至 83℃左右，备用。

白巧克力巴巴露亚

配方

白巧克力	240 克
吉利丁片	6.5 克
冰水	32.5 克
英式奶油	320 克
打发淡奶油	300 克

制作过程

准备：将吉利丁片用冰水浸泡。

1. 将白巧克力和泡好的吉利丁片倒入量杯中。
2. 加入英式奶油（83℃），用均质机搅打均匀，并降温至 35℃左右。
3. 将“步骤 2”分 3 次倒入打发的淡奶油中，用橡皮刮刀以翻拌的手法混合拌匀。
4. 倒入枕形模中，用橡皮刮刀将浆料刮到模具的整个内壁上，轻震，放入急冻柜中冷冻成形，剩余浆料备用。

牛奶巧克力巴巴露亚

配方

牛奶巧克力	210 克
吉利丁片	6 克
冰水	30 克
英式奶油	320 克
打发淡奶油	300 克

制作过程

准备：将吉利丁片用冰水浸泡至软。

1. 将牛奶巧克力和泡好的吉利丁片倒入量杯中。
2. 加入英式奶油（83℃），用均质机搅打均匀，并降温至 35℃左右。
3. 将“步骤 2”分 3 次倒入打发的淡奶油中，用橡皮刮刀以翻拌的手法混合拌匀。

黑巧克力巴巴露亚

材料

黑巧克力	180 克
吉利丁片	5 克
冰水	25 克
英式奶油	320 克
打发淡奶油	300 克

制作过程

准备：将吉利丁片用冰水浸泡。

1. 将黑巧克力和泡好的吉利丁片倒入量杯中。
2. 加入英式奶油（83℃），用均质机搅打均匀，并降温至 35℃左右。
3. 将“步骤 2”分 3 次倒入打发的淡奶油中，用橡皮刮刀以翻拌的手法混合拌匀。

勃朗开心果奶油

配方

配方	
淡奶油	450 克
幼砂糖	70 克
蛋黄	100 克
开心果泥	70 克
吉利丁片	6 克
冰水	30 克

制作过程

准备：将吉利丁片用冰水浸泡至软。

1. 将淡奶油倒入锅中，加热至沸腾。
2. 将蛋黄、幼砂糖混合，用手持搅拌球搅拌至乳化发白。
3. 取一部分“步骤 1”倒入“步骤 2”中，搅拌均匀，再倒回锅中与剩余的“步骤 1”混合，用小火边加热边搅拌，煮至 83℃左右。
4. 将开心果泥、泡好的吉利丁片放到量杯中，加入煮好的“步骤 3”，用均质机搅打均匀，备用。

黑巧克力天鹅绒面

配方

配方	
可可脂	100 克
黑巧克力	120 克

制作过程

将可可脂和黑巧克力混合加热，用橡皮刮刀搅拌至化开，再用均质机搅打顺滑即可（在使用时，温度不能低于 45℃）。

马斯卡彭香缇奶油

配方

配方	
马斯卡彭奶酪	100 克
淡奶油	100 克
香草荚	1 根
糖粉	30 克

制作过程

准备：香草荚取籽。

将所有材料混合，打发至鸡尾状即可。

组合与装饰

材料

材料	
长方形巧克力装饰件	1 片
细线状巧克力插件	3 根
金箔	适量

组合过程

1. 取出冻好的白巧克力巴巴露亚，倒入一层勃朗开心果奶油，放一块可可饼底，放入急冻柜中冷冻成形。
2. 取出冻好的“步骤 1”，继续倒入牛奶巧克力巴巴露亚，约 1.5 厘米厚，再放一块可可饼底，放入急冻柜中冷冻成形。
3. 取出冻好的“步骤 2”，倒入黑巧克力巴巴露亚，约 1.5 厘米厚，再放一块可可饼底，用抹刀将顶部抹平，放入急冻柜中冷冻成形。
4. 冻好后取出脱模，放置在转台上。将做好的黑巧克力天鹅绒面倒入巧克力喷枪中，转动转盘，在慕斯体的表面均匀地喷上一层薄薄的巧克力喷砂。
5. 在“步骤 4”顶部插上两根竹扦，提起慕斯体，将底部 1/3 的位置放置在榛子淋面中，放置在底托上冷却凝固。
6. 在顶部的位置挤上适量马斯卡彭香缇奶油，放上长方形巧克力装饰件。
7. 在巧克力装饰件上挤出“S”形线条的马斯卡彭香缇奶油，放上黑色羽毛巧克力插件和细线状巧克力插件，最后点缀金箔即可。

黑森林蛋糕

黑森林蛋糕不仅融合了巧克力的醇香，还拥有樱桃的酸甜，表面独特的黑色巧克力装饰，仿佛让人置身在那美丽的黑森林中，散发着属于它的无限魅力。

扫一扫，
看高清视频

模具

名称：不锈钢材质的长条“U”形模具

尺寸：长 21.7 厘米，宽 9.4 厘米，高 7 厘米

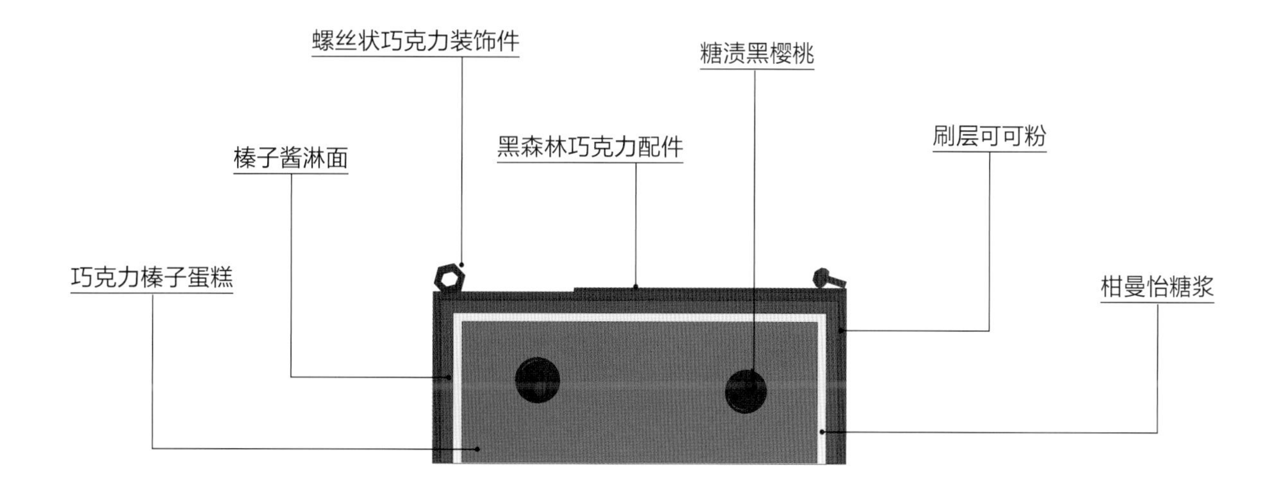

小知识

本款产品的造型新颖独特，在凝固的淋面表面和巧克力配件表面，用钢丝刷刷出纹路，呈现出木纹的效果，如果没有钢丝刷，可用牙签或刮片代替划出纹路。

产品制作流程

黑森林巧克力配件

配方

黑巧克力	适量
可可粉	10 克
可可脂	50 克
白色色淀	2 克

制作过程

1. 将黑巧克力加热至 40℃，化开，倒在大理石桌面上降温至 28℃，将巧克力收进碗中，用热风枪加热，再升温到 31℃，完成调温。
2. 取一张巧克力玻璃纸，倒入适量调好温的巧克力，用抹刀抹平，待巧克力稍微凝结后，用牙签划出纹路。
3. 放冰箱冷藏，冻好后取出，先用小刀在表面划出较深的纹路，再用钢丝刷子刷出纹路，再刷筛一层可可粉。
4. 将可可脂和白色色淀混合熔化，用均质机搅打均匀，倒进巧克力喷枪中，将镂空字母牌放在“步骤 3”上面，在表面喷出白色喷面即可。

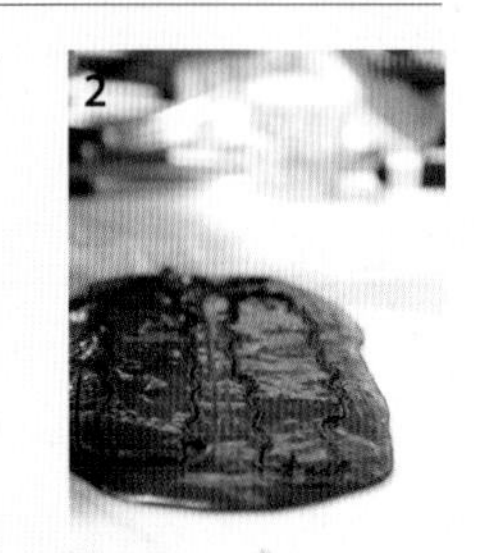

榛子酱淋面

配方

黑巧克力	250 克
牛奶巧克力	250 克
50% 榛果酱	250 克

制作过程

1. 将黑巧克力和牛奶巧克力混合放入锅中，加热至熔化。
2. 加入榛果酱，混合拌匀即可。

柑曼怡糖浆

配方

材料	用量
水	450 克
幼砂糖	400 克
柑曼怡	150 克

制作过程

1. 将水和幼砂糖加入锅中，加热至糖化，冷却降温。
2. 待“步骤 1”冷却后，加入柑曼怡，搅拌均匀即可。

小贴士

必须要等糖水冷却后再加入柑曼怡，否则会使柑曼怡中的酒香挥发。

巧克力榛子蛋糕

配方

材料	用量
糖渍橙皮膏	50 克
黄油	230 克
葡萄糖浆	75 克
糖粉	140 克
牛奶巧克力	100 克
全蛋	200 克
可可粉	30 克
低筋面粉	150 克
泡打粉	10 克
土豆淀粉	80 克
榛子粉	120 克
糖渍黑樱桃	200 克
柑曼怡糖浆	65 克

制作过程

准备：巧克力熔化；黄油软化；粉类过筛。

1. 将糖渍橙皮膏、黄油、葡萄糖浆、糖粉混合，用手持搅拌球搅拌均匀。
2. 加入熔化的牛奶巧克力，用手持搅拌球搅拌均匀。
3. 在“步骤 2”中分次加入全蛋，用手持搅拌球搅拌均匀，加入粉类，用橡皮刮刀以翻拌的手法搅拌均匀。
4. 在烤盘中放入带孔硅胶垫，放上模具（模具内抹适量黄油，使其能更好地脱模），将面糊装进裱花袋中，挤入模具中至 6 分满，放入适量的糖渍黑樱桃。
5. 再挤入面糊至模具的 9 分满，用抹刀抹平，在表面盖上一张带孔硅胶垫，再盖上一个烤盘，使其表面平整，放入风炉中，以 170℃烘烤约 35 分钟。
6. 出炉后冷却，用毛刷在表面刷上柑曼怡糖浆，再进行脱模。

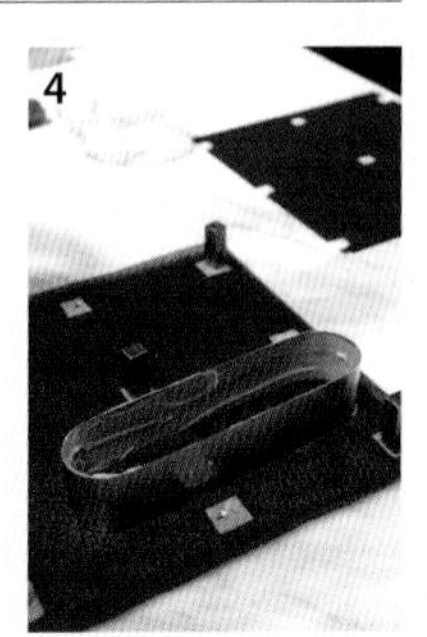
4

6

组合与装饰

材料

材料	用量
可可粉	适量
螺丝状巧克力装饰件	2 个

组合过程

1. 将巧克力榛子蛋糕放在网架上，网架下放一层铺有烤盘纸的烤盘，在蛋糕表面淋上榛子酱淋面。
2. 待表面凝固后用钢丝刷子刷出纹路，再刷一层可可粉，摆放黑森林巧克力配件、螺丝状巧克力装饰件即可。

2

纽约芝士蛋糕

扫一扫，
看高清视频

滋味浓郁醇厚的纽约芝士蛋糕，可谓是派对常客，本款纽约芝士蛋糕不光有浓厚的奶油奶酪风味，还搭配了酸甜可口的覆盆子泥和香甜酥脆的油酥饼底，起到了解腻、增添风味的作用。

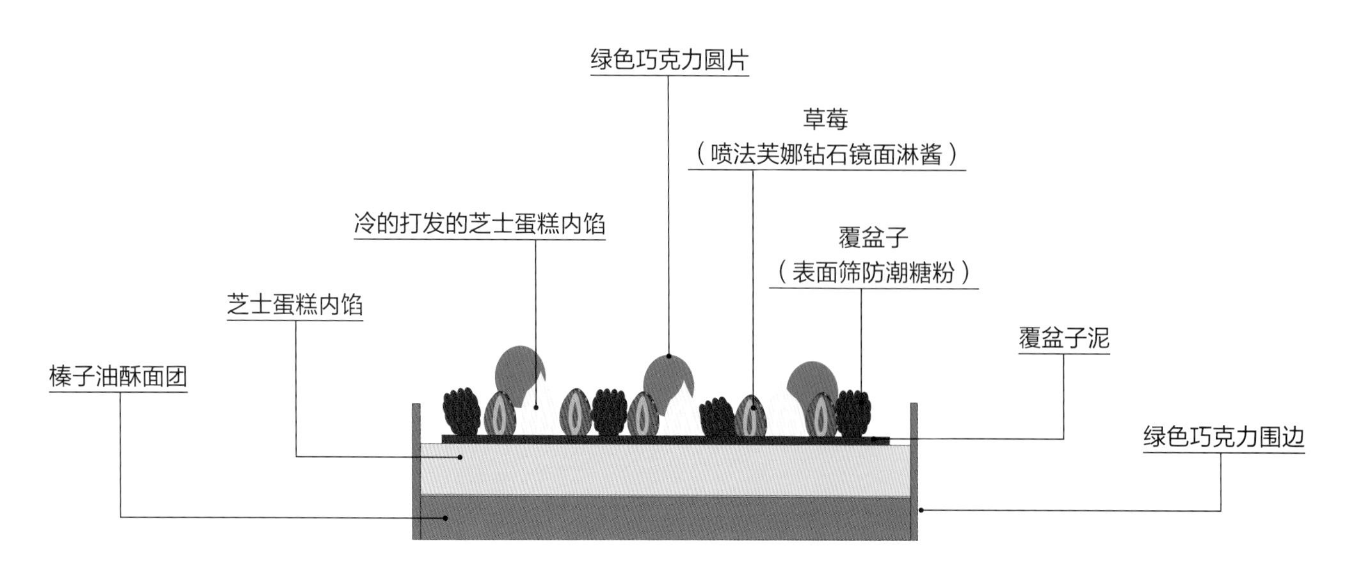

小知识

奶酪的选择

奶酪因种类和熟制年份的不同，味道、厚重感也各有不同，不同的浓缩程度、制作工艺、其他添加物，做出来的状态、口味都是不一样的。所以要根据自己想要的不同口感和配方中液态材料的多少来选择。

常用奶酪如下。

- 奶油奶酪：用混合牛奶、淡奶油等制作而成，味道柔和，是制作奶酪蛋糕时必备的材料。
- 马斯卡彭奶酪：味道柔和甘甜，常用于制作提拉米苏蛋糕，也用来做一些乳酪蛋糕。
- 乡村奶酪：以脱脂牛奶等为原料制作的新鲜奶酪，口味清淡，适合制作法式咸蛋糕。

产品制作流程

01 榛子油酥面团（面团饼底）30~35 分钟

02 芝士蛋糕内馅（夹心馅料）70~80 分钟

03 覆盆子泥（夹心馅料）10~15 分钟

04 冷的打发的芝士蛋糕内馅（甜品装饰）10 分钟

05 组合与装饰 10~15 分钟

榛子油酥面团

配方

材料	用量
幼砂糖	200 克
低筋面粉	200 克
黄油	200 克
榛子粉	200 克
橙皮屑	1 个
柠檬皮屑	1 克

制作过程

准备：黄油软化；粉类过筛。

1. 将所有材料倒进厨师机中，用扇形搅拌器慢速拌匀。
2. 取出，用大孔网筛压成小的颗粒状，盖上保鲜膜，放进急冻柜中冻硬。
3. 取出，用手轻轻地将“步骤 2”搓开。取 150 克油酥面团碎放入圈模中，放入风炉中，以 150℃烘烤 18 分钟后取出，不脱模，备用。

芝士蛋糕内馅

配方

材料	用量	材料	用量
全蛋	175 克	奶油奶酪	1200 克
蛋黄	35 克	玉米淀粉	30 克
幼砂糖	200 克	淡奶油	200 克
肉桂粉	2 克	柠檬汁	50 克
香草荚	1 根		

制作过程

准备：香草荚取籽。

1. 将全蛋、蛋黄、幼砂糖、肉桂粉、香草籽混合，用手持搅拌球搅拌均匀。
2. 将奶油奶酪软化至膏状，加入“步骤 1”中，用手持搅拌球搅拌均匀。
3. 加入玉米淀粉，用手持搅拌球搅拌均匀。
4. 在“步骤 3”中加入淡奶油、柠檬汁，搅拌均匀，面糊呈黏稠的流体状。
5. 将“步骤 4”倒在榛子油酥面团中，铺满，每个约 630 克。
6. 放入平炉中，以 180℃烘烤 25 分钟后再把温度降到 155℃烘烤 35 分钟。

覆盆子泥

配方

材料	用量
覆盆子果蓉	360 克
细砂糖	60 克
NH 果胶粉	4.5 克

制作过程

1. 将覆盆子果蓉倒进锅中加热，加入 NH 果胶粉和幼砂糖的混合物，用手持搅拌球搅拌均匀，继续加热至沸腾。
2. 将煮沸的“步骤 1”倒在烤好的芝士蛋糕内馅上，轻轻晃动，使表面平整，静置待凝固。

冷的打发的芝士蛋糕内馅

配方

材料	用量
奶油奶酪	225 克
马斯卡彭奶酪	75 克
柠檬汁	10 克
肉桂粉	1 克
糖粉	100 克
香草荚	半根
淡奶油	250 克

制作过程

准备：将奶酪切块软化；香草荚取籽。

将所有材料混合放入量杯中，用均质机搅打均匀，用细网筛进行过滤，备用。

组合与装饰

材料

材料	用量
草莓	适量
覆盆子	适量
法芙娜钻石镜面淋酱	适量
防潮糖粉	适量
绿色巧克力围边	适量
绿色巧克力圆片	适量

组合过程

1. 在覆盆子泥表面放上新鲜草莓，将法芙娜钻石镜面淋酱加热，倒在喷枪中，喷在草莓表面。
2. 在覆盆子表面撒上一层防潮糖粉，装饰在草莓的空隙处。
3. 将冷的打发的芝士蛋糕内馅装入带有大号圆锯齿花嘴的裱花袋中，挤在草莓的空隙处，不要遮挡覆盆子。
4. 在蛋糕的侧面围上绿色巧克力围边，顶部插上大小不一的绿色巧克力圆片即可。

水果大爆炸

8 月，慢慢结束的夏季，很多人留恋这酷暑的滋味。在这个高温的季节里，享受着许多时令水果带来的甜蜜。芒果、草莓、柑橘、百香果……本款产品包含丰富的水果，是一款带有夏日记忆的水果慕斯蛋糕。

扫一扫，
看高清视频

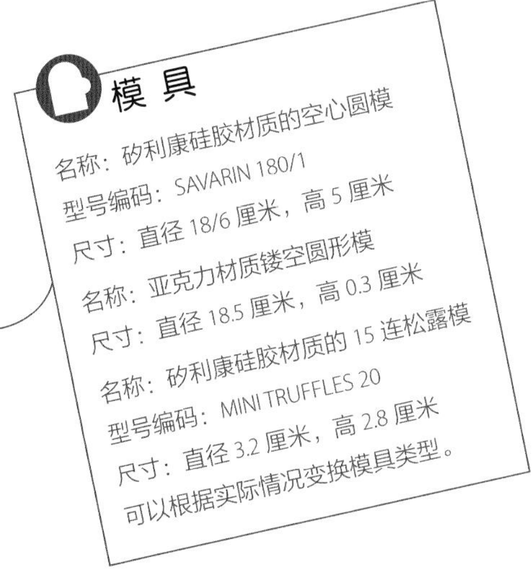

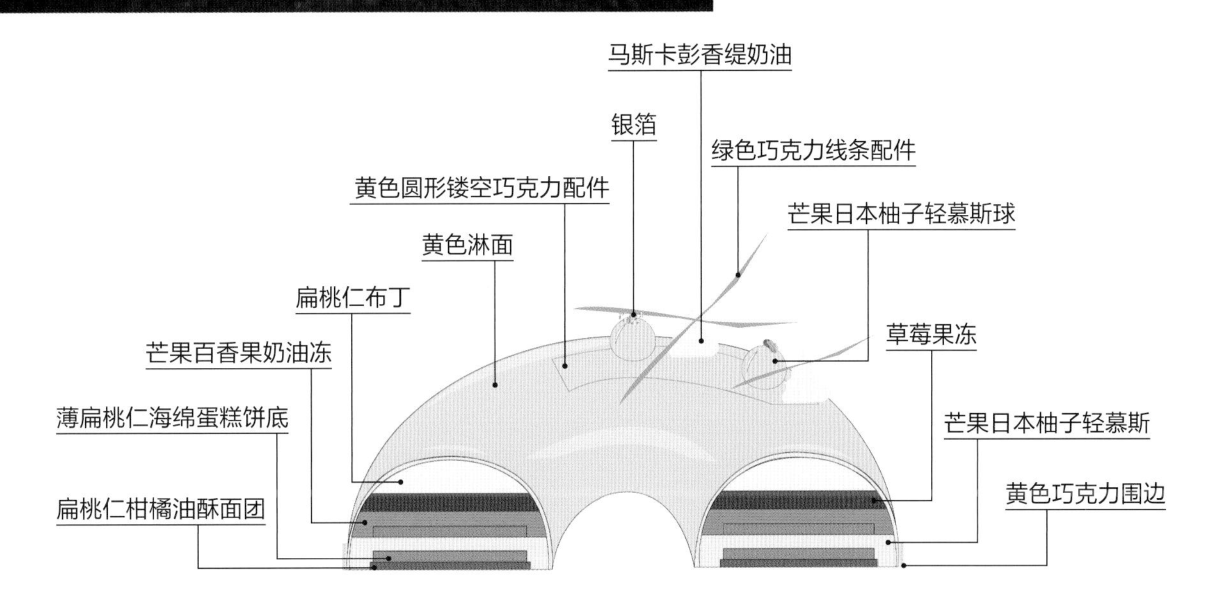

小知识

香草荚取籽和不取籽使用有什么区别?

香草荚取籽或不取籽可根据个人口味需要决定，其目的都是增加香味。想让甜品有强烈香气时，可以切开香草荚，将香草荚和香草籽一起放入牛奶或淡奶油中，可煮制出浓郁的香味。如果只需要一点香气，不需要切开香草荚，直接放入液体中煮出香味，煮好后取出香草荚即可。

产品制作流程

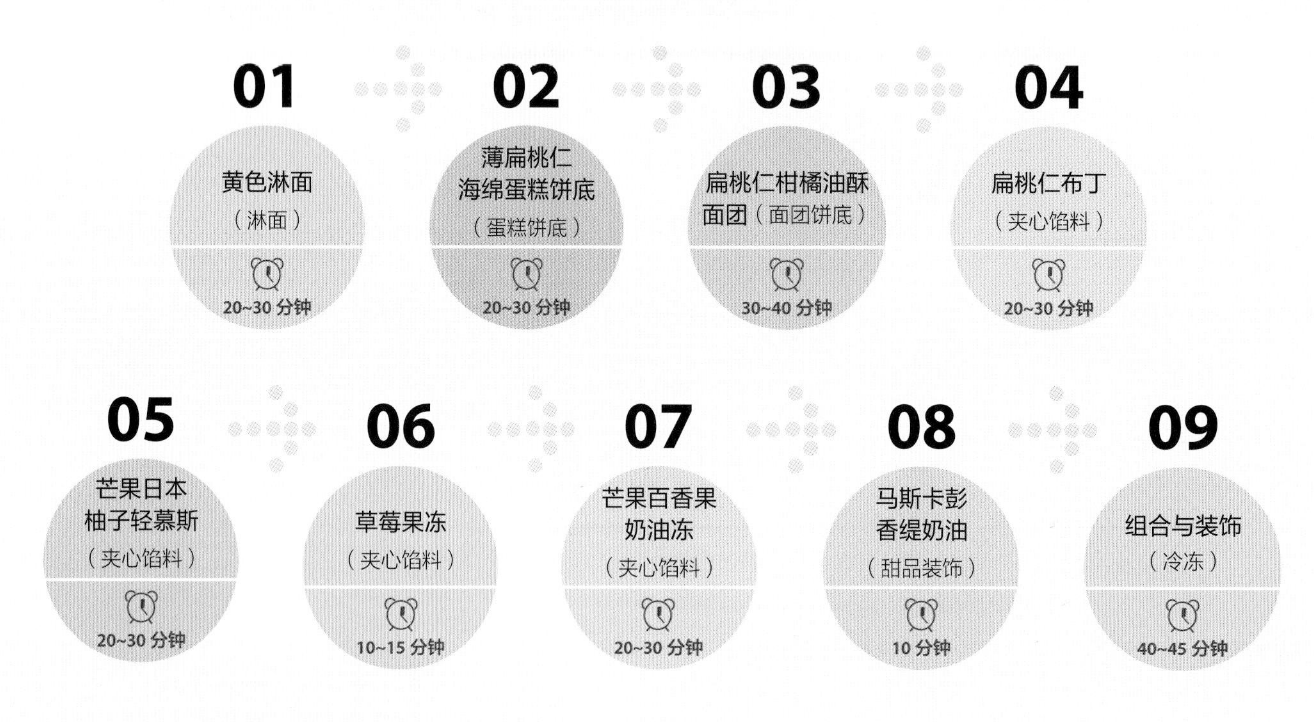

黄色淋面

配方

水	125 毫升
幼砂糖	250 克
葡萄糖浆	250 毫升
水溶性黄色色素	2 克
炼乳	115 克
吉利丁片	16 克
冰水	80 毫升
可可脂	115 克

制作过程

准备：将吉利丁片用冰水浸泡。

1. 在熬糖锅中加入水、幼砂糖、葡萄糖浆，用中火煮沸。
2. 在煮沸的“步骤 1”中加入水溶性黄色色素、炼乳，用橡皮刮刀拌匀，继续加热至沸腾。
3. 离火加入吉利丁片，用余温使吉利丁片熔化，并用橡皮刮刀拌匀。
4. 将可可脂放入量杯中，加入“步骤 3”，用均质机搅打均匀，贴面盖上保鲜膜，放冰箱冷藏静置一夜，使用时加热至 39℃即可。

薄扁桃仁海绵蛋糕饼底

配方

材料	用量
全蛋	670 克
幼砂糖（1）	460 克
扁桃仁粉	460 克
香草荚	1 根
幼砂糖（2）	250 克
蛋白粉	4 克
蛋白	500 克
低筋面粉	140 克
黄油	100 克

制作过程

准备：香草荚取籽；黄油加热熔化。

1. 将全蛋、幼砂糖（1）、扁桃仁粉、香草籽混合，用手持搅拌球搅拌均匀，隔水加热至 40℃。
2. 将加热好的“步骤 1”倒进厨师机中打发，搅打至原体积的两倍大，颜色发白。
3. 将幼砂糖（2）和蛋白粉混合拌匀备用。
4. 将蛋白倒进厨师机中，加入一部分“步骤 3”，用中速搅拌，搅拌至粗泡状时加入剩余的“步骤 3”，继续搅打至光滑、细腻的鸡尾状。
5. 将“步骤 2”分次加入“步骤 4”中拌匀，边搅拌边加入低筋面粉，用橡皮刮刀以翻拌的手法搅拌至无干粉状。
6. 取一部分“步骤 5”加到化开的黄油中拌匀，再全部倒回“步骤 5”中混合拌匀。
7. 取 3 张烤盘纸放置在桌面上，将面糊倒在烤盘纸的一端，用刮平器刮平，约 8 毫米厚。依次抬起烤盘纸，放置在烤盘中。
8. 放入风炉中，以 210℃烘烤 8~10 分钟即可。取出后冷却，按照型号 SAVARIN 180/1 的模具尺寸进行裁切，备用。

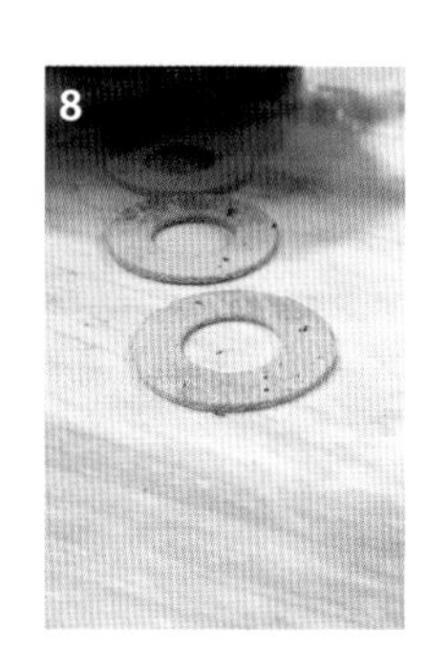

扁桃仁柑橘油酥面团

配方

材料	用量
金黄赤砂糖	200 克
低筋面粉	200 克
黄油	200 克
扁桃仁粉	200 克
橙皮屑	1 克
柠檬皮屑	1 克
白巧克力	适量

制作过程

准备：黄油软化；粉类过筛。

1. 将除白巧克力外的所有材料倒进厨师机中，用扇形搅拌器慢速拌匀。
2. 拌匀后取出，用大孔网筛压成小的颗粒状，盖上保鲜膜，放进急冻柜中冻硬。
3. 冻硬后取出，用手轻轻地搓开，加入适量调过温的白巧克力，混合拌匀。
4. 将“步骤 3”倒在镂空亚克力圆形模具中，用抹刀抹平，取下模具，按照型号 SAVARIN 180/1 的模具尺寸进行裁切，再放上一片薄扁桃仁海绵蛋糕饼底，用手轻轻按压，使其粘在一起，放进冰箱冷冻凝固，备用。

扁桃仁布丁

配方

牛奶	115 克
柠檬皮屑	4 克
右旋葡萄糖粉	40 克
纯扁桃仁膏	70 克
吉利丁片	6.5 克
冰水	30 克
半打发的淡奶油	370 克

制作过程

准备：将吉利丁片用冰水浸泡。

1. 将牛奶、柠檬皮屑倒进锅中加热。
2. 加入右旋葡萄糖粉，煮至 100℃。
3. 离火，加入泡好的吉利丁片，用橡皮刮刀搅拌至化开。
4. 将“步骤 3”过滤到纯扁桃仁膏中，用均质机搅打均匀，冷却至 35℃。
5. 将冷却好的“步骤 4”分次加入半打发的淡奶油中，用橡皮刮刀以翻拌的手法搅拌均匀。
6. 将“步骤 5”装进裱花袋中，挤入空心圆模中约三四分满，用橡皮刮刀将浆料抹到模具的内壁，放进急冻柜中冷冻成形。

芒果日本柚子轻慕斯

配方

可可脂	150 克
芒果果蓉	250 克
日本柚子果蓉	50 克
吉利丁片	7 克
冰水	35 克
幼砂糖	150 克
蛋白粉	1 克
打发淡奶油	500 克

制作过程

准备：将可可脂放入量杯中备用；将吉利丁片用冰水浸泡至软。

1. 将芒果果蓉和日本柚子果蓉混合倒入锅中，加热煮沸。
2. 加入泡好的吉利丁片，用橡皮刮刀搅拌至熔化。
3. 将幼砂糖和蛋白粉混合，加入“步骤 2”中继续煮至 80℃。
4. 将加热好的“步骤 3”倒入可可脂中，用均质机搅打至乳化，再降温至 38℃左右。
5. 将“步骤 4”分次加入打发的淡奶油中，用橡皮刮刀以翻拌的手法混合拌匀。
6. 取适量“步骤 5”装进裱花袋中，挤入 15 连松露模中，放入急冻柜冷冻成形。剩余的放置在常温下备用。

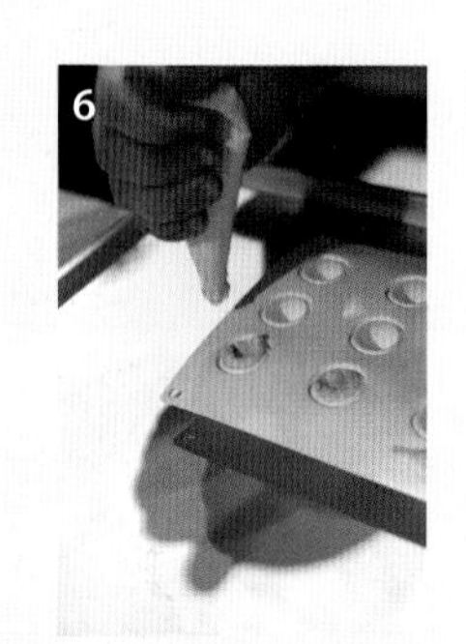

草莓果冻

配方

草莓果蓉	500 克
糖粉	40 克
右旋葡萄糖粉	40 克
柠檬汁	10 克
柠檬皮屑	1 克
吉利丁片	12 克
冰水	60 克

制作过程

准备：将吉利丁片用冰水浸泡至软。

1. 将糖粉、右旋葡萄糖粉、泡好的吉利丁片混合，倒入一部分草莓果蓉，用微波炉加热至吉利丁片熔化。
2. 在剩余的草莓果蓉中加入柠檬汁和柠檬皮屑拌匀，加入加热好的“步骤 1”，用手持搅拌球混合拌匀。

芒果百香果奶油冻

配方

菊粉	30克	可可脂	105克
细砂糖	60克	淡奶油	200克
吉利丁片	5克	芒果果蓉	70克
冰水	25克	百香果果蓉	30克
葡萄糖浆	30克	青柠皮屑	1个
芒果果肉	150克		

制作过程

准备：将吉利丁片用冰水浸泡至软。

1. 将菊粉和细砂糖混合拌匀，加入泡好的吉利丁片、葡萄糖浆、芒果果肉，混合拌匀。边加热边用手持搅拌球搅拌，加热至60℃，使吉利丁片熔化。
2. 将可可脂放入量杯中，加入“步骤1”，用均质机搅打至乳化，边搅打边加入淡奶油，搅拌均匀。
3. 将芒果果蓉和百香果果蓉混合拌匀，加入“步骤2”中，继续搅打均匀，最后加入青柠皮屑，搅拌均匀备用。

马斯卡彭香缇奶油

配方

马斯卡彭奶酪	100克
淡奶油	100克
香草荚	1根
糖粉	30克

制作过程

准备：香草荚取籽。

将所有材料混合，用手持搅拌球搅拌打至鸡尾状备用。

组合与装饰

材料

黄色圆形镂空巧克力配件	适量
绿色巧克力线条配件	适量
银箔	适量
黄色巧克力围边	1个

组合过程

1. 取出扁桃仁布丁，在内部挤入一层草莓果冻，放急冻柜中冷冻成形。
2. 取出冻好的“步骤1”，倒入一层芒果百香果奶油冻，放上薄扁桃仁海绵蛋糕饼底，放入急冻柜中冷冻成形。
3. 取出冻好的“步骤2”，挤入剩余的芒果日本柚子轻慕斯，放上扁桃仁柑橘油酥面团饼底，用手轻轻地按压，用抹刀将表面抹平，放入急冻柜中冷冻成形。
4. 取出“步骤3”脱模，放置在网架上，在表面淋上调好温的黄色淋面。
5. 静置5分钟，使表面淋面凝结，顶部放上黄色圆形镂空巧克力配件。
6. 取出冻好的芒果日本柚子轻慕斯球，在顶部插上一根牙签，放入黄色淋面中，使表面沾满黄色淋面。
7. 取3颗“步骤6”放在顶部巧克力配件上，取下顶部的牙签，在插牙签的位置，点缀上银箔。
8. 将打发好的马斯卡彭香缇奶油装进带有大号圆锯齿花嘴的裱花袋中，在顶部空隙处挤上大小不一的水滴状，再装饰适量绿色巧克力线条配件，围上黄色巧克力围边即可。

热带水果百香果蛋糕

热带水果百香果蛋糕中包裹着无穷的甜蜜宇宙，不管是酸甜可口的覆盆子夹心，还是丰富的热带水果奶油，几乎被覆盆子、百香果、芒果等领衔的热带水果占领，每一口都充满惊喜与满足，顺滑与香甜。

模具

名称：时间魔法套装系列中的饼底压模
型号编码：KIT MAGIA DEL TEMPO1000
尺寸：直径 18.5 厘米，高 6 厘米
名称：矽利康硅胶材质的 15 连半球模
型号编码：SF005 Half~Sphere
尺寸：直径 4 厘米，高 2 厘米
名称：亚克力材质镂空圆形模
尺寸：直径 18.5 厘米，高 0.3 厘米
名称：矽利康硅胶花环模
尺寸：直径 20.6 厘米，高 6.1 厘米
名称：矽利康硅胶心形模
尺寸：长 4.5 厘米，宽 4.4 厘米，高 2.4 厘米
可以用其他模具款式替代。

扫一扫，
看高清视频

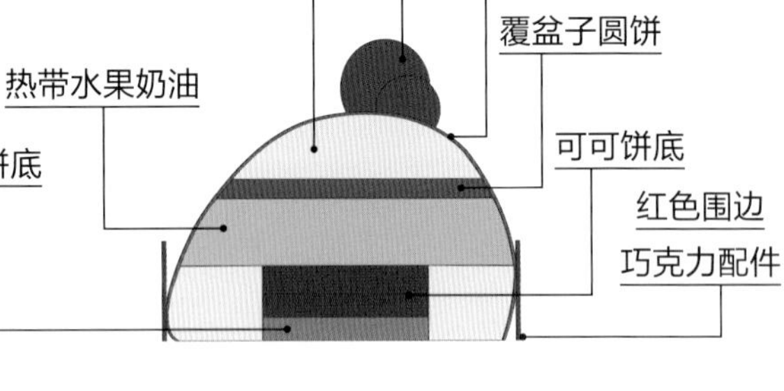

小知识

可可脂有何作用？

可可脂是从可可豆中提炼出的天然油脂成分，可可脂质量的好坏与可可豆的质量、提炼方式有密切的关系。一般使用冷压方式处理制出来的可可脂，颜色比较浅，味道比较好。其在低温时呈凝固状态，但遇到高温会熔化成液体。在混合物中加入适量的可可脂，可以使混合物变硬，并且拥有入口即化的口感。

产品制作流程

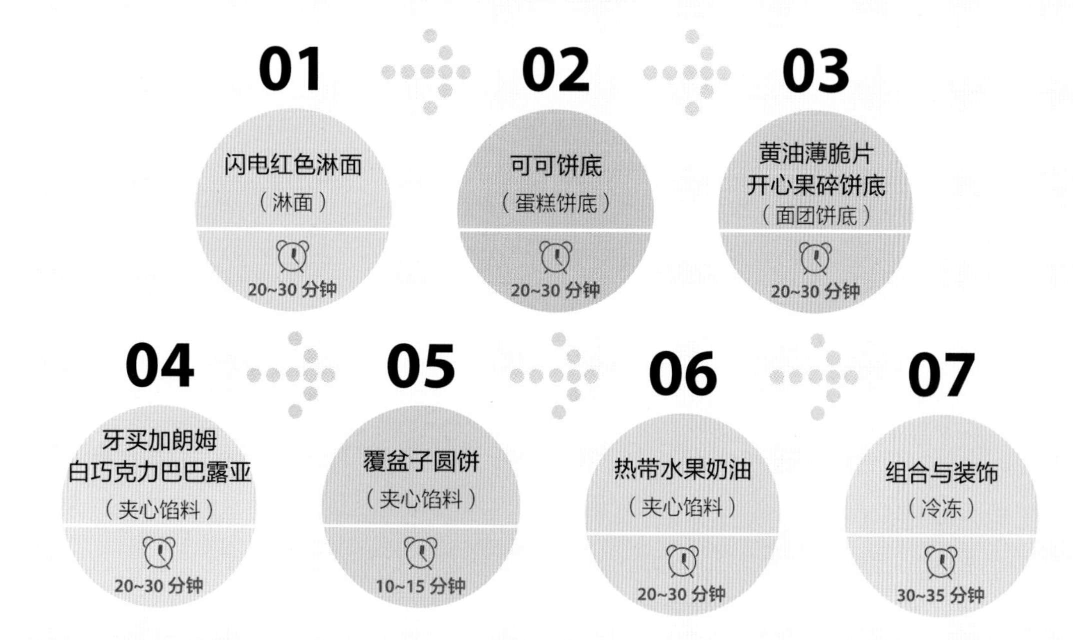

闪电红色淋面

配方

水	125 克	炼乳	115 克
幼砂糖	250 克	吉利丁片	16 克
葡萄糖浆	250 毫升	冰水	80 克
水溶性红色色素	2 克	可可脂	115 克

制作过程

准备：将吉利丁片用冰水浸泡至软。

1. 在熬糖锅中加入水、幼砂糖、葡萄糖浆，用中火煮沸。
2. 加入水溶性红色色素、炼乳，用橡皮刮刀拌匀，继续加热至沸腾。
3. 离火加入泡好的吉利丁片，用余温使吉利丁片化开，并用橡皮刮刀拌匀。
4. 将可可脂放入量杯中，加入“步骤 3”，用均质机搅打均匀。贴面盖上保鲜膜，放入冰箱冷藏静置一夜，使用时加热至 39℃即可。

可可饼底

配方

蛋黄	600 克	细砂糖（2）	130 克
细砂糖（1）	520 克	低筋面粉	130 克
黄油	260 克	土豆淀粉	130 克
蛋白	650 克	可可粉	130 克

制作过程

准备：将土豆淀粉、可可粉、低筋面粉混合过筛；黄油熔化至液体。

1. 将蛋黄、细砂糖（1）混合，用手持搅拌球搅拌均匀，放到微波炉中加热至 40℃左右，倒进厨师机中，中速搅打至发泡，膨胀到原体积的 2 倍大，表面泛白，具有光泽。
2. 将黄油加入“步骤 1”中，用手持搅拌球搅拌均匀。
3. 将蛋白倒入厨师机中，分次加入细砂糖（2），在搅打的过程中，用火枪稍微加热缸壁，使蛋白能更好地打发，打至鸡尾状。
4. 将“步骤 2”加入“步骤 3”中，用橡皮刮刀搅拌均匀。加入粉类，边倒粉类边用橡皮刮刀以翻拌的手法搅拌均匀。
5. 将“步骤 4”倒在铺有烤盘纸的烤盘中（2 盘），用抹刀抹平，放入风炉，以 210℃烘烤 8~10 分钟，出炉后用饼底压模切出饼底（呈花环状），剩余饼底备用。

黄油薄脆片开心果碎饼底

配方

白巧克力	125 克
液态黄油	15 克
开心果泥	130 克
黄油薄脆片	250 克

制作过程

1. 将白巧克力放进微波炉中加热熔化，加入液态黄油、开心果泥，用橡皮刮刀拌匀。
2. 再加入黄油薄脆片，用橡皮刮刀拌匀。
3. 将一部分“步骤 2”倒入亚克力镂空圆形模具中，用抹刀抹平，用饼底压模切出形状（呈花环状），再放上一层花环形可可饼底，轻轻按压。
4. 在剩余的可可饼底表面抹一层“步骤 2”，放进急冻柜中冷冻，备用。

牙买加朗姆白巧克力巴巴露亚

配方

牛奶	125 克
淡奶油	125 克
蛋黄	110 克
细砂糖	60 克
35% 白巧克力	350 克
70° 牙买加朗姆酒	40 克
打发的淡奶油	600 克
吉利丁片	11 克
冰水	55 克

制作过程

准备：将吉利丁片用冰水浸泡至软。

1. 将牛奶和淡奶油倒进锅中加热。
2. 将蛋黄和细砂糖混合，用手持搅拌球搅拌至乳化发白。
3. 取一部分“步骤 1”倒入“步骤 2”中拌匀，再全部倒回“步骤 1”中拌匀，继续用中火加热至 82℃，边加热边用手持搅拌球搅拌均匀，防止煳底。
4. 离火加入吉利丁片，利用余温使吉利丁片化开，并用橡皮刮刀拌匀。
5. 将白巧克力放入量杯中，加入“步骤 4”，用均质机搅打均匀，使其充分乳化。
6. 边搅打边加入牙买加朗姆酒，搅打均匀后放入冰箱冷藏。
7. 将冷却后的“步骤 6”分次加入打发的淡奶油中，用橡皮刮刀搅拌均匀。
8. 将“步骤 7”倒入硅胶花环模中，约 4 分满，再用橡皮刮刀将“步骤 7”抹到模具的内壁，轻震一下，放进急冻柜中冷冻成形，剩余浆料备用。

覆盆子圆饼

配方

覆盆子果蓉	250 克
吉利丁片	6 克
冰水	30 克
糖粉	50 克
柠檬汁	1 克

制作过程

准备：将吉利丁片用冰水浸泡至软，隔水熔化。

1. 覆盆子果蓉放入锅中，加热煮沸，离火加入吉利丁溶液。
2. 加入糖粉、柠檬汁，用橡皮刮刀搅拌均匀备用。

热带水果奶油

配方

淡奶油	115 克
幼砂糖	90 克
蛋黄	125 克
百香果果蓉	250 克
芒果果蓉	150 克
吉利丁片	6 克
冰水	30 克

制作过程

准备：将吉利丁片用冰水浸泡。

1. 淡奶油倒进锅中加热煮沸。
2. 将蛋黄和幼砂糖混合，用手持搅拌球搅拌至乳化发白。
3. 取一部分“步骤 1”倒入“步骤 2”中拌匀，再全部倒回“步骤 1”中拌匀，用小火加热，边加热边用手持搅拌球搅拌至浓稠。
4. 离火加入吉利丁片，利用余温将吉利丁片化开，再倒进量杯中，用均质机搅打均匀，边搅打边加入百香果果蓉和芒果果蓉，搅打均匀后放冰箱冷藏。
5. 将冷却好的“步骤 4”倒入 15 连半球模中，约 8 分满，放入急冻柜冷冻成形，剩余的备用。
6. 取出冻好的“步骤 5”，倒入一层覆盆子圆饼，与模具齐平，再放进急冻柜中冷冻成形。

6

组合与装饰

材料

红色围边巧克力配件	适量
红色巧克力圆片	适量

组合过程

1. 取出牙买加朗姆白巧克力巴巴露亚，倒入一层薄薄的覆盆子圆饼，放入急冻柜冷冻成形。
2. 取出冻好的“步骤 1”，倒入剩余的热带水果奶油（约 1 厘米厚），放入急冻柜冷冻成形。
3. 取出冻好的“步骤 2”，放入一片花环形的可可饼底，用手轻轻压紧实，放入急冻柜冷冻成形。
4. 取出冻好的“步骤 3”，再挤入剩余牙买加朗姆白巧克力巴巴露亚，放上黄油薄脆片开心果碎饼底，用抹刀抹平，放入急冻柜冷冻成形。
5. 取出冻好的“步骤 4”，脱模放置在网架上，淋上加热好的闪电红色淋面，静置 5 分钟。
6. 在周围围一圈红色围边巧克力配件，顶部插入适量红色巧克力圆片装饰。

心形模延伸

1. 在硅胶心形模具中挤入约 7 分满的牙买加朗姆白巧克力巴巴露亚，放入热带水果奶油和覆盆子圆饼的夹层，再挤入牙买加朗姆白巧克力巴巴露亚约 9 分满。
2. 取出剩余的黄油薄脆片开心果碎饼底，用心形压模压出心形饼底，放在“步骤 1”中，用抹刀抹平，放入急冻柜冷冻成形。
3. 取出冻好的“步骤 2”，脱模放置在网架上，淋上加热好的闪电红色淋面，静置 5 分钟。
4. 顶部插入适量红色巧克力圆片装饰。

附 录

本书小配方查询

类别	小配方名称	小配方所在产品名称	页码
蛋糕饼底	特殊海绵底	咖啡慕斯	062
蛋糕饼底	杏仁海绵蛋糕	歌剧院蛋糕	064
蛋糕饼底	饼底	坦桑尼亚	067
蛋糕饼底	饼底	巧克力奶油蛋糕	070
蛋糕饼底	青柠饼底	热带水果芝士蛋糕	076
蛋糕饼底	香橙热那亚饼底	香橙软蛋糕	079
蛋糕饼底	脆饼面糊	香橙软蛋糕	079
蛋糕饼底	青柠热那亚饼底	柑橘之味蛋糕	082
蛋糕饼底	巧克力布朗尼	干果片	086
蛋糕饼底	橙饼底	橘之花	090
蛋糕饼底	蓝莓海绵蛋糕	蓝莓树桩蛋糕	094
蛋糕饼底	手指饼干围边	蓝莓树桩蛋糕	094
蛋糕饼底	开心果海绵蛋糕	荔枝覆盆子蛋糕	098
蛋糕饼底	开心果热那亚饼底	玛戈皇后	102
蛋糕饼底	茉莉花饼底	茉莉花	106
蛋糕饼底	扁桃仁饼底	香草热带水果小蛋糕	110
蛋糕饼底	扁桃仁饼底	绵软之至	138
蛋糕饼底	无面粉巧克力饼底	樱桃焦糖蛋糕	114
蛋糕饼底	榛子达垮兹饼底	榛子咖啡卷	118
蛋糕饼底	草莓软蛋糕	草莓开心果大蛋糕	124
蛋糕饼底	巧克力海绵蛋糕	红宝石蛋糕	128
蛋糕饼底	巧克力海绵蛋糕	魔法奇缘	142
蛋糕饼底	巧克力海绵蛋糕	巧克力蛋糕砖	164
蛋糕饼底	核桃费南雪	咖啡核桃杏子蛋糕	134
蛋糕饼底	甜菜饼底	甜菜覆盆子蛋糕	154
蛋糕饼底	柠檬饼底	鲜活之乐	160
蛋糕饼底	柠檬饼底	直觉	166
蛋糕饼底	巧克力饼底	难以抗拒	178
蛋糕饼底	榛果达垮兹饼底	巧克力榛果蛋糕	181
蛋糕饼底	芝士海绵蛋糕	异域芝士树桩蛋糕	184
蛋糕饼底	开心果扁桃仁奶油饼	印象深刻	187
蛋糕饼底	巧克力海绵蛋糕饼底	占度亚蛋糕	205

（续）

类别	小配方名称	小配方所在产品名称	页码
蛋糕饼底	薄扁桃仁海绵蛋糕饼底	柠檬挞	210
蛋糕饼底	薄扁桃仁海绵蛋糕饼底	酸奶草莓蛋糕	218
蛋糕饼底	薄扁桃仁海绵蛋糕饼底	水果大爆炸	245
蛋糕饼底	巴巴面团	热带水果半球巴巴	214
蛋糕饼底	扁桃仁海绵蛋糕	香槟玫瑰蛋糕	222
蛋糕饼底	开心果饼底	香蕉百香果芒果开心果蛋糕	226
蛋糕饼底	可可饼底	榛子蛋糕	230
蛋糕饼底	可可饼底	巴巴露亚巧克力三重奏	234
蛋糕饼底	可可饼底	热带水果百香果蛋糕	250
蛋糕饼底	巧克力榛子蛋糕	黑森林蛋糕	239
夹心馅料	杏子果酱夹心	扁桃仁夹心蛋糕	056
夹心馅料	樱桃酱	杯装黑森林	058
夹心馅料	巧克力奶油	杯装黑森林	058
夹心馅料	巧克力奶油	坦桑尼亚	067
夹心馅料	巧克力奶油	干果片	086
夹心馅料	巧克力奶油	巧克力榛果蛋糕	181
夹心馅料	樱桃奶油	杯装黑森林	058
夹心馅料	慕斯	抹茶慕斯	060
夹心馅料	咖啡慕斯馅料	咖啡慕斯	062
夹心馅料	黄油糖霜	歌剧院蛋糕	064
夹心馅料	巧克力甘纳许	歌剧院蛋糕	064
夹心馅料	橙皮甘纳许	坦桑尼亚	067
夹心馅料	橙子甘纳许	干果片	086
夹心馅料	坚果奶油	坦桑尼亚	067
夹心馅料	甘纳许	巧克力奶油蛋糕	070
夹心馅料	甘纳许	巧克力蛋糕砖	164
夹心馅料	鲜奶油	巧克力奶油蛋糕	070
夹心馅料	卡仕达奶油	千层蛋糕	073
夹心馅料	卡仕达奶油	蓝莓树桩蛋糕	094
夹心馅料	卡仕达奶油	蒙布朗	200
夹心馅料	卡仕达奶油	柠檬挞	210
夹心馅料	慕斯琳	千层蛋糕	073
夹心馅料	菠萝芒果果酱	热带水果芝士蛋糕	076
夹心馅料	芝士奶油慕斯	热带水果芝士蛋糕	076
夹心馅料	橙果酱	香橙软蛋糕	079
夹心馅料	橙果酱	橘之花	090

（续）

类别	小配方名称	小配方所在产品名称	页码
夹心馅料	香橙果酱	柑橘之味蛋糕	082
夹心馅料	香橙果酱	印象深刻	187
夹心馅料	香橙奶油	柑橘之味蛋糕	082
夹心馅料	西柚慕斯	柑橘之味蛋糕	082
夹心馅料	橙子奶油	干果片	086
夹心馅料	橘轻奶油	橘之花	090
夹心馅料	香草香缇奶油	橘之花	090
夹心馅料	草莓蜜饯	蓝莓树桩蛋糕	094
夹心馅料	蓝莓芝士慕斯	蓝莓树桩蛋糕	094
夹心馅料	覆盆子酱	荔枝覆盆子蛋糕	098
夹心馅料	荔枝奶油	荔枝覆盆子蛋糕	098
夹心馅料	芒果菠萝奶油	玛戈皇后	102
夹心馅料	加勒比海慕斯	玛戈皇后	102
夹心馅料	茉莉花慕斯	茉莉花	106
夹心馅料	桂花慕斯	茉莉花	106
夹心馅料	热带水果冻	香草热带水果小蛋糕	110
夹心馅料	牛奶奶油	香草热带水果小蛋糕	110
夹心馅料	香草慕斯	香草热带水果小蛋糕	110
夹心馅料	香草慕斯	红宝石蛋糕	128
夹心馅料	香草慕斯	柠檬开心果挞	146
夹心馅料	樱桃果酱	樱桃焦糖蛋糕	114
夹心馅料	焦糖慕斯	樱桃焦糖蛋糕	114
夹心馅料	咖啡甘纳许	榛子咖啡卷	118
夹心馅料	榛子轻慕斯	榛子咖啡卷	118
夹心馅料	卡仕达酱	草莓开心果大蛋糕	124
夹心馅料	卡仕达酱	咖啡核桃杏子蛋糕	134
夹心馅料	卡仕达酱	草莓布列塔尼挞	169
夹心馅料	开心果慕斯琳奶油	草莓开心果大蛋糕	124
夹心馅料	覆盆子奶油	草莓开心果大蛋糕	124
夹心馅料	浆果果冻	红宝石蛋糕	128
夹心馅料	百香果果冻	巧克力酸奶慕斯	131
夹心馅料	牛奶巧克力甘纳许	巧克力酸奶慕斯	131
夹心馅料	酸奶慕斯	巧克力酸奶慕斯	131
夹心馅料	核桃酱	咖啡核桃杏子蛋糕	134
夹心馅料	核桃慕斯	咖啡核桃杏子蛋糕	134
夹心馅料	牛奶巧克力咖啡香缇	咖啡核桃杏子蛋糕	134

（续）

（续）

类别	小配方名称	小配方所在产品名称	页码
夹心馅料	柠檬奶油	柠檬挞	210
夹心馅料	热带水果焦糖	热带水果半球巴巴	214
夹心馅料	草莓果冻	酸奶草莓蛋糕	218
夹心馅料	草莓果冻	水果大爆炸	245
夹心馅料	酸奶轻奶油	酸奶草莓蛋糕	218
夹心馅料	香草奶油	香槟玫瑰蛋糕	222
夹心馅料	草莓覆盆子玫瑰果冻	香槟玫瑰蛋糕	222
夹心馅料	香槟巴巴露亚	香槟玫瑰蛋糕	222
夹心馅料	青柠芒果果泥	香蕉百香果芒果开心果蛋糕	226
夹心馅料	香蕉白巧克力轻奶油	香蕉百香果芒果开心果蛋糕	226
夹心馅料	热带水果果冻	香蕉百香果芒果开心果蛋糕	226
夹心馅料	榛果酱奶油	榛子蛋糕	230
夹心馅料	白巧克力榛子慕斯	榛子蛋糕	230
夹心馅料	英式奶油	巴巴露亚巧克力三重奏	234
夹心馅料	白巧克力巴巴露亚	巴巴露亚巧克力三重奏	234
夹心馅料	牛奶巧克力巴巴露亚	巴巴露亚巧克力三重奏	234
夹心馅料	黑巧克力巴巴露亚	巴巴露亚巧克力三重奏	234
夹心馅料	勃朗开心果奶油	巴巴露亚巧克力三重奏	234
夹心馅料	芝士蛋糕内馅	纽约芝士蛋糕	242
夹心馅料	覆盆子泥	纽约芝士蛋糕	242
夹心馅料	扁桃仁布丁	水果大爆炸	245
夹心馅料	芒果日本柚子轻慕斯	水果大爆炸	245
夹心馅料	芒果百香果奶油冻	水果大爆炸	245
夹心馅料	牙买加朗姆白巧克力巴巴露亚	热带水果百香果蛋糕	250
夹心馅料	覆盆子圆饼	热带水果百香果蛋糕	250
夹心馅料	热带水果奶油	热带水果百香果蛋糕	250
浸入酱汁	咖啡糖浆	歌剧院蛋糕	064
浸入酱汁	糖水	坦桑尼亚	067
浸入酱汁	蓝莓糖浆	蓝莓树桩蛋糕	094
浸入酱汁	糖浆	玛戈皇后	102
浸入酱汁	糖浆	巧克力蛋糕砖	164
浸入酱汁	蛋液	印象深刻	187
浸入酱汁	朗姆酒糖浆	热带水果半球巴巴	214
浸入酱汁	柑曼怡糖浆	黑森林蛋糕	239
淋面	镜面巧克力	歌剧院蛋糕	064
淋面	镜面巧克力	干果片	086

（续）

类别	小配方名称	小配方所在产品名称	页码
淋面	镜面巧克力	榛子咖啡卷	118
淋面	淋面	香橙软蛋糕	079
淋面	橘之味淋面	柑橘之味蛋糕	082
淋面	白色镜面	荔枝覆盆子蛋糕	098
淋面	黄色淋面	香草热带水果小蛋糕	110
淋面	黄色淋面	绵软之至	138
淋面	红色淋面	樱桃焦糖蛋糕	114
淋面	红色淋面	草莓开心果大蛋糕	124
淋面	红色镜面	红宝石蛋糕	128
淋面	红色镜面	魔法奇缘	142
淋面	黄色镜面	柠檬开心果挞	146
淋面	粉色淋面	桃子和覆盆子	150
淋面	绿色淋面	鲜活之乐	160
淋面	牛奶巧克力淋面	难以抗拒	178
淋面	可可淋面	占度亚蛋糕	205
淋面	光亮玫瑰淋面	香槟玫瑰蛋糕	222
淋面	闪亮牛奶巧克力淋面	榛子蛋糕	230
淋面	榛子淋面	巴巴露亚巧克力三重奏	234
淋面	黄色淋面	水果大爆炸	245
淋面	闪电红色淋面	热带水果百香果蛋糕	250
面团饼底	甜酥面团	扁桃仁夹心蛋糕	056
面团饼底	起酥皮	千层蛋糕	073
面团饼底	脆面碎饼底	干果片	086
面团饼底	油酥饼底	橘之花	090
面团饼底	开心果面碎	荔枝覆盆子蛋糕	098
面团饼底	黄油细末	香草热带水果小蛋糕	110
面团饼底	巧克力饼底脆	樱桃焦糖蛋糕	114
面团饼底	香脆吉雅	樱桃焦糖蛋糕	114
面团饼底	榛子黄油面碎	榛子咖啡卷	118
面团饼底	面碎基底	榛子咖啡卷	118
面团饼底	布列塔尼油酥饼底	草莓开心果大蛋糕	124
面团饼底	布列塔尼油酥饼底	草莓布列塔尼挞	169
面团饼底	布列塔尼油酥饼底	香槟玫瑰蛋糕	222
面团饼底	处理布列塔尼油酥饼底	草莓开心果大蛋糕	124
面团饼底	果仁糖黄油薄脆片	红宝石蛋糕	128
面团饼底	布列塔尼奶油饼	巧克力酸奶慕斯	131

（续）

类别	小配方名称	小配方所在产品名称	页码
面团饼底	香脆碎面饼底	魔法奇缘	142
面团饼底	杏仁甜酥面团	柠檬开心果挞	146
面团饼底	覆盆子油酥饼底	桃子和覆盆子	150
面团饼底	布列塔尼饼底	香橙扁桃仁膏	157
面团饼底	油酥饼底	鲜活之乐	160
面团饼底	植物面团	核桃派	175
面团饼底	巧克力坚果脆饼	巧克力榛果蛋糕	181
面团饼底	布列塔尼酥饼	异域芝士树桩蛋糕	184
面团饼底	扁桃仁油酥饼底	印象深刻	187
面团饼底	扁桃仁油酥面团	巴黎布雷斯特	192
面团饼底	扁桃仁油酥面团	柠檬挞	210
面团饼底	泡芙面团	巴黎布雷斯特	192
面团饼底	扁桃仁柑橘油酥面团	超越时间	196
面团饼底	扁桃仁柑橘油酥面团	酸奶草莓蛋糕	218
面团饼底	扁桃仁柑橘油酥面团	水果大爆炸	245
面团饼底	榛子可可面碎	占度亚蛋糕	205
面团饼底	椰子面碎	香蕉百香果芒果开心果蛋糕	226
面团饼底	黄油薄脆片榛子酱脆	榛子蛋糕	230
面团饼底	榛子油酥面团	纽约芝士蛋糕	242
面团饼底	黄油薄脆片开心果碎饼底	热带水果百香果蛋糕	250
甜品装饰	装饰酱汁	抹茶慕斯	060
甜品装饰	巧克力坚果	干果片	086
甜品装饰	水晶核桃	干果片	086
甜品装饰	焦糖扁桃仁	橘之花	090
甜品装饰	装饰奶油	蓝莓树桩蛋糕	094
甜品装饰	红色喷面	荔枝覆盆子蛋糕	098
甜品装饰	马卡龙	玛戈皇后	102
甜品装饰	马卡龙	覆盆子马卡龙	172
甜品装饰	巧克力装饰件	茉莉花	106
甜品装饰	巧克力装饰件	超越时间	196
甜品装饰	巧克力配件	香草热带水果小蛋糕	110
甜品装饰	巧克力配件	樱桃焦糖蛋糕	114
甜品装饰	巧克力配件	咖啡核桃杏子蛋糕	134
甜品装饰	巧克力配件	绵软之至	138
甜品装饰	巧克力配件	香橙扁桃仁膏	157
甜品装饰	巧克力配件	鲜活之乐	160

（续）

类别	小配方名称	小配方所在产品名称	页码
甜品装饰	巧克力配件	直觉	166
甜品装饰	巧克力喷面	榛子咖啡卷	118
甜品装饰	蛋白霜装饰	草莓开心果大蛋糕	124
甜品装饰	巧克力绒面	咖啡核桃杏子蛋糕	134
甜品装饰	巧克力绒面	香橙扁桃仁膏	157
甜品装饰	杏子果冻	咖啡核桃杏子蛋糕	134
甜品装饰	白色绒面	绵软之至	138
甜品装饰	巧克力花	绵软之至	138
甜品装饰	塑形巧克力	绵软之至	138
甜品装饰	覆盆子蛋白霜	甜菜覆盆子蛋糕	154
甜品装饰	绿色绒面	鲜活之乐	160
甜品装饰	肉桂打发奶油	直觉	166
甜品装饰	蛋液	核桃派	175
甜品装饰	打发甘纳许	异域芝士树桩蛋糕	184
甜品装饰	脆饼干	巴黎布雷斯特	192
甜品装饰	草莓百香果泡泡	超越时间	196
甜品装饰	青柠卡仕达奶油	超越时间	196
甜品装饰	蔬菜吉利丁	超越时间	196
甜品装饰	蛋白霜	蒙布朗	200
甜品装饰	意面状栗子奶油	蒙布朗	200
甜品装饰	方形巧克力装饰件	占度亚蛋糕	205
甜品装饰	意式蛋白霜	柠檬挞	210
甜品装饰	柠檬打发淡奶油	热带水果半球巴巴	214
甜品装饰	马斯卡彭香缇奶油	酸奶草莓蛋糕	218
甜品装饰	马斯卡彭香缇奶油	巴巴露亚巧克力三重奏	234
甜品装饰	马斯卡彭香缇奶油	水果大爆炸	245
甜品装饰	绿色皇冠巧克力围边装饰件	香蕉百香果芒果开心果蛋糕	226
甜品装饰	黑巧克力天鹅绒面	巴巴露亚巧克力三重奏	234
甜品装饰	黑色羽毛巧克力装饰件	巴巴露亚巧克力三重奏	234
甜品装饰	黑森林巧克力装饰件	黑森林蛋糕	239
甜品装饰	榛子酱淋面	黑森林蛋糕	239
甜品装饰	冷的打发的芝士蛋糕内馅	纽约芝士蛋糕	242
甜品装饰	红色喷面	荔枝覆盆子蛋糕	098